化学工程与工艺应用型本科建设系列教材

普通高等教育"十三五"规划教材

HSEQ与清洁生产

HSEQ YU QINGJIE SHENGCHAN

高峰 主编

韩生 蔺华林 王朝阳 夏卫红 副主编

 化学工业出版社

·北京·

《HSEQ与清洁生产》是根据应用型本科人才培养目标和中本贯通教育的特点编写的专业课教材。本教材内容包括化工安全(S)、职业健康(H)、化工环境保护技术(E)、化工生产质量保证体系(Q)及清洁生产与绿色化工五个方面。全书共四章,着重介绍化工生产安全、环境保护、质量管理及清洁生产的理论与技术。

《HSEQ与清洁生产》具有应用型特色,既可作为化工专业学生的专业课教材,也可作为化工行业从业人员的参考书。

图书在版编目(CIP)数据

HSEQ与清洁生产/高峰主编. —北京:化学工业出版社,2019.12(2024.1重印)
化学工程与工艺应用型本科建设系列教材 普通高等教育"十三五"规划教材
ISBN 978-7-122-35497-6

Ⅰ.①H… Ⅱ.①高… Ⅲ.①化学工业-安全技术-高等学校-教材②化学工业-无污染技术-高等学校-教材 Ⅳ.①TQ086②X78

中国版本图书馆CIP数据核字(2019)第235689号

责任编辑:刘俊之 装帧设计:韩 飞
责任校对:宋 玮

出版发行:化学工业出版社(北京市东城区青年湖南街13号 邮政编码100011)
印 装:北京科印技术咨询服务有限公司数码印刷分部
787mm×1092mm 1/16 印张12¼ 字数317千字 2024年1月北京第1版第2次印刷

购书咨询:010-64518888 售后服务:010-64518899
网 址:http://www.cip.com.cn
凡购买本书,如有缺损质量问题,本社销售中心负责调换。

定 价:39.00元

前　言

　　《HSEQ 与清洁生产》是根据上海市教委有关中本贯通教材建设的文件精神，以应用型本科人才培养目标为依据编写的。在编写过程中征求了相关中职学校教师及企业专家的意见，具有较强的实用性和适合中本贯通教学的特点。

　　化学工业（chemical industry）泛指生产过程中化学方法占主要地位的过程工业。化学工业是多品种的基础工业。为了适应化工生产的多种需要，必须使用各种化工设备，设备的操作条件比较复杂。按操作压力来说，有真空、常压、低压、中压、高压和超高压；按操作温度来说，有低温、常温、中温和高温；处理的介质大多数有腐蚀性，或为易燃、易爆、有毒和剧毒等。对于今后面向化工行业从事生产、服务、建设和管理一线工作的应用型高技能人才来说，必须掌握"HSEQ 与清洁生产"的基本知识和技能；必须重视化工安全环保技术在生产中的作用，不断提高技术水平；珍惜化工资源，搞好综合利用；注意节约能源；搞好生产管理工作，不断提高经济和社会效益，保持生产的可持续发展。

　　按照中本贯通人才培养的特点，本书在编写过程中注重贯彻"理论教学以应用为目的。以必需、够用为度，以掌握概念、强化应用、培养多项技术融合的技能为重点"的原则，着重突出能满足我国未来化工产业发展所需要的高水平技术型人才的操作性较强的技术技能培养，注重化工生产现场各种操作规范，注重职业能力发展的持续性。

　　《HSEQ 与清洁生产》共分四章，依次为化工安全（S）与职业健康（H）、化工环境保护技术（E）、化工生产质量保证体系（Q）和清洁生产与绿色化工。第一章由韩生编写，第二章由高峰和夏卫红合编，第三章由高峰和王朝阳编写，第四章由高峰和蔺华林合编，朱勇强、何慧红、顾静芳参加了各章节的编写工作。全书由高峰担任主编并负责统稿。

　　本教材具有一定的应用型特点，既可作为化工专业学生的专业教材，也可作为化工行业从业人员的参考书。

　　本教材在编写过程中得到了相关中职学校教师及企业专家的大力支持，并引用了部分网络资料，在此一并表示衷心的感谢。

　　化工安全和环保技术以及绿色化工技术种类繁多，而且有关的新技术不断涌现。限于编写人员水平有限，书中难免有不妥之处，衷心希望广大读者和有关专家学者予以批评指正。

编者

2019 年 5 月

目　录

第一章

化工安全与职业健康

第一节　化工生产的特点和常见的安全事故

一、化工生产的特点

化学工业是国民经济基础产业，它的发展有力地促进了工农业生产，巩固了国防，提高和改善了人民生活。

化学工业（chemical industry）又称化学加工工业，泛指生产过程中化学方法占主要地位的过程工业。化学工业从 19 世纪初开始形成，并发展较快的一个工业部门。

化学工业是属于知识和资金密集型的行业。随着科学技术的发展，它由最初只生产纯碱、硫酸等少数几种无机产品和主要从植物中提取茜素制成染料的有机产品，逐步发展为一个多行业、多品种的生产部门，出现了一大批综合利用资源和大型规模化的化工企业。包括基本化学工业和塑料、合成纤维、石油、橡胶、药剂、染料工业等。是利用化学反应改变物质结构、成分、形态等生产化学产品的部门。如：无机酸、碱、盐，稀有元素，合成纤维，塑料，合成橡胶，染料，涂料，化肥，农药等。

化工生产具有以下四个特点。

（1）化工生产使用的原料、半成品和成品种类繁多，绝大部分是易燃、易爆、有毒害、有腐蚀的危险化学品。这些原材料、燃料、中间产品和成品的贮存和运输都有特殊的要求。

（2）化工生产要求的工艺条件苛刻。有些化学反应在高温、高压下进行，有的要在低温、高真空度下进行。如由轻柴油裂解制乙烯、进而生产聚乙烯的生产过程中，轻柴油在裂解炉中的裂解温度为 800℃；裂解气要在深冷（－96℃）条件下进行分离；纯度为 99.99％的乙烯气体在 294kPa 压力下聚合，制取聚乙烯树脂。

（3）生产规模大型化。近 20 多年来，国际上化工生产采用大型生产装置是一个明显的趋势。采用大型装置可以明显降低单位产品的建设投资和生产成本，提高劳动生产能力，降低能耗。因此，世界各国都积极发展大型化工生产装置。但大型化会带来重大的潜在危险性。

（4）生产方式的高度自动化与连续化。化工生产已经从过去落后的手工操作、间断生产转变为高度自动化、连续化生产；生产设备由敞开式变为密闭式；生产装置从室内走向露天；生产操作由分散控制变为集中控制，同时也由人工手动操作变为仪表自动操作，进而又发展为计算机控制。连续化与自动生产是大型化的必然结果，但控制设备也有一定的故障率。据美国石油保险协会统计，控制系统发生故障而造成的事故占炼油厂火灾爆炸事故的 6.1%。

20 世纪 70 年代初，我国陆续从日本、美国、法国等国家引进了一批大型现代化的石油化工装置。如 30 万吨级乙烯、合成氨、化纤等，使我国的化工生产水平和技术水平有了很大的提高。特别是使我国的基础化工原料由粮食和煤转为石油和天然气，使我国的化学工业结构、生产规模和技术水平都发生了根本性的变化。现代化学工业越来越向大型化、自动化、节能化、精细化的趋势发展。

由于化工生产过程中一方面存在着高温、低温、高压和高真空度特点，另一方面有毒、有害、易燃、易爆物质在检修或运行期间的泄漏，使得中毒、爆炸、环境污染的事故发生的概率增大。所以化学工业的生产与安全、化学工业的生产与环境之间的关系越来越多地引起关注。化学工业生产的安全与否，不仅仅只是影响人类的生活和社会活动，它甚至直接影响一个国家或者一个民族在政治上、军事上、经济上等诸多方面的计划和决策。化学工业的安全生产和环境保护是今后化学工业能否持续、高速发展的关键问题所在。

二、化工生产中常见的安全事故

安全事故是指生产经营单位在生产经营活动中突然发生的伤害人身安全和健康，或者损坏设备设施，或者造成经济损失的，导致原生产经营活动暂时中止或永远终止的意外事件。

事故一般分为以下等级：

① 特别重大事故，是指造成 30 人以上死亡，或者 100 人以上重伤或者 1 亿元以上直接经济损失的事故；

② 重大事故，是指造成 10 人以上 30 人以下死亡，或者 50 人以上 100 人以下重伤，或者 5000 万元以上 1 亿元以下直接经济损失的事故；

③ 较大事故，是指造成 3 人以上 10 人以下死亡，或者 10 人以上 50 人以下重伤，或者 1000 万元以上 5000 万元以下直接经济损失的事故；

④ 一般事故，是指造成 3 人以下死亡，或者 10 人以下重伤，或者 1000 万元以下直接经济损失的事故。

随着化学工业的发展，涉及的化学物质的种类和数量显著增加。很多化工物料的易燃性、反应性和毒性本身决定了化学工业生产事故的多发性和严重性。而反应器、压力容器的爆炸以及燃烧传播速度超过声速，都会产生破坏力极强的冲击波，冲击波将导致周围厂房建筑物的倒塌，生产装置、贮运设施的破坏以及人员的伤亡。如果是室内爆炸，极易引发二次或二次以上的爆炸，爆炸压力叠加，可能造成更为严重的后果。

多数化工物料对人体有害，设备密封不严，特别是在间歇操作中泄漏的情况很多，容易造成操作人员的急性或慢性中毒。据我国化工部门统计，因一氧化碳、硫化氢、氯气、氮氧化物、氨、苯、二氧化碳、二氧化硫、光气、氯化钡、氮气、甲烷、氯乙烯、磷、苯酚、砷化物等 16 种化学物质造成中毒、窒息的死亡人数占中毒死亡总人数的 87.6%。而这些物质在一般化工厂中是很常见的。

化工生产过程中使用、接触的化学危险物质种类繁多，生产工艺复杂，事故原因千变万化，很难加以分类概括，这里仅列举部分火灾、爆炸事故，供读者举一反三。

1. 装置内产生新的易燃物、爆炸物

某些反应装置和贮罐在正常情况下是安全的，如果在反应和储存过程中混进或渗入某些物质而发生化学反应产生新的易燃物或爆炸物，在条件成熟时就可能发生事故。

如粗煤油中硫化氢、硫醇含量较高，就可能引起油罐腐蚀，使构件上黏附着锈垢，其成分是硫化铁、硫酸铁、氧化铁，有时还会有结晶硫黄等。由于天气突变、气温骤降，油罐的

部分构件因急剧收缩和由于风压的改变而引起油罐晃动，造成构件脱落并引起冲击或摩擦产生火种导致油罐起火。

浓硫酸和碳钢在一般情况下不发生置换反应，但若贮罐内混入水变成稀硫酸，稀硫酸就会和钢罐反应放出氢气，其反应式如下：

$$H_2SO_4 + Fe \Longrightarrow FeSO_4 + H_2 \uparrow$$

这时在贮罐上部空间就会形成爆炸性混合物，若在罐壁上动火，就会发生爆炸事故。

2. 某种新的易燃物在工艺系统积聚

某氯碱厂使用相邻合成氨厂的废碱液精制盐水。因废碱液中含氨量高，在加盐酸中和时，产生大量氯化铵随盐水进入电解槽，生成三氯化氮夹杂在氯气中。氯气中的三氯化氮经冷却塔、干燥塔虽有部分被分解，但是大部分未被分解随氯气一起进入液化槽，再进入热交换器内的管间与冷凝器来的液氯混合。由于液氯的不断气化，使三氯化氮逐渐积累下来（液氯气化温度为 $-34℃$，而三氯化氮气化温度为 $-71℃$）。后来因倒换热交换器，积存有三氯化氮的热交换器停止使用，但是，温度较高的气体氯仍从热交换器管中经过，使热交换器管间的残余液氯进一步蒸发，最后留下的基本上都是三氯化氮。因氯气温度及其他杂质反应发热的影响，最终引起了三氯化氮的爆炸。

3. 高温下物质气化分解

许多物质在高温下能自行分解，产生高压而引起爆炸。

用联苯醚作载体的加热过程中，由于管道被结焦物堵塞，局部温度升高，加上控制仪表失灵未能及时发现，致使联苯醚气化分解（在 $390℃$ 下联苯醚能分解出氢、氧、苯等）产生高压，引起管道爆裂，使高温可燃气体冲出，遇空气燃烧。如果联苯醚加热系统混进某些低沸物，例如水，也会因其急剧气化发生爆炸。某厂水解釜用联苯醚加热，由于夹套内联苯醚回流管设计不合理，高出夹套底部 15mm，在联苯炉进行水压试验后水不能放净，夹套底部积水约 20kg。当水解釜开车运行时，积水遇高温联苯醚回流液温度逐渐上升，约经过一小时，积水突然气化，夹套超压爆炸。

热不稳定物由于某种原因温度升高且又不能及时移走热量，就可能引起爆炸。例如用苯和丙烯做原料生产丙酮、苯酚，中间产物过氧化氢异丙苯储存温度不能过高。某厂在生产装置检修后，由于误操作，致使从蒸馏塔进入贮罐的过氧化氢异丙苯没有经过冷却直接进入贮罐，罐内物料温度升高，加上设计不合理，贮罐又没有降温措施和防爆泄压装置，造成罐内压力急剧上升，发生爆炸和燃烧。

4. 高热物料喷出自燃

生产过程中有些反应物料的温度超过了自燃点，一旦喷出与空气接触就着火燃烧。造成物料喷出的原因很多，如设备损坏、管线泄漏、操作失误等。

例如在催化裂化装置热油泵房的泵口取样时，由于取样管堵塞（被油凝住），将取样阀打开用蒸汽加热，当凝油熔化后，$400℃$ 左右的热油喷出立即起火。环氧氯丙烷生产中，经过预热，丙烯在 $300℃$ 左右进行氯化反应，由于反应放热，最终温度可达 $500℃$ 左右。因测温热电偶套管损坏，高温氯丙烯、丙烯等混合气体从反应器中喷出，立即起火燃烧。

5. 物料泄漏遇高温表面或明火

由于放空管位置安装不当，放空时油喷落到附近 $250℃$ 高温的阀体上引起燃烧。加热渣油带水，可产生突沸现象，渣油从罐顶喷出，沾污了设备及管线，用汽油进行洗刷时被汽油溶解后渗淌到下面的高温管线上引起自燃。

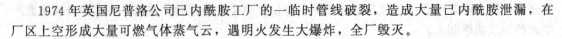

1974年英国尼普洛公司己内酰胺工厂的一临时管线破裂，造成大量己内酰胺泄漏，在厂区上空形成大量可燃气体蒸气云，遇明火发生大爆炸，全厂毁灭。

6. 反应热骤增

参加反应的物料，如果配比、投料速度和加料顺序控制不当，会造成反应剧烈，产生大量的热，而热量又不能及时导出，就会引起超压爆炸。

苯与浓硫酸混合进行磺化反应，物料进入后由于搅拌迟开，反应热骤增，超过了反应器的冷却能力，器内未反应的苯很快气化，导致塑料排气管破裂，可燃蒸气排入厂房内燃烧。

7. 杂质含量过高

有许多化学反应过程，对杂质含量要求是很严格的。有的杂质在反应过程中，可以生成危险的副反应产物。

乙炔和氯化氢的合成反应，氯化氢中游离氯的含量不能过高（一般控制在0.005%以下），这是由于过量的游离氯存在，氯与乙炔反应会立即燃烧爆炸生成四氯乙烷。某厂因操作失误使氯化氢中游离氯高达含量30.2%，造成氯乙烯合成器及混合脱水系统燃烧爆炸。

8. 生产运行系统和检修中的系统串通

在正常情况下，易燃物的生产系统不允许有明火作业。某一区域、设备、装置或管线如果停产进行动火检修，必须采取可靠的措施，使生产系统和检修系统隔绝，否则极易发生事故。

某合成氨厂氨水罐停产检修，动火管线和生产系统间未加盲板，仅用阀门隔开，由于阀门不严，又未进行动火分析，结果氨气漏入贮罐，动火时贮罐发生爆炸。某厂油罐检修，经过处理后达到动火要求。事隔数天后，相邻的另一油罐开始装油，两罐之间联通阀门没有加盲板隔开。由于阀门不严，满罐油的静压力使阀门泄漏更加严重，造成检修罐内充满了油蒸气和空气的混合物，再次动火前又没有进行检查，结果油罐发生爆炸。

9. 装置内可燃物与生产用空气混合

生产用空气主要有工艺用压缩空气和仪表用压缩空气，如果进入生产系统和易燃物混合或生产系统易燃物料混入压缩空气系统，遇明火都可能导致燃烧爆炸事故。

某合成氨装置，由于天然气混入仪表气源管线，逸出后遇明火发生爆炸，原因是这个生产装置的天然气（原料）管线与仪表用空气管线之间有一个连通管，由阀门隔开。天然气压力为2.7MPa，空气压力为0.7MPa。在一次停车检修后，有人误将此阀打开，使天然气通过连通管进入仪表空气管线，再由仪表的排气管逸出，遇明火引起整个控制室爆炸。

易燃物料严禁用压缩空气输送，这是因为易燃物料和空气接触以后，在容器内便会形成爆炸性混合物，一旦遇到明火、高热或静电火花就会发生爆炸。某厂聚氯乙烯生产车间用压缩空气送聚合釜内的物料，当时由于冷却水中断，轴封温度升高冒烟，造成聚合釜爆炸。

正常情况下合成氨原料中，氧含量控制在0.2%以下，系统是安全的。某合成氨厂重油气化炉加氧制气，配氮装置的阀门没有关（充氮管道和氧气管道通过三通连接由两道阀门控制，但没有明显的开关标志和警报装置），135℃的氧气经氮气总管（氧气压力大于氮气压力）窜入压缩机然后进入原料气体精制系统，形成氢气和氧气的爆炸性混合气体，遇点火源系统发生爆炸。

10. 系统形成负压

某一带有搅拌装置的二硫化碳容器，用泵将二硫化碳抽空后充入氮气，将人孔盖移去用刮棒清除搅拌器上的固体残留物。由于温度下降，器内残留二硫化碳蒸气凝结，体积缩小，形成负压，空气便从人孔进入容器内，与二硫化碳形成爆炸性混合物，在清除残留物过程中，刮棒和搅拌器撞击产生火花，引起爆炸。发酵罐通入大量蒸气后，若又将大量的冷液迅速加入罐内，则冷的液体使蒸气很快凝结，罐内形成负压，发酵罐被吸瘪。

11. 传热介质选用不当和加热方法不当

传热介质选用不当极易发生事故。选择传热介质时必须事先了解被加热物的性质，除满足工艺要求之外，还要掌握传热介质是否会和被加热物料发生危险性的反应。选择加热方法时如果没有充分估计物料性质、装置特点等也易发生事故。

某丁二烯装置在检修压缩机时，为了缩短停车时间，采用部分装置停车，造成丁二烯中的杂质乙烯基乙炔在精制塔积聚。精制塔底部的再沸器用157℃的蒸气加热，而乙烯基乙炔温度高于135℃时在丁二烯中发生放热反应，结果从再沸器内开始引爆，爆炸波把底层的塔板抬起，向塔顶部冲击，又造成第二次大爆炸。

12. 系统压力变化造成事故

反应釜一般在常压或敞口下进行反应。如果作业人员操作失误，反应失控造成管道阀门系统堵塞，使正常情况下的常压、真空状态变成正压，若不能及时发现处置，本身又无紧急泄压装置，很容易发生火灾爆炸事故。某重氮化反应釜爆炸事故，就是因为反应釜蒸汽阀门未关死，在保温阶段仍有大量蒸汽进入反应釜夹套，导致反应釜内温度快速上升，重氮化盐剧烈分解，体积膨胀，压力升高，继而爆炸。

第二节　火灾、爆炸事故及防范

一、燃烧

1. 燃烧条件

燃烧是可燃物质与助燃物质（氧或其他助燃物质）发生的一种发光发热的氧化反应。燃烧具有三个特征：发光、发热、生成新物质。

燃烧必须同时具备下述三个条件：可燃性物质、助燃性物质、点火源。而且每一个条件要有一定的量，相互作用，燃烧方可产生。对已发生的燃烧，若消除了三个要素中的任何一个，燃烧便会中止，这就是灭火的原理。

在生产中，常见的引起火灾爆炸的点火源有以下8种：①明火，②高热物及高温表面，③电火花，④静电、雷电，⑤摩擦与撞击，⑥易燃物自行发热，⑦绝热压缩，⑧化学反应热及光照和射线。

2. 燃烧过程

可燃物质的燃烧一般是在气相中进行的。可燃气体最易燃烧，燃烧所需热量只用于本身氧化分解，所以将可燃气体加热到其燃点即可燃烧。可燃液体在火源或热源的作用下，首先蒸发，然后蒸气氧化、分解进行燃烧。

可燃固体的燃烧可分为简单可燃固体、高熔点可燃固体、低熔点可燃固体和复杂的可燃固体燃烧等四种情况。

3. 燃烧形式

均相燃烧和非均相燃烧；混合燃烧和扩散燃烧；蒸发燃烧；分解燃烧。

4. 闪燃和闪点

可燃液体表面的蒸气与空气形成的混合气体与火源接近时会发生瞬间燃烧，出现瞬间火苗或闪光的现象称为闪燃。闪燃的最低温度称为闪点。

闪点是液体可以引起火灾危险的最低温度。液体的闪点越低，它的火灾危险性越大。

5. 着火和着火点

可燃物质在空气充足的条件下，达到一定温度与火源接触即行着火，移去火源后仍能持续燃烧达 5min 以上，这种现象称为着火（或点燃）。点燃的最低温度称为着火点。

可燃液体的着火点约高于其闪点 5～20℃。但闪点在 100℃ 以下时，二者往往相同。在没有闪点数据的情况下，也可以用着火点表征物质的火险。

6. 自燃和自燃点

在无外界火源的条件下，物质自行引发的燃烧称为自燃。自燃的最低温度称为自燃点。自燃分为以下两种。

（1）受热自燃　可燃物被外部热源间接加热达到一定温度时，未与明火直接接触就发生燃烧，这种现象叫作受热自燃。

该类物质具有较大的比表面积，热量吸收的速度大于向环境散发的速度。

（2）自热燃烧　可燃物质因内部所发生的化学、物理或生物化学过程而放出热量，这些热量在适当条件下会逐渐积聚，使可燃物温度上升达到自燃点而燃烧，这种现象叫自热燃烧。

物质自热自燃的几种类型：

① 由氧化热积蓄引起的自燃；

② 由分解发热引起的自燃；

③ 由聚合热、发酵热引起的自燃；

④ 由化学品混合接触引起的自燃。

7. 燃烧产物

火灾不仅会产生高温破坏，而且往往因燃烧产物有毒害而引起人员伤害。一般可燃物在空气中完全燃烧时，其产物是可燃物各元素最稳定的化合物或单质。

8. 燃烧速度

（1）气体燃烧速率　在气体燃烧中，扩散燃烧速率取决于气体扩散速率，而混合燃烧速率则只取决于本身的化学反应速率。因此，在通常情况下，混合燃烧速率高于扩散燃烧速率。

（2）液体燃烧速率　液体燃烧速率取决于液体的蒸发。其燃烧速率有下面两种表示方法：

① 质量速率，指每平方米可燃液体表面，每小时烧掉的液体的质量；

② 直线速率，指每小时烧掉可燃液层的高度。

（3）固体燃烧速率　一般要小于可燃液体和可燃气体。不同固体物质的燃烧速率有很大差异。萘及其衍生物、三硫化磷、松香等可燃固体，其燃烧过程是受热熔化、蒸发气化、分解氧化、起火燃烧，一般速率较慢。而另外一些可燃固体，如硝基化合物、含硝化纤维素的制品等，燃烧是分解式的，燃烧剧烈，速度很快。

二、火灾与爆炸的基本特点

1. 火灾的基本特点

火灾是指在时间或空间上失去控制的灾害性燃烧现象。火灾种类很多，各有特点。本文仅介绍化工火灾的基本特点。

（1）**火势发展快且易燃易爆**　化工企业生产过程中的原料和产品沸点低，挥发性强，绝大部分物质易燃烧、易爆炸，起火后燃烧速度非常快，常常导致大量危险化学品的泄漏。尤其是轻质油品和可燃气体，燃烧时蔓延速度快，常常以爆炸形式出现，瞬间全部燃烧。有些可燃液体，除火势蔓延速度快以外，本身也有流动性，起火后失去控制，到处流散，使火灾迅速蔓延扩大。此外，火势的蔓延方向，往往沿着逆风或可燃气体流动的相反方向蔓延。石油火灾热值高、火势猛，一旦发生火灾，火苗能够瞬间高达数十米。燃烧量大，比如汽油火灾可达 $80.9kg/(m^2 \cdot h)$，苯可达 $165.4kg/(m^2 \cdot h)$。燃烧和爆炸速度之快，防不胜防。而且热辐射强，有沸溢喷溅的可能，会使大量可燃液体流散，形成大面积流淌火。同时，爆炸一旦发生，破坏力极强，如 1997 年，某化工厂油品罐区发生特大火灾爆炸事故，死亡 9 人，伤 37 人，直接经济损失高达数亿元。由此可以得出结论，扑救危险化学品火灾是一项极其重要又非常艰巨和危险的工作。扑救石油化工火灾时要注意观察、侦察、分析爆炸的危险性，及早应对，采取正确的预防和抑爆措施，对整个火灾的扑救、事故的处置具有至关重要的作用。

另外，爆炸威胁大。化工车间、仓库、贮罐发生火灾时，由于各种因素的影响，往往先爆炸，后燃烧，也有时先燃烧，后爆炸。爆炸时会在一瞬间造成建筑结构破坏、变形或倒塌，对岗位工人、灭火人员的安全有一定的威胁。

（2）**扑救难度大**　化工厂发生火灾后，往往导致建筑物倒塌、道路堵塞，行动不便，有时先后或反复出现燃烧、爆炸或伴有毒气泄漏等情况，给灭火行动带来很大困难。大部分化工产品工艺流程十分复杂，因燃烧物质的性质不同，需选用不同类型的灭火剂；因装置设备和着火部位不同，需采用不同的灭火技术战术；有的时候还需要堵漏、倒灌转移等，扑救工作难度非常大。

（3）**毒害性较大**　化工企业发生火灾时，有些物质在燃烧过程中产生大量有毒气体，有些物质在化合、分解、重整时需要某些有毒元素做添加剂。

（4）**灭火作战时间长**　许多化工火灾对特种装备的要求高，对灭火药剂和用水量要求大，对参战力量要求多，而且灭火作战时间长。

（5）**易造成环境污染**　在事故状态下，有毒气体的飘散，会造成局部地区的空气环境污染；有毒危险化学品在失控状态下的流淌，会造成地面环境污染。

2. 爆炸的基本特点

爆炸是某一物质系统在发生迅速的物理变化或化学反应时，系统本身的能量借助于气体的急剧膨胀而转化为对周围介质做机械功，通常同时伴随有强烈放热、发光和声响的效应。爆炸现象一般具有如下特征：

① 爆炸过程进行得很快；

② 爆炸点附近瞬间压力急剧上升；

③ 发出声响；

④ 周围介质发生震动或邻近物质遭到破坏。

按照爆炸的性质不同，爆炸可分为物理性爆炸、化学性爆炸和核爆炸。

（1）**物理性爆炸**　物理性爆炸是由物理变化（温度、体积和压力等因素）引起的，在爆炸的前后，爆炸物质的性质及化学成分均不改变。

锅炉的爆炸是典型的物理性爆炸，其原因是过热的水迅速蒸发出大量蒸汽，使蒸汽压力不断提高，当压力超过锅炉的极限强度时，就会发生爆炸。又如，氧气钢瓶受热升温，引起气体压力增高，当压力超过钢瓶的极限强度时即发生爆炸。发生物理性爆炸时，气体或蒸汽等介质潜藏的能量在瞬间释放出来，会造成巨大的破坏和伤害。上述这些物理性爆炸是蒸汽和气体膨胀力作用的瞬时表现，它们的破坏性取决于蒸汽或气体的压力。

（2）化学性爆炸 化学爆炸是由化学变化造成的。化学爆炸的物质不论是可燃物质与空气的混合物，还是爆炸性物质（如炸药），都是一种相对不稳定的系统，在外界一定强度的能量作用下，能产生剧烈的放热反应，产生高温高压和冲击波，从而引起强烈的破坏作用。爆炸性物品的爆炸与气体混合物的爆炸有下列异同。

① 爆炸的反应速率非常快。爆炸反应一般在 $10^{-5} \sim 10^{-6}$s 间完成，爆炸传播速度（简称爆速）一般在 2000～9000m/s 之间。由于反应速率极快，瞬间释放出的能量来不及散失而高度集中，所以有极大的破坏作用。气体混合物爆炸时的反应速率比爆炸物品的爆炸速度要慢得多，数百分之一至数十秒内完成，所以爆炸功率要小得多。

② 反应放出大量的热。爆炸时反应热一般为 2900～6300kJ/kg，可产生 2400～3400℃的高温。气态产物依靠反应热被加热到数千度，压力可达数万兆帕，能量最后转化为机械功，使周围介质受到压缩或破坏。气体混合物爆炸后，也有大量热量产生，但温度很少超过 1000℃。

③ 反应生成大量的气体产物。1kg 炸药爆炸时能产生 700～1000L 气体，由于反应热的作用，气体急剧膨胀，但又处于压缩状态，数万兆帕压力形成强大的冲击波使周围介质受到严重破坏。气体混合物爆炸虽然也放出气体产物，但是相对来说气体量要少，而且因爆炸速度较慢，压力很少超过 2MPa。

根据爆炸时的化学变化，爆炸可分为四类。

（1）简单分解爆炸 这类爆炸没有燃烧现象，爆炸时所需要的能量由爆炸物本身分解产生。属于这类物质的有叠氮铅、雷汞、雷银、三氯化氮、三碘化氮、三硫化二氮、乙炔银、乙炔铜等。这类物质是非常危险的，受轻微震动就会发生爆炸，如叠氮铅的分解爆炸反应为：

$$Pb(N_3)_2 \longrightarrow Pb + 3N_2 + Q$$

（2）复杂分解爆炸 这类爆炸伴有燃烧现象，燃烧所需要的氧由爆炸物自身分解供给。所有炸药如三硝基甲苯、三硝基苯酚、硝化甘油、黑色火药等均属于此类。如硝化甘油炸药的爆炸反应：

$$C_3H_5(ONO_2)_3 \longrightarrow 3CO_2 + 2.5H_2O + 1.5N_2 + 0.5O_2$$

1kg 硝化甘油炸药的分解热为 6688kJ，温度可达 4697℃，爆炸瞬间体积可增大 1.6 万倍，速度达 8625m/s，故能产生强大的破坏力。这类爆炸物的危险性与简单分解爆炸物相比，危险性稍小。

（3）爆炸性混合物的爆炸 可燃气体、蒸气或粉尘与空气（或氧）混合后，形成爆炸性混合物，这类爆炸的破坏力虽然比前两类小，但实际危险要比前两类大，这是由于石油化工生产形成爆炸性混合物的机会多，而且往往不易察觉。因此，石油化工生产的防火防爆是安全工作一项十分重要的内容。爆炸混合物的爆炸需要有一定的条件，即可燃物与空气或氧达到一定的混合浓度，并具有一定的激发能量。此激发能量来自明火、电火花、静电放电或其他能源。

爆炸混合物可分为：

① 气体混合物，如甲烷、氢气、乙炔、一氧化碳、烯烃等可燃气体与空气或氧形成的混合物；

② 蒸气混合物，如汽油、苯、乙醚、甲醇等可燃液体的蒸气与空气或氧形成的混合物；

③ 粉尘混合物，如铝粉尘、硫黄粉尘、煤粉尘、有机粉尘等与空气或氧气形成的混

合物；

④ 遇水爆炸的固体物质，如钾、钠、碳化钙、三异丁基铝等与水接触，产生的可燃气体与空气或氧气混合形成爆炸性混合物。

（4）分解爆炸性气体的爆炸　分解爆炸性气体分解时产生相当数量的热量，当物质的分解热为 80kJ/mol 以上时，在激发能源的作用下，火焰就能迅速地传播开来，其爆炸是相当剧烈的。在一定压力下容易引起该种物质的分解爆炸，当压力降到某个数值时，火焰便不能传播，这个压力称为分解爆炸的临界压力。如乙炔分解爆炸的临界压力为 0.137MPa，在此压力下储存装瓶是安全的，但是若有强大的点火能源，即使在常压下也具有爆炸危险。

爆炸性混合物与火源接触，便有自由基生成，成为链锁反应的作用中心，点火后，热以及链锁载体都向外传播，促使邻近一层的混合物起化学反应，然后这一层又成为热和链锁载体源泉而引起另一层混合物的反应。在距离火源 0.5～1m 处，火焰速度只有每秒若干米或者还要小一些，但以后逐渐加速到每秒数百米（爆炸）以至数千米（爆轰），若火焰扩散的路程上有障碍物，则由于气体温度的上升及由此而引起的压力急剧增加，可造成极大的破坏作用。

3. 火灾与爆炸的关系

由于燃烧和（化学）爆炸的本质都是氧化反应，因此火灾和爆炸事故常常互相转化。

① 爆炸引起火灾。爆炸抛出的易燃物可能引起火灾。如油罐爆炸后，由于油品外泄往往引起火灾。

② 火灾引起爆炸。火灾中的明火及高温可能引起周围易燃物爆炸。如炸药库失火，会引起炸药爆炸。一些在常温下不会爆炸的物质，如醋酸，在火场高温下有变成爆炸物的可能。

在防火防爆中，要考虑以上复杂情况，采取措施。

三、防（灭）火防爆基本措施

防（灭）火防爆基本目的：把人员伤亡和财产损失降至最低限度。

防（灭）火防爆的基本原则：预防发生、限制扩大、灭火熄爆。

防（灭）火防爆的基本措施：易燃易爆物质的安全处理、着火源控制与消除、工艺过程的安全控制和限制火灾蔓延措施等几方面。

防火防爆基本措施的着眼点应放在限制和消除燃烧爆炸危险物、助燃物、着火源三者的相互作用上，防止燃烧三个条件（燃烧三要素）同时出现。

1. 易燃易爆物质的安全处理

对易燃易爆气体混合物：

① 限制易燃气体组分的浓度在爆炸下限以下或爆炸上限以上；

② 用惰性气体取代空气；

③ 把氧气浓度降至极限值以下。

对于易燃易爆液体，加工时应该避免使其蒸气的浓度达到爆炸下限，可采取下列措施：

① 在液面之上施加惰性气体覆盖；

② 降低加工温度、保持较低的蒸气压，使其无法达到爆炸浓度。

对于易燃易爆固体，加工时应该避免暴热使其蒸气达到爆炸浓度，应该避免形成爆炸性粉尘。可采取下列措施：

① 粉碎、研磨、筛分时，施加惰性气体覆盖；

② 加工设备配置充分的降温设施，迅速移除摩擦热、撞击热；

③ 加工场所配置良好的通风设施，使易燃粉尘迅速排除不至于达到爆炸浓度。

2. 着火源的控制与消除

在化工生产过程中存在较多的着火源，如明火、火花和电弧、危险温度（>80℃）、化学反应热、生物化学热、物理作用热、摩擦撞击火花、静电放电火花等等。因此，控制和消除这些着火源对防止火灾、爆炸事故的发生是十分重要的。一般应采取以下几种措施。

（1）严格明火管理措施 在化工生产中，火灾爆炸事故的发生绝大部分都是由明火引起的，所以严格明火管理，对防火防爆工作非常重要。

① 加强加热用火管理：严格生产性用火管理，对蒸汽、油浴盐浴、电加热等使用要严格管理。生产区中应尽量避免使用明火加热，因生产需要用蒸汽、油浴、盐浴、电热来加热时，应按国家有关规定，科学合理设计，明火区应远离生产区，并处在常年下风处等。

② 加强检修用火管理：对检修动火、使用喷灯、浇注沥青等作业要严格管理。制订检修动火制度，对未办动火证、动火证未经审批，未做好有效隔绝、未做好清洗置换，未做动火分析，无人监火等情形不准动火。

③ 加强流动火花和飞火管理：对机动车进入生产区、烟囱飞火、穿化纤服装、吸烟等要严格管理，制订相关规定。对机动车排气管要戴阻火器，防止火花喷出。对燃煤、烧柴的烟囱要设置阻火措施（水幕除尘等）消除飞火。对防火防爆要求高且特别危险的岗位，要禁止穿化纤服装进入生产岗位，以避免静电火花的产生。在生产区严禁吸烟，违者重罚。

为了防止烟囱飞火，燃煤炉炉膛燃烧必须完全，并要有水洗设施，彻底消除火花，在燃煤炉下风处切勿堆放易燃物料。

④ 加强其他火源控制管理：对高温设备、管道表面热、自燃热、压缩热、化学反应热等等要加强控制和管理。对高温表面应及时做好隔热保温，破损的要及时修补。不准在高温设备、管道上烘烤可燃物品。压缩机（空压机、冰机等）等在压缩过程中产生的热要进行冷却，严格控制在80℃以下。油抹布、油棉纱头等要及时安全地处理掉。

（2）避免摩擦、撞击产生火花和危险温度措施 轴承转动摩擦、铁器撞击、工具使用过程打击都有可能产生火花和危险温度，对易燃易爆的生产岗位，应做好以下防范措施：

① 设备转动部位应保持良好的润滑，以防断油发热；

② 采用有色金属工用具，防止撞击火花的产生；

③ 搬运物料要轻搬轻放，防止发生火花；

④ 车间内禁止穿带钉的鞋，以防摩擦产生火花；

⑤ 检修过程中要防止撞击发生火花。

（3）消除电气火花和危险温度措施 电气火花和危险温度是引起火灾爆炸仅次于明火的第二位原因，因此要根据爆炸和火灾危险等级和爆炸、火灾危险物质的性质，按照国家有关规定进行设计、安装。对车间内的电气动力设备、仪器、仪表、照明装置和电气线路等，分别采用防爆、封闭、隔离等措施，以防止电气火花和危险温度。

（4）导除静电措施 静电对化工生产的危险性很大，但往往很容易被人们忽视。由于静电产生火花而造成重大的火灾、爆炸事故教训较多。因此，在化工企业从厂房设计、工艺设计、建设安装等方就应充分考虑导除静电的措施，如全厂地下接地网络设计、防雷、避雷设计，在易燃易爆车间，对工艺管线、设备等均要进行有效的接地，对一些电阻率高的易燃液体在运输、输送、罐装、搅拌中应设法导除静电，勿使静电积聚。对一些特别易燃易爆的岗位还应禁止穿易产生静电的化纤面料的服装。

涤纶的电阻率约为 $10^{13}\Omega\cdot m$，尼龙的电阻率约为 $8\times10^{15}\Omega\cdot m$。这么高电阻率的化学纤维，在与人体或其他物体接触而摩擦时，就会产生并积聚大量的静电荷，形成很高的静电压，以致产生闪烁的火花而造成危害。经测试，穿的确良裤子、毛涤混纺衣裤时，坐在聚氯乙烯或人造革等绝缘表面的椅子上，摩擦 $4\sim5$ 次，静电压可达 10000V。而穿尼龙裤时静电压可达 14000V，脱尼龙衣裤时静电压可达 1000V，穿棉涤混纺衣料时静电压也有 500V。一般而言，在同等条件下，化学纤维产生的静电是棉布料的 10 倍多。实验资料表明，在静电压达到 300V 时，就有可能引起易燃液体、气体发生爆炸燃烧。

案例：某氯霉素车间还原岗位，按工艺要求首先投入异丙醇，而后开搅拌、开蒸汽升温，然后投入铝片。当职工投完铝片后，用手抖动了几下编织袋，突然一道火光从投料口蹿出并发出爆炸声。幸亏投料职工站位好，只造成手部灼伤。这起事故的发生就是由于静电火花之故，因为异丙醇闪点为 12℃，是易燃物（C_3H_8O 爆炸极限 2.0%～12.7%，最小点火能 0.6mJ），在加热、搅拌中异丙醇与容器壁摩擦产生静电同时产生部分挥发气体与空气混合达到一定浓度和温度，当投放用化纤编织袋装的铝片时，铝片与编织袋摩擦也产生静电，结果在操作工抖动编织袋时与容器壁产生的静电发生放电火花而引起爆炸。事故发生后经过认真分析，采取了对设备进行有效的接地、化纤编织袋改纯棉布袋、安装防爆板等措施。

（5）防止雷电火花措施　雷电是带有足够电荷的云块与云块、云块与大地之间的静电放电现象。雷电放电特点是：电压高（可达几十万伏）、放电时间短（仅几十微秒）、放电电流大（可达几百千安）。因而在电流通过的地方，可使空气加热到极高的温度，产生强大的压力波。在化工企业中往往会由此而引起严重的火灾、爆炸事故。因此，防雷保护工作也是化工生产防火防爆的重要内容。

防雷保护工作必须在规划设计时就全盘考虑，地下接地网络可靠、完善，企业必须按国家规定进行设计、施工、安装、检查、维护。特别是每到雷雨季节，必须认真检查，发现问题立即整改，确保防雷设施安全可靠。

案例：1989 年某地油库因雷击发生爆炸火灾，油库被毁，牺牲消防人员几十人。直接原因虽是雷击造成，但与油库的设计、管理以及灭火指挥上的不足有很大的关系。

3. 工艺、设备的安全控制

（1）工艺装置设计安全要求　在化工生产中各工艺过程和生产装置，由于受内部和外界各种因素的影响，可能产生一系列的不稳定和不安全因素，从而导致事故发生。为了保证安全生产，在工艺装置设计时要符合以下基本要求：

① 全面分析原料、中间体、成品、工艺条件要求，以确定设备以及设置安全技术设施；

② 针对生产过程中发生火灾的三要素和爆炸原因，采取相应安全措施；

③ 对反应过程中所产生的超温、超压等不正常情况应有有效的控制措施；

④ 对物料的毒害性进行全面分析，并采取有效的密闭、隔离、遥控及通风等安全措施；

⑤ 要更深入研究潜在的危险，并采取可靠的安全防护措施。

（2）采用安全合理的工艺过程

① 制定科学、合理、严密的安全操作规程和工艺操作规程：对新产品、新工艺或改革老工艺等都必须对工艺过程的安全性进行反复论证、试验，不得放过任何一个疑点，待确认安全后，方可进行生产。

② 在生产中尽可能用危险性小的物质代替危险性大的物质：尽可能不使用自燃点低、遇水燃烧爆炸、闪点低、爆炸极限低、爆炸极限范围宽、强酸、强碱、强氧化性等物质，如必须使用则必须有针对性地做好有效的防范措施。例如，遇水会燃烧爆炸的物质，要采取隔绝空气、防水、防潮或通风、散热、除湿等措施；对二种性质互相抵触的物质不能混存，避

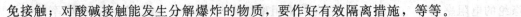

免接触；对酸碱接触能发生分解爆炸的物质，要作好有效隔离措施，等等。

③ 系统密闭或负压操作：系统密闭可以防止易燃、易爆、有毒、有害等物质的泄漏而造成爆炸、火灾、中毒、职业病和环境污染事故的发生。负压操作可避免防止系统危险物质向外逸散，对提高车间空气质量、减少职业危害等都有好处，但要注意防止空气漏入系统。

④ 生产过程的连续化和自动化控制：通过改造尽可能使每一步反应在系统内连续不间断地进行，并进行自动化遥控控制。这些措施同时可以减轻操作人员劳动强度、方便操作、减少人为失误、提高效益。

⑤ 惰性介质保护：在生产、检修、动火中用惰性介质气体进行置换、充压输送、灭火扑救是行之有效的方法。

⑥ 通风：通风是防止燃烧爆炸混合物形成、减少职业危害的重要措施之一。厂房的设计、工艺管道和设备的安装必须确保车间内有效通风条件，尽可能利用自然通风，如自然通风不足，则要考虑强制通风。化工生产企业使用敞开式厂房对安全生产是有利的。

（3）化工操作中的工艺参数控制　在化工生产操作过程中，正确控制工艺参数是防止超温、超压、溢料、跑料、冲料事故的发生，防止火灾爆炸、环境污染发生的重要措施。

① 温度、速率控制：化学反应的速率与温度有密切关系，在操作中应密切观察控制以下几方面情况。

a. 控制升温速率：升温速率必须严格控制，一定要根据设备的能力和工艺要求逐步分阶段进行，严禁升温速度过快，否则反应剧烈，就有可能由于设备能力不够或冷却量不足而无法控制，导致内压升高，造成冲料、爆炸事故。

b. 防止加料时温度过低或过高：物料起始温度过低或过高，对安全生产都是不利的。如起始温度过低，化学反应前期反应缓慢或不反应，这样会使投入的物质前期参加反应量减少而累积，当温度升高到一定温度后，会使前期未参加反应的物质在后期参加反应，使反应突然加剧，就有可能由于设备能力不够或冷却量不足而无法控制，导致内压升高，造成冲料、爆炸事故的发生。反之，投料时起始温度过高也是非常危险的，物料反应一开就非常剧烈，温度很难控制好。所以，在生产中必须严格执行工艺操作规程，严格控制投料速度、升温速率、投料量、反应温度。

c. 防止搅拌中断：搅拌的作用可以加速传热和传质，使反应物料温度均匀，反应彻底、完全，防止局部反应过热。

一般在作业时先加入溶剂，然后开搅拌，之后按规定分批逐步投入其他物料。如果同时投料，而后再开搅拌，则有可能在投料时局部反应剧烈而发生事故，这是非常危险的。

在生产中如发生停电、搅拌断落或脱落，应立即停止加热，采取降温措施，严密监视温度或容器内反应物的情况，视温度、压力等情况作紧急排放处理等措施，直至完全恢复正常。

d. 防止干燥温度过高：有些物料在高温下会发生熔解、燃烧或使物料焦化使质量下降。所以要严格控制烘干温度，必须控制在规定范围内，一旦超温必须先降至常温，方可进行检查。

② 投料控制：主要控制投料速度、配比、顺序、原料纯度以及投料量等严格按工艺要求执行，对确保安全生产有很大的关系。

a. 控制投料速度：对于放热反应，投料速度不能超过设备传热能力。如果投料速度太快，会引起温度猛升；如投料速度太慢，会使生产时间拖延，所以必须严格控制投料速度。

b. 控制投料配比：对反应物的浓度、比重、质量、体积、流量（管道输送）等都要作认真、准确分析和计算，从安全方面考虑，准确地计算出经济投料配比。投料配比的不当或不准，会造成物料的浪费，有些反应还会生成危险的副产物。如：三氯化磷的生产是将氯气通入黄磷中，如果通氯过量，则会生成极易分解的五氯化磷而造成爆炸事故；又如卡马西平生产中有一道溴化反应，溴素滴加中，如果滴加过量，会造成损失，污染环境，如果滴加不足则会生成双氢卡马，从而影响产品的质量。所以在投料中一定要严格控制投料的配比量。

c. 控制投料顺序：对某些物质的化学反应，物料投放先后顺序有严格的要求，否则会发生意外事故，在生产中要高度重视，严格按操作规程要求的顺序进行投料。

例如氯化氢的合成，在催化剂的作用下，应先通氢后通氯；在三氯化磷生产中，应先投磷后通氯。如改变前后顺序，则会发生爆炸事故。又如在实验室中作稀释浓硫酸的操作时，必须将浓硫酸渐渐从器壁加入水中，边加边搅拌。如将稀释的顺序倒一下，则会发生硫酸飞溅而灼伤操作人员的事故。

d. 控制原料纯度：在化工生产中，物料的纯度会影响产品的质量、色泽，同时也会引发安全事故，因此对原料的纯度要严格控制，确保生产安全。如果反应物料中含有过量的杂物，有可能会发生燃烧爆炸事故。如电石，在生产乙炔时，如果电石中含磷量超过 0.08%，则就会发生爆炸事故（这是因为电石中的磷化钙遇水后生成会自燃的磷化氢，而在乙炔气的制备中有乙炔、空气混合物存在，极易发生爆炸事故）。

e. 控制投料量：化工生产的反应设备（反应罐、贮罐、钢瓶等容器）大小是根据生产规模大小，经专业人员按有关规定要求计算出来的，必须考虑安全容积。对带有搅拌器的反应设备考虑液体加热后的体积增加量和搅拌时液面的升高量，对贮罐、气瓶要考虑温度升高后液面的升高量和内压的增加量。如果盲目地提高产量或因失误而多投了反应物料，超过了安全容积系数，往往会引起溢料或超压事故的发生。如果投料过少，也有可能发生事故（搅拌、温度计、夹套加热冷却不匀等原因）。因此，根据不同的设备容器，控制一定的投料量，也是必须严格掌握的重要方面。

③ 防止跑料、溢料和冲料：化工生产中发生跑料、溢料和冲料是操作人员粗心大意和误操作而造成的。一旦易燃、易爆物料大量跑料、溢料和冲料，有可能会引起火灾爆炸事故和环境污染事故。因此，严格厂规、厂纪并按工艺操作规程操作，及时进行巡回检查和及时调节控制，完全可以避免事故的发生。

一旦发生跑料、溢料、冲料事故，应冷静对待，查明原因，对症处理，情况严重要及时报告，切断一切着火源，绝不要因惊慌失措而酿成大祸。

④ 紧急情况停车处理：当发生突然停电、停汽、停水、火灾爆炸、严重自然灾害等紧急情况时，操作人员必须沉着冷静，密切观察系统设备运行和温度、压力的变化情况，正确判断及时排除险情，防止事故扩大，情况危急及时报告，一定要首先确保人员安全。

（4）安全保护装置　为避免人员操作控制和观察判断的失误，确保生产的安全，根据工艺过程的危险性和安全要求，可分别选用符合规定要求的安全装置，如阻火装置（安全液封、阻火器和单向阀）、防爆泄压设施［安全阀、爆破膜（片）、防爆门和放空管等］、消防设施（如各种灭火剂水、水蒸气、泡沫液、二氧化碳、氮气、干粉和其他灭火设施）等。安全保护装置效果好且安全可靠，应尽量安装使用。

① 信号报警：当反应温度、压力、液位、爆炸极限等超过正常操作控制值时，报警系统就会发出声、光信号及时报警。如温度、压力、超限、防爆、防盗等报警器。

② 保险装置：当系统出现不正常状况有可能发生危险时，保险装置能自动消除不正常状况。如安全阀、爆破片、限位器等。

③ 安全联锁：对系统某个部位和对整个系统安全有特殊要求的，为确保生产操作万无一失，防止操作失误，应设置安全联锁装置。联锁装置有机械和电气（电脑程序控制）等

几种。

(5) 做好清洁文明生产工作　清洁文明生产有两种含义，一是要做好清洁生产，二是要做好文明生产。

清洁生产工作一定要从源头抓起，从项目的引进、试验、设计开始，采取先进的、在生产过程中不产生或少产生三废的工艺和设备，从源头对产生的三废进行控制，设法回收利用或进行无害处理。把环境污染降到最低程度。

文明生产工作就要我们在生产过程中经常保持生产场所的清洁、整齐、卫生。做到物料、生产工用具等要定量、定置存放，保持设备整齐、干净，场所宽敞、明亮、整洁，保持工作平台无杂物，楼梯、通道要畅通，以利紧急情况时的抢救和撤离。

4. 限制火灾蔓延

防火防爆的另一个主要措施就是限制火灾蔓延。要求厂房、仓库、贮罐库等的建筑必须达到一定的耐火等级、防火安全间距、防火分割等设计要求。一旦发生火灾爆炸事故，就能最大限度地延迟火灾的蔓延，对人员的疏散、物资转移、火灾的扑救都是非常重要的保证措施。

(1) 厂房建筑耐火设计措施　为了有效地限制火灾蔓延减少损失，化工生产的建筑必须有一定的耐火等级（一级或二级）。即要有有效的分隔、有一定的防火间距、有足够的泄压面积和防火灭火设施，厂房必须从设计开始采取防火防爆的综合措施。

① 耐火设计：建筑厂房按火灾爆炸危险性大小必须达到一定的耐火极限，一旦发生火灾爆炸事故，就可以有充裕的时间实施抢救逃生。我国将耐火等级分为四级。一级耐火等级系指钢筋混凝土结构或砖墙与钢筋混凝土结构组成的混合结构。一般对生产、使用易燃物品的企业均要符合一级耐火设计（耐火极限达到 2h 以上）。

② 防火分隔：合理的设计、布局并进行有效的隔离、敞开式布置是限制火灾蔓延和减少火灾爆炸造成损失的重要措施。

a. 防火分隔物分隔：对一些危险性大的易燃易爆的设备、生产（工艺反应）单元（车间、工段）、贮罐、仓库等建筑内设置耐火极限较高的耐火物进行分隔，能起到阻止火势蔓延的作用。防火分隔方法很多，主要有防火墙、防爆墙、防火门、防火堤、防火带、防火卷帘等。使火灾爆炸控制在一定范围内，阻止火势的蔓延。

b. 防火间距：为了防止火灾向邻近建筑物蔓延，减少爆炸火灾所造成的损失。确保建筑物与建筑物、设备与设备、物料与物料之间有一定的安全防火间距（即相邻的建筑物、设备、物料在热辐射作用下，20min 内无扑救措施，不被引燃的距离，称为安全防火间距）。

③ 防爆泄压：爆炸会产生极高的压力，破坏建筑物和设备，造成厂房倒塌，设备损毁，人员伤亡。要减少爆炸所产生的高压危害，最有效的措施就是主动泄压。

a. 建筑物的泄压。建筑物的泄压就是使爆炸的瞬间所产生的压力，能由建筑物的泄压设施迅速向外泄出，降低爆炸所产生的高压，以保护建筑结构不受到重大的破坏，减少人员的伤亡。因此，确保建筑的泄爆面积，对从事化工生产的企业尤为重要。

一般轻质屋顶、轻质墙体和易于脱落破碎的门窗等均可作为泄压面积。一般危险厂房泄压面积与厂房容积之比在 $0.05\sim0.1m^2/m^3$，对危险大的厂房泄压比在 $0.2m^2/m^3$ 以上。

另外，作为泄压的一面必须向外，绝不能将室内隔墙改作泄压面。

b. 设备、容器的防爆泄压。防爆设施有安全阀、爆破膜（片）、防爆门和放空管等。安全阀主要用于防止物理爆炸。爆破片（防爆膜）主要用于防止化学爆炸。

防爆门和防爆球主要用于加热炉上。

放空管用来紧急排泄有超温、超压、分解爆炸的物料。在设计时要取最大值，不能太小。

c. 敞开式布置措施。对一些特别危险的易燃易爆的生产设备、和工艺装置，进行敞开式布置，建筑物不予封闭，四面通风，设备与设备保持一定的安全间距，对安全生产防火防爆是非常有利的（注意环保问题）。如果设备和工艺装置发生跑、冒、滴、漏现象时，由于敞开式布置，通风性能好，危险性气体不易积聚而形成爆炸性混合物，也不易发生人员中毒和职业危害，发生事故的危险就会降低。一旦发生爆炸事故，可以大大减少爆炸的威力和损失。

④ 阻火措施：防止外部火焰蹿入有火灾爆炸危险的设备、容器、管道或阻止火焰在设备和管道间的蔓延作用，主要有阻火器、安全水封、阻火闸门和单向阀等。

a. 阻火器。是利用管子直径或流通孔隙减小到一定程度，火焰就不能蔓延的原理制成的（它里面有金属网、砾石和波纹金属片等形式）。

b. 安全液封。就是将液体封在进出管（或沟）中间，使液封二侧的任何一侧着火，火焰都将在液封处被熄灭或阻止火焰蔓延。

c. 阻火闸门。阻火闸门是为了防止火焰沿通风管道蔓延而设置的。

d. 火星熄灭器。火星熄灭器也叫防火帽。

e. 单向阀。控制火焰漫延方向，阻断火焰倒回。

（2）消防灭火措施　按照国家消防灭火规范要求，根据消防技术水平、生产工艺流程、原材料和产品的性质、建筑结构选择合适的灭火剂和灭火器材，喷水或喷蒸汽灭火。

（3）安全教育措施　对化工生产工艺和设备要制定严密的安全操作规程，对职工加强安全教育，提高安全素质，减少"三违"，使职工做到"三不伤害"和"三懂三会"（即懂得自救逃生常识、懂得火灾的预防措施、懂得扑救一般火灾的办法；会报警、会使用灭火器、会扑救初起火灾）。一旦发生火灾，职工就会发挥自身的主观能动作用，运用学到的知识进行扑救灭火，控制火灾蔓延。

5. 灭火方法

（1）消防工作预案　一旦发现火情，全体职工应有条不紊地按照预先制定的灭火方案进行实施。必须迅速及时地将火扑灭，把损失控制在最低限度。为此制定消防工作预备方案，其具体分工如下。

① 最先发现火情的人要大声呼叫，某某地点或某某部位失火，并报告消防负责人。向内部报警时，报警人员应叙述：出事地点、情况、报警人姓名；向外部报警时，报警人应详细准确报告：出事地点、单位、电话、事态现状及报告人姓名、单位、地址、电话；报警完毕报警员应到路口迎接消防车及急救人员的到来。

② 现场负责人负责现场总指挥。打电话通知 119 报告失火地点、火势以及联系人和联系电话，同时通知主管领导。

③ 按应急方案立即进行自救。火灾初起阶段可用灭火器灭火，用消防桶提水，用铁锹铲土等力争在火灾初起阶段将火扑灭。若事态严重，难以控制和处理，应在自救的同时向专业救援队求助。

④ 由电工负责切断电源，防止事态扩大。

⑤ 在组织扑救的同时，组织人员清理、疏散现场人员和易燃易爆、可燃材料。如有物资仓库起火，应首先抢救危险及有毒、易燃物品，防止人员伤害和污染环境。

⑥ 疏通事故发生现场的道路，保持消防通道的畅通，保证消防车辆通行及救援工

作顺利进行。消防车由消防机构统一指挥，火场根据需要调动义务消防队及其他人员。

⑦ 在急救过程中，遇有威胁人身安全情况时，应首先确保人身安全，迅速疏散人群至安全地带，以减少不必要的伤亡。设立警戒线，禁止无关人员进入危险区域；组织脱离危险区域场所后，再采取紧急措施；对因火灾事故造成的人身伤害要及时抢救。密切配合专业救援队伍进行急救工作。

⑧ 保护火灾现场，指派专人看守。

(2) 特殊火灾事故的注意事项及急救要领　现场出现火险或火灾时要立即组织现场人员进行扑救，救火方法要得当。油料起火不宜用水扑救，可用干粉灭火器。电气设备在起火时，应尽快切断电源，用二氧化碳灭火器灭火，千万不要盲目向电器设备上泼水，这样容易造成触电、短路爆炸等并发性事故。具体的电气火灾灭火的安全技术要求如下。

① 灭火前的安全组织措施。

a. 用电单位发生电器火灾，应立即组织人员和使用正确的方法进行补救。

b. 立即向公安消防部门报警。

② 灭火前的电源处理。电器火灾发生后，为保证人身安全，防止人身触电，应尽可能立即切断电源，其目的是把电气火灾转化成一般火灾扑救，切断电源时，应注意以下几点。

a. 火场内的电器设备绝缘可能降低或破坏，停电时，应先做好安全技术措施，戴绝缘手套、穿绝缘鞋，使用电压等级合格的绝缘工具。

b. 应按照倒闸操作顺序进行，先停断路器（自动开关），后停隔离开关（或刀开关），严禁带负荷拉合，负荷拉合隔离开关（或刀开关），以免造成弧光短路。

c. 切断电源的地点要适当，以免影响灭火工作。

d. 夜间发生电气火灾，切断电源要解决临时照明，以利扑救。

③ 带电灭火的安全技术要求。带电灭火的关键是在带电灭火的同时，防止扑救人员发生触电事故。带电灭火应注意以下几个问题：

a. 应使用允许带电灭火的灭火器；

b. 扑救人员所使用的消防器材与带电部位应保持足够的安全距离，10kV 电源不小于 0.4m；

c. 对架空线路等高空设备灭火时，人体与带电体之间的仰角不应大于 45°，并站在线路外侧，以防导线断落造成触电；

d. 电气设备及线路发生接地短路时，在室内扑救人员不得进入距离故障点 4m 以内，在室外扑救人员不得进入距离故障点 8m 以内范围；凡是进入上述范围内的扑救人员，必须穿绝缘靴。接触电气设备外壳及架构时，应戴绝缘手套；

e. 使用喷雾水枪灭火时，应穿绝缘靴、戴绝缘手套；

f. 穿靴的扑救人员，要防止因地面水渍导电而触电；

g. 现场出现火险时，现场负责人判断要准确，当即不能解救的要及时报警，请消防部门协助灭火；

h. 在消防队到现场后，现场负责人要及时而准确地向消防人员提供电器、易燃、易爆物的情况；

i. 火灾区内如有人时，要尽快组织力量，设法先将人救出，然后再全面组织灭火；

j. 灭火以后，要保护火灾现场，并设专人巡视，以防死灰复燃。保护火灾现场又是查找火灾原因的重要措施。

第三节　电气事故及防范

电气事故是由电流、电磁场、雷电、静电和某些电路故障等直接或间接造成建筑设施、电气设备毁坏，人、动物伤亡，以及引起火灾和爆炸等后果的事件。

管理、规划、设计、安装、试验、运行、维修、操作中的失误都可能导致电气事故。

电气危险因素分为触电危险、电气火灾爆炸危险、静电危险、雷电危险、射频电磁辐射危害和电气系统故障等。电气事故可分为触电事故、雷击事故、静电事故、电磁辐射事故和电气装置事故。本文介绍触电事故、静电事故及防范。

一、触电事故

触电分为电击和电伤两种伤害形式。

1. 电击

电击是电流通过人体，刺激机体组织，使肌体产生针刺感、压迫感、打击感、痉挛、疼痛、血压异常、昏迷、心律不齐、心室颤动等造成伤害的形式。严重时会破坏人的心脏、肺部、神经系统的正常工作，形成危及生命的伤害。

（1）电击伤害机理　人体在正常能量之外的电能作用下，系统功能很容易遭到破坏。当电流作用于心脏或管理心脏和呼吸机能的脑神经中枢时，能破坏心脏等重要器官的正常工作。

（2）电流效应的影响因素（以下不加说明电流均指工频电流）　电流对人体的伤害程度与通过人体电流的大小、种类、持续时间、通过途径及人体状况等多种因素有关。

① 电流值。

a. 感知电流。指引起感觉的最小电流。感觉为轻微针刺、发麻等。就平均值（概率50%）而言，男性约为 1.1mA；女性约为 0.7mA。

b. 摆脱电流。指能自主摆脱带电体的最大电流。超过摆脱电流时，由于受刺激肌肉收缩或中枢神经失去对手的正常指挥作用，导致无法自主摆脱带电体。就平均值（概率50%）而言，男性约为 16mA；女性约为 10.5mA；就最小值（可摆脱概率99.5%）而言，男性约为 9mA；女性约为 6mA。

c. 室颤电流。指引起心室发生心室纤维性颤动的最小电流。动物实验和事故统计资料表明，心室颤动在短时间内导致死亡。室颤电流与电流持续时间关系密切。当电流持续时间超过心脏周期时，室颤电流仅为 50mA 左右；当持续时间短于心脏周期时，室颤电流为数百毫安。当电流持续时间小于 0.1s 时，只有电击发生在心室易损期，500mA 以上乃至数安的电流才能够引起心室颤动。前述电流均指流过人体的电流，而当电流直接流过心脏时，数十微安的电流即可导致心室颤动发生。

② 电流持续时间。通过人体的电流持续时间愈长，愈容易引起心室颤动，危险性就愈大。

③ 电流途径。流经心脏的电流多、电流路线短是危险性最大的途径。最危险的途径是：左手到前胸。判断危险性，既要看电流值，又要看途径。

④ 电流种类。直流电流、高频交流电流、冲击电流以及特殊波形电流也都对人体具有伤害作用，其伤害程度一般较工频电流为轻。

⑤ 个体特征。因人而异，健康情况、性别、年龄等。

（3）人体阻抗　人体阻抗是定量分析人体电流的重要参数之一，是处理许多电气安全问题所必须考虑的基本因素。

① 组成和特征。人体皮肤、血液、肌肉、细胞组织及其结合部等构成了含有电阻和电容的阻抗。其中，皮肤电阻在人体阻抗中占有较大的比例。

皮肤阻抗：决定于接触电压、频率、电流持续时间、接触面积、接触压力、皮肤潮湿程度和温度等。皮肤电容很小，在工频条件下，电容可忽略不计，将人体阻抗看作纯电阻。

体内电阻：基本上可以看作纯电阻，主要决定于电流途径和接触面积。

② 数值及变动范围。在除去角质层、干燥的情况下，人体电阻约为 1000～3000Ω；潮湿的情况下，人体电阻约为 500～800Ω。

③ 影响因素。接触电压的增大、电流强度及作用时间的增大、频率的增加等因素都会导致人体阻抗下降。皮肤表面潮湿、有导电污物、伤痕、破损等也会导致人体阻抗降低。接触压力、接触面积的增大均会降低人体阻抗。

（4）电击类型

① 根据电击时所触及的带电体是否为正常带电状态，电击分为直接接触电击和间接接触电击两类。

a. 直接接触电击。指在电气设备或线路正常运行条件下，人体直接接触及设备或线路的带电部分所形成的电击。

b. 间接接触电击。指在设备或线路故障状态下，原本正常情况下不带电的设备外露可导电部分或设备以外的可导电部分变成了带电状态，人体与上述故障状态下带电的可导电部分触及而形成的电击。

② 按照人体触及带电体的方式，电击可分为单相电击、两相电击和跨步电压电击三种。

a. 单相电击。指人体接触到地面或其他接地导体，同时，人体另一部位触及某一相带电体所引起的电击。根据国内外的统计资料，单相电击事故占全部触电事故的70%以上。

因此，防止触电事故的技术措施应将单相电击作为重点。

b. 两相电击。指人体的两个部位同时触及两相带电体所引起的电击，在此情况下，人体所承受的电压为线路电压，因其电压相对较高，危险性也较大。

c. 跨步电压电击。指站立或行走的人体，受到出现于人体两脚之间的电压即跨步电压作用所引起的电击。跨步电压是当带电体接地，电流经接地线流入埋于土壤中的接地体，又通过接地体向周围大地流散时，在接地体周围土壤电阻上产生的电压梯度形成的。

2. 电伤

电伤是电流的热效应、化学效应、机械效应等对人体所造成的伤害。伤害多见于机体的外部，往往在机体表面留下伤痕。能够形成电伤的电流通常比较大。电伤的危险程度决定于受伤面积、受伤深度、受伤部位等。

电伤包括电烧伤、电烙印、皮肤金属化、机械损伤、电光性眼炎等多种伤害。

（1）电烧伤　是最为常见的电伤。大部分触电事故都含有电烧伤成分。电烧伤可分为电流灼伤和电弧烧伤。

① 电流灼伤。指人体与带电体接触，电流通过人体时，因电能转换成的热能引起的伤害。由于人体与带电体的接触面积一般都不大，且皮肤电阻又比较高，因而产生在皮肤与带电体接触部位的热量就较多。因此，使皮肤受到比体内严重得多的灼伤。电流愈大、通电时间愈长、电流途径上的电阻愈大，则电流灼伤愈严重。电流灼伤一般发生在低压电气设备上。数百毫安的电流即可造成灼伤，数安的电流则会形成严重的灼伤。

② 电弧烧伤。指由弧光放电造成的烧伤，是最严重的电伤。电弧发生在带电体与人体之间，有电流通过人体的烧伤称为直接电弧烧伤；电弧发生在人体附近对人体形成的烧伤以

及被熔化金属溅落的烫伤称为间接电弧烧伤。弧光放电时电流很大，能量也很大，电弧温度高达数千度，可造成大面积的深度烧伤。严重时能将机体组织烘干、烧焦。电弧烧伤既可以发生在高压系统，也可以发生在低压系统。在低压系统，带负荷（尤其是感性负荷）拉开裸露的闸刀开关时，产生的电弧会烧伤操作者的手部和面部；当线路发生短路，开启式熔断器熔断时，炽热的金属微粒飞溅出来会造成灼伤；因误操作引起短路也会导致电弧烧伤等。在高压系统，由于误操作，会产生强烈的电弧，造成严重的烧伤；人体过于接近带电体，其间距小于放电距离时，直接产生强烈的电弧，造成电弧烧伤，严重时会因电弧烧伤而死亡。

在全部电烧伤的事故当中，大部分的事故发生在电气维修人员身上。

（2）电烙印 指电流通过人体后，在皮肤表面接触部位留下与接触带电体形状相似的斑痕，如同烙印。斑痕处皮肤呈现硬变，表层坏死，失去知觉。

（3）皮肤金属化 是由高温电弧使周围金属熔化、蒸发并飞溅渗透到皮肤表层内部所造成的。受伤部位呈现粗糙、张紧，可致局部坏死。

（4）机械损伤 多数是由于电流作用于人体，使肌肉产生非自主的剧烈收缩所造成的。其损伤包括肌腱、皮肤、血管、神经组织断裂以及关节脱位乃至骨折等。

（5）电光性眼炎 其表现为角膜和结膜发炎。弧光放电时的红外线、可见光、紫外线都会损伤眼睛。在短暂照射的情况下，引起电光眼的主要原因是紫外线。

二、触电预防措施

为了达到安全用电的目的，必须采用可靠的技术措施，防止触电事故发生。绝缘、安全间距、漏电保护、安全电压、遮栏及阻挡物等都是防止直接触电的防护措施。保护接地、保护接零是间接触电防护措施中最基本的措施。所谓间接触电防护措施是指防止人体各个部位触及正常情况下不带电，而在故障情况下才变为带电的电器金属部分的技术措施。

专业电工人员在全部停电或部分停电的电气设备上工作时，必须采取停电、验电、装设接地线、悬挂标示牌和装设遮栏等措施后，才能开始工作。

1. 绝缘

（1）绝缘的作用 绝缘是用绝缘材料把带电体隔离起来，实现带电体之间、带电体与其他物体之间的电气隔离，使设备能长期安全、正常地工作，同时可以防止人体触及带电部分，避免发生触电事故，所以绝缘在电气安全中有着十分重要的作用。良好的绝缘是设备和线路正常运行的必要条件，也是防止触电事故的重要措施。

绝缘具有很强隔电能力，被广泛地应用在许多电器、电气设备、装置及电气工程上，如胶木、塑料、橡胶、云母及矿物油等都是常用的绝缘材料。

（2）绝缘破坏 绝缘材料经过一段时间的使用会发生绝缘破坏。绝缘材料除因在强电场作用下被击穿而破坏外，自然老化、电化学击穿、机械损伤、潮湿、腐蚀、热老化等也会降低其绝缘性能或导致绝缘破坏。

绝缘体承受的电压超过一定数值时，电流穿过绝缘体而发生放电现象称为电击穿。

气体绝缘在击穿电压消失后，绝缘性能还能恢复；液体绝缘多次击穿后，将严重降低绝缘性能；而固体绝缘击穿后，就不能再恢复绝缘性能。

在长时间存在电压的情况下，由于绝缘材料的自然老化、电化学作用、热效应作用，使其绝缘性能逐渐降低，有时电压并不是很高也会造成电击穿。所以绝缘需定期检测，保证电气绝缘的安全可靠。

（3）绝缘安全用具 在一些情况下，手持电动工具的操作者必须戴绝缘手套、穿绝缘鞋（靴），或站在绝缘垫（台）上工作，采用这些绝缘措施使人与地面，或使人与工具的金属外

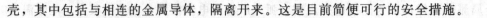

壳，其中包括与相连的金属导体，隔离开来。这是目前简便可行的安全措施。

为了防止机械伤害，使用手电钻时不允许戴线手套。绝缘安全用具应按有关规定进行定期耐压试验和外观检查，凡是不合格的安全用具严禁使用，绝缘用具应由专人负责保管和检查。

常用的绝缘安全用具有绝缘手套、绝缘靴、绝缘鞋、绝缘垫和绝缘台等。绝缘安全用具可分为基本安全用具和辅助安全用具。基本安全用具的绝缘强度能长时间承受电气设备的工作电压，使用时，可直接接触电气设备的有电部分。辅助安全用具的绝缘强度不足以承受电气设备的工作电压，只能加强基本安全用具的保护作用，必须与基本安全用具一起使用。在低压带电设备上工作时，绝缘手套、绝缘鞋（靴）、绝缘垫可作为基本安全用具使用，在高压情况下，只能用作辅助安全用具。

2. 屏护

屏护是指采用遮栏、围栏、护罩、护盖或隔离板等把带电体同外界隔绝开来，以防止人体触及或接近带电体所采取的一种安全技术措施。除防止触电的作用外，有的屏护装置还能起到防止电弧伤人、防止弧光短路或方便检修工作等作用。配电线路和电气设备的带电部分，如果不便加包绝缘或绝缘强度不足时，就可以采用屏护措施。

开关电器的可动部分一般不能加包绝缘，而需要屏护。其中防护式开关电器本身带有屏护装置，如胶盖闸刀开关的胶盖、铁壳开关的铁壳等；开启式石板闸刀开关需要另加屏护装置。起重机滑触线以及其他裸露的导线也需另加屏护装置。对于高压设备，由于全部加绝缘往往有困难，而且当人接近至一定程度时，即会发生严重的触电事故。因此，不论高压设备是否已加绝缘，都要采取屏护或其他防止接近的措施。

变配电设备，凡安装在室外地面上的变压器以及安装在车间或公共场所的变配电装置，都需要设置遮栏或栅栏作为屏护。邻近带电体的作业中，在工作人员与带电体之间及过道、入口等处应装设可移动的临时遮栏。

屏护装置不直接与带电体接触，对所用材料的电性能没有严格要求。屏护装置所用材料应当有足够的机械强度和良好的耐火性能。但是金属材料制成的屏护装置，为了防止其意外带电造成触电事故，必须将其接地或接零。

屏护装置的种类，有永久性屏护装置，如配电装置的遮栏、开关的罩盖等；临时性屏护装置，如检修工作中使用的临时屏护装置和临时设备的屏护装置；固定屏护装置，如母线的护网；移动屏护装置，如跟随天车移动的天车滑线的屏护装置等。

使用屏护装置时，还应注意以下内容。

① 屏护装置应与带电体之间保持足够的安全距离。

② 被屏护的带电部分应有明显标志，标明规定的符号或涂上规定的颜色。

遮栏、栅栏等屏护装置上应有明显的标志，如根据被屏护对象挂上"止步，高压危险！""禁止攀登，高压危险！"等标示牌，必要时还应上锁。标示牌只应由担负安全责任的人员进行布置和撤除。

③ 遮栏出入口的门上应根据需要装锁，或采用信号装置、联锁装置。前者一般是用灯光或仪表指示有电；后者是采用专门装置，当人体超过屏护装置而可能接近带电体时，被屏护的带电体将会自动断电。

3. 漏电保护器

漏电保护器是一种在规定条件下电路中漏（触）电流（mA）值达到或超过其规定值时能自动断开电路或发出报警的装置。

漏电是指电器绝缘损坏或其他原因造成导电部分破壳时，如果电器的金属外壳是接地的，那么电就由电器的金属外壳经大地构成通路，从而形成电流，即漏电电流，也叫做接地电流。当漏电电流超过允许值时，漏电保护器能够自动切断电源或报警，以保证人身安全。

漏电保护器动作灵敏，切断电源时间短，因此只要能够合理选用和正确安装、使用漏电保护器，除了保护人身安全以外，还有防止电气设备损坏及预防火灾的作用。

必须安装漏电保护器的设备和场所：

① 属于Ⅰ类的移动式电气设备及手持式电气工具；

② 安装在潮湿、强腐蚀性等恶劣环境场所的电器设备；

③ 建筑施工工地的电气施工机械设备，如打桩机、搅拌机等；

④ 临时用电的电器设备；

⑤ 其他需要安装漏电保护器的场所。

漏电保护器的安装、检查等应由专业电工负责进行。对电工应进行有关漏电保护器知识的培训、考核。内容包括漏电保护器的原理、结构、性能、安装使用要求、检查测试方法、安全管理等。

4. 安全电压

把可能加在人身上的电压限制在某一范围之内，使得在这种电压下，通过人体的电流不超过允许的范围。这种电压就叫做安全电压，也叫做安全特低电压。但应注意，任何情况下都不能把安全电压理解为绝对没有危险的电压。具有安全电压的设备属于Ⅲ类设备。

我国确定的安全电压标准是 42V、36V、24V、12V、6V。特别危险环境中使用的手持电动工具应采用 42V 安全电压；有电击危险环境中，使用的手持式照明灯和局部照明灯应采用 36V 或 24V 安全电压；金属容器内、特别潮湿处等特别危险环境中使用的手持式照明灯应采用 12V 安全电压；在水下作业等场所工作应使用 6V 安全电压。当电气设备采用超过24V 的安全电压时，必须采取防止直接接触带电体的保护措施。

5. 安全间距

安全间距是指在带电体与地面之间，带电体与其他设施、设备之间，带电体与带电体之间保持的一定安全距离，简称间距。设置安全间距的目的是防止人体触及或接近带电体造成触电事故，防止车辆或其他物体碰撞或过分接近带电体造成事故，防止电气短路事故、过电压放电和火灾事故，便于操作。安全间距的大小取决于电压高低、设备类型、安装方式等因素。

6. 接零与接地

在工厂里，使用的电气设备很多。为了防止触电，通常可采用绝缘、隔离等技术措施以保障用电安全。但工人在生产过程中经常接触的是电气设备不带电的外壳或与其连接的金属体。这样当设备万一发生漏电故障时，平时不带电的外壳就带电，并与大地之间存在电压，就会使操作人员触电。这种意外的触电是非常危险的。为了解决这个不安全的问题，采取的主要安全措施就是对电气设备的外壳进行保护接地或保护接零。

（1）保护接零　将电气设备在正常情况下不带电的金属外壳与变压器中性点引出的工作零线或保护零线相连接，这种方式称为保护接零。当某相带电部分碰触电气设备的金属外壳时，通过设备外壳形成该相线对零线的单相短路回路，该短路电流较大，足以保证在最短的时间内使熔丝熔断、保护装置或自动开关跳闸，从而切断电流，保障了人身安全。保护接零的应用范围，主要是用于三相四线制中性点直接接地供电系统中的电气设备。在工厂里也就是用于 380/220V 的低压设备上。在中性点直接接地的低压配电系统中，为确保保护接零方式的安全可靠，防止零线断线所造成的危害，系统中除了工作接地外，还必须在整个零线的其他部位再进行必要的接地。这种接地称为重复接地。

（2）保护接地　保护接地是指将电气设备平时不带电的金属外壳用专门设置的接地装置实行良好的金属性连接。保护接地的作用是当设备金属外壳意外带电时，将其对地电压限制在规定的安全范围内，消除或减小触电的危险。保护接地最常用于低压不接地配电网中的电气设备。

三、静电事故

静电事故是指因静电放电或静电力作用，导致发生危险或损害的现象。静电并不是静止的电，是宏观上暂时停留在某处的电。人在地毯或沙发上立起时，由于摩擦造成衣服所带静电电压也可高1万多伏，而橡胶和塑料薄膜材料的静电更可高达10多万伏。

任何物质都是由原子组合而成，而原子的基本结构为质子、中子及电子。科学家们将质子定义为正电，中子不带电，电子带负电。在正常状况下，一个原子的质子数与电子数量相等，正负电平衡，所以对外表现出不带电的现象。但是由于外界作用如摩擦或以各种能量如动能、位能、热能、化学能等的形式作用会使原子的正负电不平衡。在日常生活中所说的摩擦实质上就是一种不断接触与分离的过程。有些情况下不摩擦也能产生静电，如感应静电起电、热电和压电起电，亥姆霍兹层、喷射起电等。任何两个不同材质的物体接触后再分离，即可产生静电，而产生静电的普遍方法就是摩擦生电。材料的绝缘性越好，越容易产生静电。因为空气也是由原子组合而成，所以可以这么说，在人们生活的任何时间、任何地点都有可能产生静电。要完全消除静电几乎不可能，但可以采取一些措施控制静电使其不产生危害。

静电的产生在工业生产中是不可避免的，其造成的危害主要可归结为以下两种机理。

（1）静电放电（ESD）造成的危害

① 引起电子设备的故障或误动作，造成电磁干扰。

② 击穿集成电路和精密的电子元件，或者促使元件老化，降低生产成品率。

③ 高压静电放电造成电击，危及人身安全。

④ 在多易燃易爆品或粉尘、油雾的生产场所极易引起爆炸和火灾。

（2）静电引力（ESA）造成的危害

① 电子工业：吸附灰尘，造成集成电路和半导体元件的污染，大大降低成品率。

② 胶片和塑料工业：使胶片或薄膜收卷不齐；胶片、CD塑盘沾染灰尘，影响品质。

③ 造纸印刷工业：纸张收卷不齐，套印不准，吸污严重，甚至纸张黏结，影响生产。

④ 纺织工业：造成根丝飘动、缠花断头、纱线纠结等危害。

四、静电防护

各种静电防护措施应根据现场环境条件、生产工艺和设备、加工物件的特性以及发生静电引燃的可能程度等予以研究选用。

1. 基本防护措施

（1）减少静电荷产生

① 对接触起电的有关物料，应尽量选用在带电序列中位置较邻近的，或对产生正负电荷的物料加以适当组合，使最终达到起电最小。

② 在生产工艺的设计上，对有关物料应尽量做到接触面积、压力较小，接触次数较少，运动和分离速度较慢。

（2）使静电荷尽快对地泄漏。

① 在存在静电引爆危险的场所，所有属静电导体的物体必须接地。对金属物体应采用金属导体与大地作导通性连接，对金属以外的静电导体及静电亚导体则应作间接接地。

② 静电导体与大地间的总泄漏电阻值在通常情况下均不应大于 $10^6\Omega$。每组专设的静电接地体的接地电阻值一般不应大于 100Ω；在山区等土壤电阻率较高的地区，其接地电阻值也不应大于 1000Ω。

③ 对于某些特殊情况，有时为了限制静电导体对地的放电电流，允许人为地将其泄漏电阻值提高到不超过 $10^9\Omega$。

④ 局部环境的相对湿度宜增加至 50％ 以上。

⑤ 生产工艺设备应采用静电导体或静电亚导体，避免采用静电非导体。

⑥ 对于高带电的物料，宜在接近排放口前的适当位置装设静电缓和器。

⑦ 在某些物料中，可添加少量适宜的防静电添加剂，以降低其电阻率。

⑧ 在生产现场使用静电导体制作的操作工具，应予接地。

（3）为消除静电非导体的静电，宜用高压电源式、感应式或放射源式等不同类型的消除器。

（4）将带电体进行局部或全部静电屏蔽，同时屏蔽体应可靠接地。

（5）在设计和制作工艺装置或设备时，应尽量避免存在静电放电的条件，如在容器内避免出现细长的导电性突出物和避免物料高速剥离等。

（6）控制气体中可燃物的浓度，保持在爆炸下限以下。

2. 固态物料保护措施

接地措施应符合下列具体要求。

① 非金属静电导体或静电亚导体与金属导体相互联接时，其紧密接触的面积应大于 $20cm^2$。

② 采用法兰及螺栓联接的配管系统，一般不必另设跨接线，对于室外的架空配管系统，则应按有关国家防雷规程执行。

③ 在进行间接接地时，可在金属导体与非金属静电导体或静电亚导体之间，加设金属箔，或涂导电性涂料或导电膏以减小接触电阻。

④ 油罐汽车在装卸过程中应采用专用的接地导线（可卷式），夹子和接地端子将罐车与装卸设备相互连接起来。接地线的连接，应在油罐开盖以前进行；接地线的拆除应在装卸完毕，封闭罐盖以后进行。有条件时可尽量采用接地设备与启动装卸用泵相互间能联锁的装置。

⑤ 在振动和频繁移动的器件上用的接地导体禁止用单股线，应采用 $6mm^2$ 以上的裸绞线或编织线。

3. 液态物料防护措施

（1）控制烃类液体灌装时的流速。

① 灌装铁路罐车时，液体在鹤管内的容许流速按下式计算：

$$VD \leqslant 0.8$$

式中　V——烃类液体流速，m/s；

　　　D——鹤管内径，m。

大鹤管装车出口流速可以超过按上式所得计算值，但不得大于 5m/s。

② 灌装汽车罐车时，液体在鹤管内的容许流速按下式计算：

$$VD \leqslant 0.5$$

式中　V——烃类液体流速，m/s；

　　　D——鹤管内径，m。

（2）在输送和灌装过程中，应防止液体的飞散喷溅，从底部或上部入灌的注油管末端应设计成不易使液体飞散的倒 T 形等形状或另加导流板；或在上部灌装时，使液体沿侧壁缓慢下流。

（3）对罐车等大型容器灌装烃类液体时，宜从底部进油。若不得已采用顶部进油时，则其注油管宜伸入罐内离罐底不大于 200mm。在注油管末端侵入液面前，其流速应限制在 1m/s 以内。

（4）烃类液体中应避免混入其他不相溶的第二相杂质如水等。并应尽量减少和排除槽底和管道中的积水。当管道内明显存在第二物相时，其流速应限制在 1m/s 以内。

（5）在贮罐、罐车等大型容器内，可燃性液体的表面不允许存在不接地的导电性漂浮物。

（6）当液体带电很高时，例如在精细过滤器的出口，可先通过缓和器后再输出进行灌装。带电液体在缓和器内停留的时间，一般可按缓和时间的 3 倍来设计。

（7）烃类液体的检尺、测温和采样。

① 当设备在灌装、循环或搅拌等工作过程中，禁止进行取样、检尺或测温等现场操作。在设备停止工作后，需静置一段时间才允许进行上述操作。

② 对油槽车的静置时间为 2min 以上。

③ 对金属材质制作的取样器、测温器及检尺等在操作中应接地。有条件时应采用自身具有防静电功能的工具。

（8）当在烃类液体中加入防静电添加剂来消除静电时，其容器应是静电导体并可靠接地，且需定期检测其电导率，以便使其数值保持在规定要求以上。

（9）当不能以控制流速等方法来减少静电积聚时，可以在管道的末端装设流体静电消除器。

（10）当用软管输送易燃液体时，应使用导电软管或内附金属丝、网的橡胶管，且在相接时注意静电的导通性。

（11）在使用小型便携式容器灌装易燃绝缘性液体时，宜用金属或导静电容器，避免采用静电非导体容器。对金属容器及金属漏斗应跨接并接地。

第四节　职业中毒与防范

毒物是当某些物质进入人体后，它与人体发生物理或化学作用，能破坏人体的正常生理机能，甚至影响生命，这种物质叫做毒物。

中毒是毒物引起人体的病变叫中毒。

职业中毒是在生产过程中由于接触毒物而引起的中毒。

工业毒物按物理状态分为气体、雾和粉尘。按损害人体器官分为神经、血液、肝等毒性。

一、工业毒物的毒性评价

1. 评价指标

毒性是用来表示毒性物质的剂量与毒害作用之间关系的一个概念。在实验毒性学中，经常用到剂量-作用关系和剂量-响应关系两个概念。

剂量-作用关系是指毒性物质在生物个体内所起作用与毒性物质剂量之间的关系。例如考察职业性接触铅的剂量-作用关系，可以测定厂房空气中铅的浓度与各个工人尿液中 δ-氨基乙酰丙酸不同含量之间的关系。这种考察有利于确定对敏感个体的危害。

剂量-响应关系是制定毒性物质卫生标准的依据。剂量-响应关系是指毒性物质在一组生物体中产生一定标准作用的个体数，即产生作用的百分率，与毒性物质剂量之间的关系。

仍以职业性接触铅为例，考察剂量-响应关系，可以测定厂房空气中铅的浓度与一组工人尿液中 δ-氨基乙酰丙酸含量超过 $5mg/dm^3$ 的个体的百分率之间的关系。

常用于评价毒性物质急性、慢性毒性的指标有以下几种。

① 绝对致死剂量或浓度（LD_{100} 或 LC_{100}），是指引起全组染毒动物全部（100%）死亡的毒性物质的最小剂量或浓度。

② 半数致死剂量或浓度（LD_{50} 或 LC_{50}），是指引起全组染毒动物半数（50%）死亡的毒性物质的最小剂量或浓度。

③ 最小致死剂量或浓度（MLD 或 MLC），是指全组染毒动物中只引起个别动物死亡的毒性物质的最小剂量或浓度。

④ 最大耐受剂量或浓度（LD_0 或 LC_0），是指全组染毒动物全部存活的毒性物质的最大剂量或浓度。

⑤ 急性阈剂量或浓度（LMTac），是指一次染毒后，引起试验动物某种有害作用的毒性物质的最小剂量或浓度。

⑥ 慢性阈剂量或浓度（LMTcb），是指长期多次染毒后，引起试验动物某种有害作用的毒性物质的最小剂量或浓度。

⑦ 慢性无作用剂量或浓度，是指在慢性染毒后，试验动物未出现任何有害作用的毒性物质的最大剂量或浓度。

致死浓度和急性阈浓度之间的浓度差距，能够反映出急性中毒的危险性，差距越大，急性中毒的危险性就越小。而急性阈浓度和慢性阈浓度之间的浓度差距，则反映出慢性中毒的危险性，差距越大，慢性中毒的危险性就越大。而根据嗅觉阈或刺激阈，可估计工人能否及时发现生产环境中毒性物质的存在。

2. 毒性分级

各国对化学物质的毒性分级不同。我国按照 GBZ230—2010 对化学物质的毒性进行分级。世界卫生组织（WHO）对外源性化学物质的急性毒性分级标准见表1-1。

表1-1 外源性化学物质的急性毒性分级标准

毒性分级	大鼠一次经口 LD_{50}/(mg/kg)	6只大鼠吸入4h死亡2～4只的浓度/(mg/L)	兔涂皮时 LD_{50}/(mg/kg)	对人可能致死量	
				g/kg	总量/g（60kg 体重）
剧毒	<1	<10	<5	<0.05	0.1
高毒	1-	10-	5-	0.05-	3
中等毒	50-	100-	44-	0.5-	30
低毒	500-	1000-	350-	5-	250
微毒	5000-	10000-	2180-	>15	>1000

二、工业毒物侵入人体的途径和危害

毒性物质一般是经过呼吸道、消化道及皮肤接触进入人体的。职业中毒中，毒性物质主要是通过呼吸道和皮肤侵入人体的；职业中毒时经消化道进入人体的情况很少，往往是用被毒物沾染过的手取食物或吸烟，或发生意外事故毒物冲入口腔造成的。

1. 经呼吸道侵入

呼吸道是生产性毒物侵入人体的最重要的途径。在生产环境中，即使空气中毒物含量较低，每天也会有一定量的毒物经呼吸道侵入人体。每人每天约吸入空气 $12m^3$。

从鼻腔至肺泡的整个呼吸道的各部分结构不同，对毒物的吸收情况也不相同。越是进入深部，表面积越大，停留时间越长，吸收量越大。固体毒物吸收量的大小，与颗粒和溶解度的大小有关。而气体毒物吸收量的大小，与肺泡组织壁两侧分压大小、呼吸深度、速度以及循环速度有关。另外，劳动强度、环境温度、环境湿度以及接触毒物的条件，对吸收量都有一定的影响。肺泡内的二氧化碳可能会增加某些毒物的溶解度，促进毒物的吸收。

2. 经皮肤侵入

有些毒物可透过无损皮肤或经毛囊的皮脂腺被吸收。经表皮进入体内的毒物需要越过三道屏障。

第一道屏障是皮肤的角质层，一般分子量大于 300 的物质不易透过无损皮肤。

第二道屏障是位于表皮角质层下面的连接角质层，它能阻止水溶性物质的通过，而不能阻止脂溶性物质的通过。

第三道屏障是表皮与真皮连接处的基膜。脂溶性毒物经表皮吸收后，还要有水溶性，才能进一步扩散和吸收。

所以水、脂均溶的毒物（如苯胺）易被皮肤吸收。只是脂溶而水溶极微的苯，经皮肤吸收的量较少。与脂溶性毒物共存的溶剂对毒物的吸收影响不大。

毒物经皮肤进入毛囊后，可以绕过表皮的屏障直接透过皮脂腺细胞和毛囊壁进入真皮，再从下面向表皮扩散。但这个途径不如经表皮吸收严重。电解质和某些重金属，特别是汞在紧密接触后可经过此途径被吸收。操作中如果皮肤沾染上溶剂，可促使毒物贴附于表皮并经毛囊被吸收。

如果表皮屏障的完整性遭破坏，如外伤、灼伤等，可促进毒物的吸收。潮湿也有利于皮肤吸收，特别是对于气体物质更是如此。皮肤经常沾染有机溶剂，使皮肤表面的类脂质溶解，也可促进毒物的吸收。黏膜吸收毒物的能力远比皮肤强，部分粉尘也可通过黏膜吸收进入体内。

3. 经消化道侵入

许多毒物可通过口腔进入消化道而被吸收。胃肠道的酸碱度是影响毒物吸收的重要因素。胃液是酸性，对于弱碱性物质可增加其电离，从而减少其吸收；对于弱酸性物质则有阻止其电离的作用，因而增加其吸收。脂溶性的非电解物质，能渗透过胃的上皮细胞。胃内的食物、蛋白质和黏液蛋白等，可以减少毒物的吸收。

肠道吸收最重要的影响因素是肠内的碱性环境和较大的吸收面积。弱碱性物质在胃内不易被吸收，到达小肠后即转化为非电离物质可被吸收。小肠内分布着酶系统，可使已与毒物结合的蛋白质或脂肪分解，从而释放出游离毒物促进其吸收。在小肠内物质可经过细胞壁直接渗入细胞，这种吸收方式对毒物的吸收，特别是对大分子的吸收起重要作用。制约结肠吸收的条件与小肠相同，但结肠面积小，所以其吸收比较次要。

三、化工过程中职业性中毒的防范措施

职业性中毒事故，在化工过程时有发生。暴露了预防毒害性的措施不到位，方法不完善，责任未落实。因此必须加强预防性的措施。具体措施如下。

1. 开展评估

① 全面认识准确识别过程化学品危害性。对毒性物质性质数据完整收集，进行风险评估。确认和明确现场危险源；

② 辨识、评价反应过程中产生的中间体的毒害性和异常工艺条件下产生毒害性的风险；

③ 对新物质的毒害性进行检测和确认；

④ 形成职业卫生防护档案，对生产全过程的化学品毒害性进行排序并传达到所有接触有毒物质者。对接触毒性大的物质的人员作业过程重点关注。

2. 规范设计

① 对毒害性危险源进行针对性的工程设计。建设通风、惰性操作、局部隔离、检测报警等安全设施；

② 按规范进行平面布置，减轻毒害物对人员集中场所的危害，同时注意与相邻单位的卫生防护距离；

③ 优化工艺流程。在工艺过程中尽量用低毒物替代高毒和剧毒物。简化和优化反应过程。减少毒害物的产生、排放和扩散；

④ 规范选定储存、包装设施设备，防止意外泄漏；针对固态、液态和气态不同状态的毒害品设计针对性的防范设施；

⑤ 完善连锁报警、紧急排放和吸收系统；

⑥ 选择自动化程度高、可靠性高和安全系数大的装备和设备。避免无组织的空间排放。

3. 严格管理

① 执行预防职业危害的法规制度和相关规范。根据企业作业过程、作业环境和接触毒害物质的途径，制定严格的作业规程和作业程序，提高安全意识，加大防毒害投入；

② 加强教育培训，开展化学品安全知识教育及典型事故案例警示教育；

③ 定期对接触职业性危害因素的人员进行体检，调整不适合在毒害性环境下工作人员的岗位；

④ 严格受限空间的作业和检维修作业的检测、审核、批准、巡查；

⑤ 规范操作规程，杜绝错误操作，严格个体防护品穿戴，制止违章，消除隐患，加大现场巡查；

⑥ 消除设备设施、贮罐的泄漏，加大设备预防性维护；

⑦ 展开实时监测监控，配备救援器材，经常开展应急演练，掌握现场处置方法、紧急撤离程序，不做冒险事；

⑧ 加强企业现场管理，规范作业程序和化学品管理，消除跑、冒、滴、漏。

第五节 压力容器的安全技术管理

一、压力容器

压力容器（pressure vessel）是指盛装气体或者液体，承载一定压力的密闭设备。

1. 压力容器的分类

压力容器按照其设计压力 p 的大小，可以划分为低压容器、中压容器、高压容器和超高压容器四个类型。

① 低压容器：$0.1MPa \leqslant p < 1.6MPa$；

② 中压容器：$1.6MPa \leqslant p < 10MPa$；

③ 高压容器：$10MPa \leqslant p < 100MPa$；

④ 超高压容器：$p > 100MPa$。

2. 非燃火压力容器分类

由于压力容器可以粗分为蒸汽锅炉和非燃火压力容器两大类型。化工生产中常用的压力容器都为非燃（明）火压力容器。有多种分类方法。

非燃火压力容器按照其功能可以划分为四个类型。

① 反应容器：主要用来完成物料的化学转化。如反应器、发生器、聚合釜、合成塔、变换炉等。

② 换热容器：主要用来完成物料和介质间的热量交换。如热交换器、冷却器、加热器、蒸发器、废热锅炉等。

③ 分离容器：主要用来完成物料基于热力学或流体力学的组元或相的分离。如分离器、过滤器、蒸馏塔、吸收塔、干燥塔、萃取器等。

④ 储运容器：主要用来完成流体物料的盛装、储存或运输。如贮罐、贮槽和槽车等。

二、压力容器爆炸的原因

压力容器爆炸属于物理性爆炸，爆炸原因有两种。

① 超压爆炸：即使用压力超过容器额定承压能力时发生的爆炸。

② 工作压力下爆炸：即容器原承压能力降到使用压力以下时发生的爆炸。

超压爆炸因安全泄压装置自动失效而引起。工作压力下爆炸因容器本体缺陷、性能降低而导致。具体原因有以下几个方面：

① 超压超温；

② 压力容器有先天性缺陷；

③ 未按规定对压力容器进行定期检验和报废；

④ 压力容器内腐蚀和容器外腐蚀；

⑤ 安全阀卡涩，未按规定进行定期校验，排气量不够；

⑥ 操作人员违章操作；

⑦ 压力容器同时进入发生化学反应的物质而引发爆炸。

三、压力容器爆炸的危害性

"爆炸"是指极其迅速的物理的或化学的能量释放过程。压力容器破裂分为物理爆炸现象和化学爆炸现象。所谓物理爆炸现象是容器内高压气体迅速膨胀并以高速释放内在能量。化学爆炸现象还有化学反应高速释放的能量，其爆炸危害程度往往比物理爆炸现象严重。容器破裂时的危害，通常有下列几种：

① 碎片的破坏作用；

② 冲击波危害；

③ 有毒介质的毒害；

④ 可燃介质的燃烧及二次空间爆炸危害。

压力容器爆炸还常常造成人员伤亡及设备、建筑物损坏。若容器爆炸发生在罐群中，或容器内盛有易燃、易爆及有毒介质，还会引起其他容器的连锁爆炸、气体化学爆炸和恶性中毒等事故，酿成大面积火灾及环境污染。容器压力越高，容积越大，爆炸造成的危害越严重。

四、压力容器的安全技术管理

20世纪最初的十年，发生了近万起锅炉爆炸，造成了上万人的死亡和约一万五千人的伤残。这些血的教训使人们对压力容器制造和安装的规范化有了更清醒的认识。1907年，美国Massachusetts州提出了世界上第一部锅炉制造和安装的法规。1911年美国机械工程师协会成立了一个专门委员会，后来被称为锅炉规范委员会。规范压力容器的设计、制造、检验和鉴定。

为防止压力容器爆炸事故，各国都以强制性的规程规范对压力容器的设计、选材、制造、使用、检验、修理和报废等各环节作了严格的规定，并由国家管理部门监督执行。在技术方面，随着工业生产的需求和科技水平的提高，压力容器在规格大型化、高参数精心设计、结构的改进、新材料的应用、制造和检验技术的进步等方面获得了迅速发展，从而大大提高了压力容器使用的安全可靠性。压力容器的安全技术管理工作主要有以下几个方面：

① 购买合格产品；
② 建立压力容器的技术档案；
③ 制定压力容器的安全操作规程；
④ 操作人员需经过专业培训，并经考试合格上岗；
⑤ 按要求合理使用，平稳操作；
⑥ 防止超负荷运行；
⑦ 定期对压力容器巡查及安全检验；
⑧ 及时紧急停止运行。

以下重点介绍压力容器定期检验工作内容与程序。

压力容器的定期检验，由当地锅炉和压力容器安全监察机构授权或批准的检验单位进行。从事检验的人员应经当地劳动人事部门考核批准。

1. 检验周期

压力容器的定期检验周期，可分为外部检查、内外部检验和全面检验三个类型的周期。检验周期内使用单位根据容器的技术状况和使用条件自行确定。但至少每年作一次外部检查，每三年作一次内外部检验，每六年作一次全面检验。操作人员要知情并督促检查。而以下内容应也是操作人员在日常工作中或配合有关人员要做到的设备检查内容。

2. 检验内容

（1）外部检查　外部检查的主要内容是：压力容器及其配管的保温层、防腐层及设备铭牌是否完好无损；容器外表面有无裂纹、变形、腐蚀和局部鼓包；焊缝、承压元件及可拆连接部位有无泄漏；容器开孔有无漏液漏气迹象；安全附件是否完备可靠；紧固螺栓有无松动、腐蚀；设备基础和管道支撑是否适当，有无下沉、倾斜、裂纹、不能自由胀缩等不良迹象；容器运行是否符合安全技术规程。

（2）内外部检验　除外部检查的各款项外，内外部检验还包括以下内容：内外表面的腐

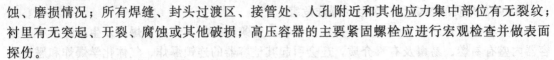

蚀、磨损情况；所有焊缝、封头过渡区、接管处、人孔附近和其他应力集中部位有无裂纹；衬里有无突起、开裂、腐蚀或其他破损；高压容器的主要紧固螺栓应进行宏观检查并做表面探伤。

（3）全面检验　全面检验除包括内外部检验的全部款项外，还应该做焊缝无损探伤和耐压试验。

3. 压力试验

压力容器的耐压试验和气密性试验，应在内外部检验合格后进行。除非规范设计图纸要求用气体代替液体进行耐压试验，否则不得采用气压试验。需要进行气密性试验的压力容器，要在液压试验合格后进行。

如果压力容器的设计压力是 p，液压试验的压力为 $1.25p$；气压试验的压力，低压容器为 $1.20p$，中压容器为 $1.15p$。对于高压或超高压容器不采用气压试验。气密性试验一般在设计压力下进行。

耐压试验后，压力容器无泄漏、无明显变形。

对于气密性试验，达到规定的试验压力后保持 30min，在焊缝和连接部位涂肥皂水进行试验。小型容器亦可浸于水中进行试验。无气泡即可认为合格。

五、压力容器安全附件

安全附件是承压设备安全运行的重要组成部分。选用安全附件应满足两个基本要求：即安全附件的压力等级和使用温度范围必须满足承压设备工作状况的要求；制造安全附件的材质必须适应承压设备内介质的要求。本文重点介绍常用的安全附件：安全阀、爆破片和压力表。

1. 安全阀

原理：是利用弹簧压缩的弹力来平衡气体作用在阀芯上的力。它的动作过程分为密封过程、前泄过程、开启和排放过程及回座过程。安全阀的主要名词术语：开启压力、开启高度、回座压力。安全阀的规格型号。

（1）安全阀安装的要求

a. 安全阀应垂直安装，并应装设在压力容器液面以上气相空间部分，或装设在与压力容器气相空间相连的管道上。

b. 压力容器与安全阀之间的连接管和管件的通孔，其截面积不得小于安全阀的进口截面积，其接管应尽量短而直。

c. 压力容器一个连接口上装设两个或两个以上的安全阀时，则该连接口入口的截面积，应至少等于这些安全阀的进口截面积总和。

d. 安全阀与压力容器之间一般不宜装设截止阀门。

e. 安全阀装设位置，应便于检查和维修。

（2）安全阀使用要求　安全阀在安装前应进行校验，一般每年应至少校验一次，对拆卸进行校验有困难时，应采取现场校验。安全阀校验所用的压力表的精度应不低于1级，全阀校验所用的压力表的精度应不低于1级。

（3）安全阀的选用　必须是国家定点的生产厂家，有制造许可证的单位。安全阀上应有标牌。安全阀的排量要大于等于压力容器的安全泄放量。

（4）安全阀的维护与保养　应经常保持清洁，防止阀体弹簧等被油垢、脏物所粘满或被锈蚀，检查铅封是否完好，对使用温度过低时，检查有无冻结、有无泄漏。

2. 爆破片

（1）爆破片的作用　是一种断裂破坏型的一次性使用的安全泄压装置，用来装设在那些不适宜装设安全阀的压力容器上，当容器内的压力超过设定压力值时，自行爆破，使容器内的气体经爆破片断裂后形成的流出口向外排出。避免容器本体发生爆炸。

（2）、爆破片适用范围　容器内的介质易于结晶、聚合，或有黏性、粉状物时。容器内的介质由于化学反应或其他原因，压力迅猛上升的压力容器，容器内介质为剧毒气体或不容许微量泄漏气体。

（3）爆破片结构形式　预拱型（拉伸型和压缩型）、断裂型。应定期进行更换，苛刻条件下一年更换一次，一般条件下 2～3 年更换一次。对超压未爆破的爆破片，应立即更换。安全阀、爆破片的排放能力必须大于或等于压力容器的安全泄放量。

3. 压力表

（1）压力表的选用要求　选用的压力表，必须与压力容器的介质相适应。低压压力容器使用的压力表精度不应低于 2.5 级；中压及高压容器使用的压力表精度不应低于 1.5 级。压力表盘刻度极限值应为最高工作压力的 1.5～3.0 倍，表盘直径不应小于 100mm。

（2）压力表的安装要求　装设位置应便于操作人员观察和清洗，且应避免受到辐射热、冻结或震动的不利影响。压力表与压力容器之间，应装设三通旋塞或针形阀；三通旋塞或针形阀上应有开启标记和锁紧装置；压力表与压力容器之间，不得连接其他用途的任何配件或接管。

用于水蒸气介质的压力表，在压力表与压力容器之间应装有存水弯管。用于具有腐蚀性或高黏度介质的压力表，在压力表与压力容器之间应装设能隔离介质的缓冲装置（选用隔膜式的压力表）。

（3）压力表的维护与保养　压力表的校验和维护应符合国家计量部门的有关规定。压力表安装前应进行校验，并在刻度盘上划出指示最高工作压力的红线，注明下次校验日期。压力表校验后应加铅封。

压力表有下列情况之一时应停止使用并更换：

指针不回零位和表盘封面玻璃破裂或刻度模糊不清的，铅封损坏或超过校验期的，指针松动，弹簧管泄漏的，指针断裂或外壳腐蚀严重的。

第六节　化工设备的腐蚀及防腐

一、腐蚀与工业腐蚀

腐蚀指材料与环境间发生的化学或电化学相互作用而导致材料功能受到损伤的现象。腐蚀的原因是多方面的，可以是化学的、物理的、生物的、机械的等等。

工业腐蚀主要是由于原材料中含有的以及过程中生成的腐蚀性成分造成的。大气中的杂质、水中的微量氯和溶解氧也会产生腐蚀作用。

腐蚀的形式是多种多样的。按照腐蚀的环境或起因，有大气腐蚀、土壤腐蚀、海洋腐蚀、生物腐蚀、水腐蚀、非水溶液腐蚀等。按照腐蚀的结果或表现形式，有点腐蚀、缝隙腐蚀、晶间腐蚀、应力腐蚀裂纹、腐蚀疲劳、磨损腐蚀等等。

腐蚀无处不在，种类繁多。为了制定防腐对策，需要对装置选材、装置设计、原材料及冷却水中的杂质以及运转条件等进行详尽研究，加大力度综合治理，从而防止或减缓腐蚀性破坏。

1. 腐蚀机理

（1）化学腐蚀　化学腐蚀是指周围介质对金属发生化学作用而造成的破坏。工业中常见的化学腐蚀有金属氧化、高温硫化、渗碳、脱碳、氢腐蚀等。

① 金属氧化：金属在干燥或高温气体中可与氧反应造成腐蚀。氧化过程可表示为：

$$2Me + O_2 == 2MeO$$

式中，Me 表示金属。

② 高温硫化：是指含硫介质如硫蒸气、二氧化硫、硫化氢等，在高温下与金属作用生成硫化物的腐蚀过程。特别是在有水蒸气存在的条件下，二氧化硫与水反应生成亚硫酸，硫化氢则成为氢硫酸，高温硫化腐蚀状况会加重。

③ 渗碳：是指一氧化碳、烃类等含碳物质在高温下与钢接触分解成游离碳，并渗入钢内形成碳化物的过程。

④ 脱碳：是指钢中渗碳体在高温下与气体介质如水蒸气、氢、氧等，发生化学反应引起渗碳体脱碳的过程。渗碳和脱碳均能使钢表面硬度和疲劳极限下降。

⑤ 氢腐蚀：氢介质与金属中的碳反应使金属脱碳的过程。

（2）电化学腐蚀　金属材料与电解质溶液接触时，由于不同组分或组成的金属材料之间形成原电池，其阴、阳两极之间发生的氧化还原反应使某一组分或组成的金属材料溶解，造成材料失效。这一过程称为电化学腐蚀。

两种不同金属在溶液中直接接触，因其电极电位不同而构成腐蚀电池，使电极电位较负的金属发生溶解腐蚀，则称之为电偶腐蚀，或接触腐蚀。工程上不乏不同金属材料间的接触，电偶腐蚀这类电化学腐蚀屡屡发生。

2. 腐蚀的危害与损失

腐蚀的危害是非常巨大的。据资料报道，全世界每年生产的钢铁约有10%因腐蚀而变为铁锈，大约30%的钢铁设备因此而损坏。这不仅浪费了材料，还往往会带来停产、人身安全和环境污染等事故。世界上几个主要工业发达国家的一些统计数字表明：这些国家由于金属腐蚀造成的直接经济损失约占国民生产总值的2%～4%，可见数字是惊人的，损失是巨大的。美国每年汽车事故损失300亿美元，火灾损失110亿美元，洪水损失4.3亿美元，风灾损失17亿美元，地震损失4亿美元，而腐蚀造成的损失达700亿美元，远远超出上述各项灾害的总和。

在化学工业中，所用原材料及生产过程中的中间产品、副产品、产品等大部分具有腐蚀性。腐蚀性介质对建筑物、厂房、设备基础，各种构架、道路、地沟等，都会造成腐蚀性破坏。致使建筑物临危、厂房倒塌、设备基础下陷、构架毁坏、管道变形开裂等，造成重大事故。在化工生产中，大量酸、碱等腐蚀性介质，严重地腐蚀着机械设备、管路、阀门、垫片、填料等，致使设备壁厚变薄、强度下降，设备、管路、阀门泄漏，内容物向外泄放或散逸，引起中毒、火灾、爆炸等事故发生。电气、仪表等设施，会因腐蚀而引起绝缘破坏、接触不良，致使电气、仪表失灵，引发各类事故。

二、工业腐蚀的典型类型

1. 全面腐蚀

全面腐蚀又叫均匀腐蚀（general corrosion），是指在整个金属表面上基本上是均匀的腐蚀。

全面腐蚀是常见的一种腐蚀。全面腐蚀是指整个金属表面均发生腐蚀，它可以是均匀的也可以是不均匀的。钢铁构件在大气、海水及稀的还原性介质中的腐蚀一般属于全面腐蚀。

全面腐蚀的速度，以金属结构单位时间内、单位面积的质量损失表示，如 mg/(dm² · d)，g/(m² · h)；也可用金属每年腐蚀的深度，即金属构件每年变薄的程度来表示，如 mm/年。

2. 缝隙腐蚀

缝隙腐蚀是在电解质溶液中，金属与金属、金属与非金属之间的狭缝内发生的腐蚀。在管道连接处，衬板、垫片处，设备污泥沉积处，海生物附着处，以及设备外部尘埃、腐蚀产物附着处，金属涂层破损处，均易产生缝隙腐蚀。

一般为电化学腐蚀。缝隙可以使溶液侵入，也可使其流动受阻。缝宽在 0.10～0.12mm 间最易腐蚀，一般腐蚀的缝隙宽度约为 0.025～3.125mm。缝内外面积比越大，则提供阴极反应的场所越多，从而加速了缝内的阳极反应，使腐蚀加快。

3. 孔蚀

是指金属表面微小区域因氧化膜破损或析出相和夹杂物剥落，引起该处电极电位降低而出现小孔并向深度发展的现象，又称点蚀。

孔蚀时，虽然失重不大，但由于阳极面积很小，因而腐蚀速度很快，严重时会造成管壁穿孔，造成油、水、气泄漏，有事甚至造成火灾、爆炸等严重事故。一般金属表面都有可能产生孔蚀，镀有阴极保护层的钢铁制品，如镀层不致密，则钢铁表面可能产生孔蚀。阳极缓蚀剂用量不足，则未得到缓蚀剂的部分成为阳极区，也将产生孔蚀。

孔蚀发生时，一般有一个诱导期。这是由于处于钝态的金属仍有一定的反应能力，即钝化膜的溶解和修复属于动态平衡。当介质中含有活性阴离子时，平衡受到破坏，溶解占优势，其原因是氯离子优先选择性地吸附在钝化膜上，把氧原子挤掉，然后和钝化膜中的阳离子结合形成可溶性氯化物，结果在新露出的基地金属的特定点上生成小蚀坑。这些小蚀坑被称为孔蚀核，也可理解为蚀坑生成的活性中心。

氯化物、溴化物、次氯酸盐等溶液，及含氯离子天然水的存在，最易产生孔蚀。氯化亚铜、氯化亚铁或卤素离子与氧化剂同时存在，则能加剧孔蚀。当介质中 OH^-、NO_3^-、SO_4^{2-}、ClO_4^- 等阴离子与溶液中的 Cl^- 比值达一定值时，对孔蚀有抑制作用，否则其作用相反。

增加溶液流速，能消除金属表面滞流状态，有降低孔蚀作用的倾向。

4. 氢损伤

（1）氢腐蚀 氢腐蚀（hydrogen attack）是指钢暴露在高温、高压的氢气环境中，氢原子在设备表面或渗入钢内部与不稳定的碳化物发生反应生成甲烷，使钢脱碳，机械强度受到永久性的破坏。在钢内部生成的甲烷无法外溢而集聚在钢内部形成巨大的局部压力，从而发展为严重的鼓包开裂。

化学工业用钢常见的氢腐蚀有以下特征：软钢或钢表面可见鼓泡，微观组织沿晶界可见许多微裂纹。被腐蚀的钢强度、塑性下降，容易脆断。氢腐蚀与氢脆不同，不能用脱氢的方法使钢材恢复其机械性能。

（2）氢脆 氢脆是溶于钢中的氢，聚合为氢分子，造成应力集中，超过钢的强度极限，在钢内部形成细小的裂纹，又称白点。氢脆只可防，不可治。氢脆一经产生，就消除不了。在材料的冶炼过程和零件的制造与装配过程（如电镀、焊接）中进入钢材内部的微量氢（10^{-6} 量级）在内部残余或外加的应力作用下导致材料脆化甚至开裂。在尚未出现开裂的情况下可以通过脱氢处理（例如加热到200℃以上数小时，可使内部氢减少）恢复钢材的性能。因此氢脆是可逆的。

合金钢碳化物组织状况对氢脆有直接影响，氢脆开裂容易程度顺序为：马氏体＞500℃回火马氏体＞粗层状珠光体＞细层状珠光体＞球状珠光体。合金钢强度级别越高，其氢脆敏感性越大。

氢脆的机理学术界还有争议，但大多数学者认为以下几种效应是氢脆发生的主要原因：在金属凝固的过程中，溶入其中的氢没能及时释放出来，向金属中缺陷附近扩散，到室温时原子氢在缺陷处结合成分子氢并不断聚集，从而产生巨大的内压力，使金属发生裂纹。

在石油工业的加氢裂解炉里，工作温度为300～500℃，氢气压力高达几十到上百个大气压力，这时氢可渗入钢中与碳发生化学反应生成甲烷。甲烷气泡可在钢中夹杂物或晶界等场所成核、长大，并产生高压导致钢材损伤。

在应力作用下，固溶在金属中的氢也可能引起氢脆。金属中的原子是按一定的规则周期性地排列起来的，称为晶格。氢原子一般处于金属原子之间的空隙中，晶格中发生原子错排的局部称为位错，氢原子易于聚集在位错附近。金属材料受外力作用时，材料内部的应力分布是不均匀的，在材料外形迅速过渡区域或在材料内部缺陷和微裂纹处会发生应力集中。在应力梯度作用下氢原子在晶格内扩散或跟随位错运动向应力集中区域。由于氢和金属原子之间的交互作用使金属原子间的结合力变弱，这样在高氢区会萌生出裂纹并扩展，导致脆断。另外，由于氢在应力集中区富集促进了该区域塑性变形，从而产生裂纹并扩展。还有，在晶体中存在着很多的微裂纹，氢向裂纹聚集时会吸附在裂纹表面，使表面能降低，因此裂纹容易扩展。

某些金属与氢有较大的亲和力，过饱和氢与这种金属原子易结合生成氢化物，或在外力作用下应力集中区聚集的高浓度的氢与该种金属原子结合生成氢化物。氢化物是一种脆性相组织，在外力作用下往往成为断裂源，从而导致脆性断裂。

工业管道的氢脆现象可发生在实施外加电流阴极保护的过程之中：现阶段为了防止金属设备发生腐蚀，一般大型的工业管道都采用外加电流的阴极保护方式，但是这种方式也能引发杂散电流干扰的高风险，可导致过保护，引发防腐层的破坏及管材氢脆。

5. 材料应力腐蚀

（1）应力腐蚀概述　材料在应力和腐蚀环境的共同作用下引起的破坏叫应力腐蚀。这里需强调的是应力和腐蚀的共同作用。材料应力腐蚀具有很鲜明的特点，应力腐蚀破坏特征可以帮助我们识别破坏事故是否属于应力腐蚀，但一定要综合考虑，不能只根据某一点特征便简单地下结论。影响应力腐蚀的因素主要包括环境因素、力学因素和冶金因素。

金属或合金发生应力腐蚀时，材料虽然在外观上没有多大变化，如未产生全面腐蚀或明显变形，但却产生了裂纹。这种现象称作应力腐蚀裂纹。因此，在全面腐蚀较严重的情形下，不易产生应力腐蚀裂纹。应力腐蚀外观无变化，裂纹发展迅速且预测困难，因而更具危险性。

应力腐蚀裂纹是应力和腐蚀环境相结合造成的。所以，理论上只要消除应力和腐蚀环境两者中的任何一个因素，便可以防止裂纹的产生。但实际上既无法完全消除装置在制造时的残余应力，又无法使装置完全摆脱腐蚀性环境。所以实际上采用上述方法防止应力腐蚀几乎是不可能的。因此，一般是通过改变材料的方法解决这个问题。此外，焊缝部位由于热应变作用会产生很大的残余应力，而加热冷却的热循环过程，也会使应力发生变化。所以对于焊缝部分要比焊接本体更应注意，要定期认真查看是否发生了应力腐蚀裂纹。

化学工业中的应力腐蚀，是由于原材料中所含的杂质或在各工序中经过分解、合成等过程生成的腐蚀性成分造成的。能造成应力腐蚀的原材料中的杂质有硫、硫化物、氯化钠和氯化锰等无机盐，脂环酸，氮化合物等。另外，为了防止腐蚀所加入的碱，再生重整等过程中使用的催化剂，也是能引起应力腐蚀裂纹的物质。

(2) 应力腐蚀的特征　应力腐蚀与全面腐蚀、缝隙腐蚀、孔蚀不同，有自己的显著特征。产生应力腐蚀的金属材料主要是合金，纯金属较少。引起应力腐蚀裂纹的主要是拉应力，压应力虽能引起应力腐蚀，但并不明显。应力腐蚀裂纹呈枯枝状、锯齿状，其走向垂直于应力方向。应力腐蚀裂纹，根据金属材料所处的腐蚀环境，可以是晶间型、穿晶型或混合型。

(3) 应力腐蚀的影响因素

① 不锈钢应力腐蚀

a. 氯化物　工艺介质中的氯化物和冷却水中的氯离子是产生应力腐蚀裂纹的重要原因。研究结果表明，氯化物的浓度越高，产生应力腐蚀裂纹的时间越短。即使氯离子含量只有十万分之一，也会在短时间内产生裂纹。腐蚀温度对应力腐蚀裂纹的影响很大。随着温度的上升，裂纹的敏感性显著增加，产生裂纹的时间大大缩短，裂纹成长的速度明显增大。

在 $100\sim350℃$ 的食盐水中进行的应力腐蚀裂纹实验显示，如果温度在 $300℃$ 以上，不易产生裂纹，这是因为大量的点腐蚀迅速导致全面腐蚀，因而观察不到腐蚀裂纹。水中的溶解氧对氯化物形成的应力腐蚀裂纹起促进作用。只要水中有溶解氧，氯离子的含量只有百万分之一就会产生应力腐蚀裂纹。

b. 碱　从使用烧碱的纯碱工业的腐蚀实例和事故调查中知道，由碱液引起的应力腐蚀裂纹较少。实际上，因为碱与氯离子同时存在，很难断定哪一个是应力腐蚀的主要影响因素。但是，在高温锅炉一类的容器中，即使没有氯离子存在也会产生裂纹。如果有氧和氧化剂的存在，则会加速裂纹的生成。由碱引起的应力腐蚀裂纹，过去说是锅炉水质问题，其实都可以归结为氢氧化钠的原因。在石油炼制中，氯化物分解生成氯化氢，为了抑制氯化氢的腐蚀作用，采用添加氢氧化钠的方法。但是由于加入过量的氢氧化钠，又产生了应力腐蚀裂纹的问题。在制氢装置中，采用钾系催化剂，可形成氢氧化钾，也会造成应力腐蚀裂纹。

c. 硫化物　加氢脱硫装置发生的应力腐蚀为晶间型裂纹，这是因硫化物更确切地说是因连多硫酸所致。不锈钢中夹杂铁的硫化物，可与空气中的水分和氧反应生成连多硫酸或亚硫酸，导致产生裂纹。在实验室中，敏化的不锈钢，即使是亚硫酸或低 pH 值的硫化氢溶液，也能使其产生应力腐蚀裂纹。

由硫化物引起的应力腐蚀裂纹与材质有密切关系。不锈钢经过敏化处理，会析出碳化铬，使结晶晶间铬含量减少，材质的耐腐蚀性降低，易产生晶间裂纹。硫化物与氯化物共存的环境下，对各种不锈钢装置的检验表明，在 $80℃$ 以上，裂纹发生率急剧增加，即使是耐应力腐蚀的不锈钢也变得无效。

② 碳钢、低合金钢应力腐蚀

a. 硫化氢　对石油工业中高强钢制球形贮罐的调查结果查明，液化石油气中所含的硫化氢在有水分存在的条件下，会引起应力腐蚀裂纹。

b. 碱　对于铆接结构装置，往往在应力集中的铆钉孔处发生裂纹，铆钉孔处的氢氧化钠浓度一般在 30% 以上。对于碳钢，碱液浓度在 $10\%\sim75\%$ 之间容易发生裂纹，但即使浓度在 1% 左右也会发生裂纹。对于低合金钢，在其焊接区容易发生应力腐蚀裂纹，材质不同，裂纹的敏感性也不尽相同。

碱引起的应力腐蚀裂纹在 $330℃$ 以上的高温时，随着温度的上升，裂纹生长速度加快；但当温度降低至 $30℃$ 以下时，裂纹不再生长。碱引起的应力腐蚀裂纹需要有非常高的应力，

所以在残余应力较高的焊缝部位容易产生裂纹。

c. CO-CO₂混合气　在湿性CO-CO₂混合气的环境中，会产生应力腐蚀裂纹。如煤气装置（含CH_4、H_2、CO_2、CO及微量残余O_2）混合气中CO、CO_2单独存在时不会产生裂纹，仅在共存时才产生裂纹。混合气中CO的分压越高，产生裂纹的极限应力就越低，裂纹生长的速度也越快。

碳钢必须在高应力条件下才会发生CO-CO₂的应力腐蚀裂纹。在湿性CO-CO₂的条件下，即使是高铬钢也会产生裂纹。如果使混合气体保持干性，即在其露点以上就可以防止裂纹。

d. 硝酸盐　在有硝酸盐存在的碳钢建筑物或装置中，会产生应力腐蚀裂纹。在硝酸盐中，硝酸铵最容易产生裂纹，而且随着硝酸铵的浓度增大，裂纹的敏感性增强。腐蚀温度越高，越容易产生裂纹。碳钢仅在屈服点附近高应力下，才会产生应力腐蚀裂纹，而在焊接区一类的微观组织中，存在着容易产生裂纹的部分。

e. 液氨　对于储存液氨的高强钢球形贮罐，每次开罐检查时，都发现大量的裂纹。美国一个装置试验委员会报告，大约有3%的贮罐平均三年内就会发生裂纹。这些裂纹主要发生在冷加工的封头或筒体的焊接部分附近。而且，越是高强材料，冷加工或焊接条件越是恶劣，越容易发生裂纹。由于液氨的应力腐蚀裂纹很难在实验室模拟再现，而且发生裂纹的时间很长，在这方面的研究成果报道不多。

三、防腐设计与防腐处理

1. 防腐设计与选材

设备的防腐首先应从设计和选材加以考虑。做的合理，可让设备在今后的防腐中具备"先天"优势。

（1）防腐设计　缝隙是引起腐蚀的重要因素之一。因此在结构设计、连接形式上，应采取合理结构，避免出现缝隙。进行焊接时，应用双面焊、连续焊，避免搭接焊或点焊。

设备死角积液处是发生严重腐蚀的部位。因此在设计时应尽量减少设备死角，消除积液对设备的腐蚀。

（2）选择防腐材料　防止或减缓腐蚀的重要途径是正确地选择工程材料。除考虑一般技术经济指标外，还需考虑工艺条件及其在生产过程中的变化。要根据介质性质、浓度、杂质、腐蚀产物，物料化学反应、温度、压力、流速等工艺条件，以及材料的耐腐蚀性能，综合选择材料。具体可查相关耐腐蚀材料的资料。

在没有理想的防腐材料时，可对所用的材料实施一定的防腐处理，以提高设备的防腐能力。

2. 电化学保护

阳极保护：在腐蚀介质中，将被腐蚀金属通以阳极电流，在其表面形成有很强耐腐蚀性的钝化膜，借以保护金属，称为阳极保护。

阴极保护：阴极保护有外加电流法和牺牲阳极法两种。外加电流法是把直流电源负极与被保护金属连接，正极与外加辅助电极连接，电源对被保护金属通入阴极电流，使腐蚀受到抑制。牺牲阳极法又称作护屏保护，它是将电极电位较负的金属与被保护金属连接构成腐蚀电池。电位较负的金属（阳极）在腐蚀过程中流出的电流抑制了被保护金属的腐蚀。

3. 添加缓蚀剂

能够阻止腐蚀介质对金属的腐蚀或降低腐蚀速率的物质称为缓蚀剂。缓蚀剂可分为无机缓蚀剂和有机缓蚀剂两大类型。无机缓蚀剂有氧化性缓蚀剂，如硝酸钠、亚硝酸钠、铬酸盐、重铬酸盐等；有机缓蚀剂有胺类、醛类、杂环化合物、咪唑啉、有机硫等。

缓蚀剂的缓蚀作用可分别用吸附理论、成膜理论、电化学理论来解释。吸附理论认为，缓蚀剂吸附于金属表面，形成一层连续的吸附膜，在腐蚀性介质和金属之间起隔离作用，阻止对金属的腐蚀。成膜理论认为，缓蚀剂与腐蚀性介质反应生成难溶化合物，在金属表面布上一层难溶膜，对金属起屏蔽作用，阻止对金属的腐蚀。电化学理论认为，加入缓蚀剂，对金属阳极腐蚀或阴极腐蚀起阻滞作用，降低腐蚀速率，从而达到缓蚀目的。

一般说来，缓蚀效率随缓蚀剂浓度增大而增大，但当浓度达到一定值后，缓蚀剂浓度增加，缓蚀效率反而下降。如铬酸盐、重铬酸盐、过氧化氢等氧化性缓蚀剂就属于这种类型。在较低温度下，缓蚀效率较高。升高温度，吸附作用下降，腐蚀加重。在某一温度范围内，缓蚀作用是稳定的。有时升高温度会提高缓蚀效率，这是因为形成的反应产物膜或钝化膜质量好。腐蚀性介质的流速增大一般会降低缓蚀效率。但有时腐蚀性介质的流动会使缓蚀剂分布均匀，反而会提高缓蚀效率。

4. 金属保护层

（1）保护层及其类型　金属保护层是指有较强耐腐蚀性的金属或合金，覆于较差耐腐蚀性金属表面的金属层。金属保护层有衬里金属层、表面合金化金属层、化学镀金属层、离子镀金属层、喷镀金属层、热浸镀金属层、电镀金属层等多种类型。

衬里金属层是将较强耐腐蚀性的金属，如铅、钛、铝等衬覆于设备内部的防腐方法。这是化工防腐中广泛应用的一种方法，具有安全可靠的特点。主要有衬不锈钢和耐酸钢，如0Cr13、0Cr17Ti、1Cr18Ni9Ti、Cr18Ni12Mo2Ti等；衬钛如TA1、TA2等；衬铝如各号纯铝；以及衬铅或搪铅等。

表面合金化金属层是采用渗透、扩散等工艺，使金属表面生成某种合金表面层，以防腐蚀或摩擦。化学镀金属层是采用化学反应，在金属表面镀镍、锡、铜、银等以防腐蚀。离子镀金属层是在减压下，使金属或合金蒸气部分离子化，在高能作用下，对被保护金属表面进行溅射、沉积以获得镀层。

喷镀金属层是将金属、合金或金属陶瓷喷射于被保护金属表面的防腐方法。热浸镀金属层是在钢铁构件表面热浸上铝、锌、铅、锡及其合金的防腐方法。电镀金属层是应用电化学原理，以金属表面为阴极，获得电沉积表面层以保护金属的方法。

（2）化学转化膜　为获得优质保护层，被保护金属的表面必须预处理，除去氧化皮、锈蚀产物以及油污等不洁物质，同时获得适当的粗糙度。而后进行化学或电化学反应，形成具有良好附着力、耐腐蚀的反应产物膜，称为化学转化膜或化学转化层。化学转化膜有多种，下面作简单说明。

对于钢铁氧化膜，其转化过程为氧化，称为发蓝。用磷酸处理形成磷酸盐膜，称为磷化。用草酸处理形成草酸盐膜，称为草酸化。用铬酸盐处理形成钝化膜称为钝化处理。进行阳极化处理则形成阳极氧化膜。

5. 非金属保护层

非金属保护层是指用非金属材料覆盖于金属或非金属设备或设施表面，防止腐蚀的保护层。非金属保护层分为衬里和涂层两类。前者多用于液态介质对设备内部腐蚀的防护；后者多用于腐蚀性气体对设备腐蚀的防护。敷设金属和非金属保护层，都需要对敷设主体表面进行预处理。金属表面的预处理是为了去污，便于敷设金属保护层；非金属表面的预处理也是为了去污，并提高表面黏结力。

（1）防腐衬里 防腐衬里常用的有玻璃钢衬里、橡胶衬里、塑料衬里等。这些衬里都需要应用相应的胶接剂与设备内表面粘接在一起。如玻璃钢衬里用玻璃钢胶液把玻璃布粘接在设备内表面上。橡胶衬里胶接剂是把胶板溶于汽油或其他溶剂中制成的，在设备里面胶接硬质或半硬质橡胶。塑料衬里是把聚氯乙烯、聚丙烯板材衬在钢或混凝土设备内表面上。

（2）防腐涂层 涂层是涂料涂刷于物体表面后，形成一种坚韧、耐磨、耐腐蚀的保护层。当涂料是由两种或两种以上成膜物质组成时，起决定作用的一种称为主料，其余称为辅料。涂料是按成膜物质分类的，如酚醛及改性酚醛树脂涂料、环氧及改性环氧树脂涂料、呋喃及改性呋喃树脂涂料、乙烯类涂料、聚氨酯涂料等。上述涂料常用于涂刷设备内壁，起防腐作用。

涂刷建、构筑物的防腐涂料有：各色过氯乙烯防腐漆、各色乙烯防腐漆、各色环氧硝基磁漆、冷固化环氧涂料、沥青耐酸漆、有机硅耐热漆等。

第七节 化工装置维护检修中的安全技术

在引起化工生产事故的危险因素中，设备缺陷居第一位。为了保证设备的正常运行，必须开展设备维护。化工检修是设备维护的一项重要内容。但是在化工检修过程最容易发生人员伤亡事故，因此，对化工装置进行定期的、规范的维护是化工企业特别重要的安全工作。化工装置维护中的检修安全尤为重要。

一、化工检修的分类

化工检修可分为计划检修与计划外检修。

1. 计划检修

根据企业现有设备的技术资料及生产周期等情况，制定设备检修计划，按计划进行的检修称为计划检修。

计划检修又可按其规模大小，所需时间长短及检修项目多少，分为小修、中修和大修。

计划检修是为了降低设备的故障率，防止设备因技术状态劣化而发生突发故障或事故而进行的预防性维修。

2. 计划外检修

设备运行中突然发生故障或事故，必须进行不停工或临时停工的检修或抢修称为计划外检修。计划外检修事先难以预料，无法事先安排，而且要求检修时间短、检修质量高，检修的环境及工况复杂，故难度较大。也是化工企业不可避免的检修作业。

二、化工检修的特点

化工生产的特点决定了化工设备的故障具有多发性和突发性。与其他工业企业的检修相比，化工企业检修的特点是检修频繁、复杂、技术性强，且检修过程中危险性较大。

化工设备运行中的不稳定因素很多，如介质自身的危险性、对设备的腐蚀性、高温、高压的生产条件、设备的设计及制造错误、材料及制造的缺陷、安全装置或控制装置的失灵、安装、修理不当、违章操作等，都可能导致设备突发性的损坏，因此，除计划内的定期检修外，计划外的小修及临时性的停工抢修极为频繁。

化工设备种类繁多，如炉、塔、釜、换热器、反应器、压缩机、离心机、泵、贮罐、槽，以及管路、阀门、仪器、仪表等，结构复杂，具有不同的承压能力，其产生的故障类型不同，原因复杂，较其他工业企业的检修具有更大的危险性。

停工检修时，设备和管道中残存有易燃易爆、有毒或具有腐蚀性的介质，在客观上存在着发生火灾、爆炸、中毒、化工灼烧等事故和人身伤害的危险，如果在检修时不制定相应的防范措施，在动火、入罐、入塔等检修作业中就会发生火灾、爆炸或人身伤亡事故。在不停工的检修或抢修中危险就更大。

事实说明，化工检修过程中的危险性不容忽视，检修过程中的安全问题与化工生产过程中的安全问题同等重要。

三、化工检修的安全技术

1. 化工检修的安全管理要求

（1）加强组织领导 成立检修指挥部，负责检修计划、调度、安排人力、物力、运输及安全工作。在各级指挥系统中建立由安全、人事、保卫、消防等部门负责人组成的安全保证体系。

（2）制定切实可行的检修方案 在检修计划中，根据生产工艺过程及公用工程之间的相互关联，规定各装置、工号先后停车的顺序；停料、接料、停水、停汽、停电的具体时间；什么时间灭火炬、什么时间点火炬。还要明确规定各个装置、工号的检修时间，检修项目的进度，以及开车顺序。

（3）做好安全教育 安全教育的内容包括检修的安全制度和检修现场必须遵守的安全规定，重点要做好检修方案和技术交底工作，使其明确检修内容、步骤、方法、质量标准、注意事项及存在的危险因素和必须采取的措施。

（4）全面检查 安全检查包括装置停工检修前的安全检查、装置检修中的安全检查和生产装置检修后开工前的安全检查。

2. 装置检修前的准备工作

（1）参加检修的人员，必须进行检修前的安全教育。安全教育的主要内容为：

① 需检修车间的工艺特点、应注意的安全事项以及检修时的安全措施；

② 检修规程、安全制度以及动火、有限空间、高处等作业的安全措施；

③ 检修中经常遇到的重大事故案例和经验教训；

④ 检修各工种所使用的个体防护用器的使用要求和佩戴方法等。

（2）装置停工后交付检修前，应组织有关职能部门、相关单位对装置停工情况进行检查确认。各检修单位安全负责人按停工和检修方案组织全面检查，并做好装置检修前的各项安全准备工作。

（3）装置现场下水井、地漏、明沟的清洗、封闭，必须做到"三定"（定人、定时、定点）检查。下水井井盖必须严密封闭，泵沟等应建立并保持有效的水封。

（4）须对装置内电缆沟做出明显标志，禁止载重车辆及吊车通行及停放。

3. 装置检修前须切断进出装置物料，并退出装置区

① 应将物料全部回收到指定的容器内，不允许任意排放易燃、易爆、有毒、有腐蚀物料。

② 不得向大气或加热炉等设备容器中排放可燃、爆炸性气体。

③ 易燃、易爆、有毒介质排放要严格执行国家工业卫生标准。

④ 具有制冷特性介质的设备容器管线等设施，停工时要先卸完物料再泄压，防止产生低温损坏设备。

4. 检修装置须进行吹扫、清洗、置换合格

（1）设备容器和管道的吹扫、清洗、置换要制定工艺方案，指定专人负责，有步骤地开关阀门。

（2）凡含有可燃、有毒、腐蚀性介质的设备、容器、管道，须进行彻底的吹扫、置换，使内部不含有残渣和余气，取样分析结果应符合安全技术要求。

（3）置换过程中，应将各设备与管线上的阀全部打开，保证蒸汽、氮气和水等介质的压力和通入蒸塔、蒸罐的时间，防止短路，确保不留死角。

（4）吹扫置换过程中，应禁止明火作业及车辆通行，以确保安全。

（5）吹扫前应关闭液面计、压力表、压力变送器、安全阀，关严或脱开机泵的前后截止阀及放空阀，防止杂质吹入泵体。应将换热器内的存水放尽，以防水击损坏设备。

（6）要做到不流、不爆、不燃、不中毒、不水击，确保吹扫、置换质量。

5. 盲板的加、拆管理

（1）必须指定专人负责，统一管理。

（2）须按检修施工方案中的盲板流程图，执行加、拆盲板作业。

（3）加、拆盲板要编号登记，防止漏堵漏拆。

（4）盲板的厚度必须符合工艺压力等级的要求。

（5）与运行的设备、管道及系统相连处，须加盲板隔离，并做好明显标志。

（6）对槽、罐、塔、釜、管线等设备容器内存留易燃、易爆、有毒有害介质的，其出入口或与设备连接处应加装盲板，并挂上警示牌。

6. 装置检修中的动火作业

（1）动火作业的预备工作

① 动火与动火审证：在化工企业中，凡是动用明火或可能产生火种的作业都属于动火作业。审证：禁火区内动火应办理"动火证"的申请、审核和批准手续，明确动火的地点、时间、范围、动火方案、安全措施、现场监护人。

② 固定动火区和禁火区的划定。

③ 动火的安全规定和措施。

（2）动火作业的一般要求

① 必须执行动火作业"六大禁令"，因此需做到：办理"动火证"的申请、审核和批准手续；落实动火中的各项安全措施；必须在"动火证"批准的有效时间内进行动火，如延期动火则应重新办理"动火证"。

② 检查落实动火的安全措施。动火前，切断物料来源；动火设备应与其他生产系统可靠隔离；动火设备的清洗置换；将动火周围 10m 范围以内的一切可动火设备的清洗置换；将动火周围 10m 范围以内的一切可燃物移到安全场所；动火现场准备好适用的足够数量的灭火器具，设置看火人员；危险性大的重要地段动火，设置看火人员；危险性大的重要地段动火，消防车和消防人员要到现场，做好充分准备；动火前半小时以内做动火分析；动火完毕应待余火熄灭后方可离场。

③ 动火人员要有一定的资格：动火应由经过安全考试合格的人员担任。

④ 其他注意事项：有安全意外出现立即停止动火，焊割动火做好个人安全防护。罐内动火应遵守相关安全规定。

（3）特殊动火作业的要求

① 油罐带油动火。由于各种原因，罐内油品无法抽空只得带油动火时，除应严格遵守检修动火的要求外，还应注意：油面以上不准动火，必要时灌装清水。在焊补前还应进行壁厚测定，据此确定合适的焊接电流值，防止烧穿。动火前将裂缝塞严，外面用钢板补焊。

② 带压不置换动火。带压不置换动火，就是严格控制含氧量，使可燃气体的浓度大大超过爆炸上限，然后保持正压让它以稳定的速度从管道口向外喷出，并点燃燃烧，使其与周围空气形成一个燃烧系统，并保持稳定地连续燃烧。需注意的关键问题：a. 设备内保持正压；b. 设备内系统内含氧量低于标准（1%）；c. 测壁厚，计算必须保持的最小壁厚，防止焊接烧穿。

7. 罐内作业

必须遵守原化工部关于"进入容器、设备的8个必须"安全规定。

① 必须申请办证、并得到批准；

② 必须进行安全隔绝；

③ 必须切断动力电，并使用安全灯具；

④ 必须进行置换、通风；

⑤ 必须按时间进行安全分析：入罐前30min要取样分析罐内可燃物含量、氧含量、有毒有害物含量并保证其符合卫生标准；

⑥ 必须佩戴规定的防护用具；

⑦ 必须有人在器外监护，并坚守岗位；

⑧ 必须有抢救后备措施。

有关"8个必须"的具体措施如下：容器内破损的维修常需要人员进入容器。由于人员无外界帮助无法脱离容器以及难于与外界联系，进入容器提出了一个特殊的问题。因上述原因、再加上意外化学品的可能暴露，进入容器需要采取严格的防护措施。这些措施如下。

（1）容器必须由操作人员彻底清洗。

（2）所有连接管线必须断开并进行必要的封堵。

（3）所有电力驱动设施（如搅拌器等）必须在断路开关处切断电源。

（4）采集空气试样检验证明其中无易燃蒸气，在某些情况下还需要证明其中不含有毒性或不卫生物质。上述两者都需要证明其中含有正常量的氧。

（5）操作和维护监察签发容器进入许可证，证明上述步骤已经圆满完成，并在容器边贴上标志。

（6）进入容器的工人和观察者必须系上安全带和绳索。

（7）在绝大多数情况下，进入容器的工人和观察者都需要空气面罩和新鲜空气的供应，还需要身体隔离的化学品防护服装。配有空气供应软管，提供新鲜空气和安全舒适的工作环境。

（8）在容器出口要有一个观察者，一直保持与容器内工人的联系。在容器内至少还要另有一个工人，在紧急情况下负责向观察者呼救。一个工人不得单独进入容器。

（9）当直梯不能应用时，可以应用木制或金属横档连起来的绳梯或链梯。但是，应该避免无撤退设施时进入容器。

（10）为防止一旦出现紧急情况无法迅速撤退，不允许工人通过挤缩进入容器。标准开口的直径为0.56m。

工人从有限空间紧急撤退可能会遇到阻碍，也要采取类似的防护措施。任何深度大于

1.5m 的料槽、坑洞，在顶盖和塔上进行的任何工作，都存在释放有毒烟雾的危险，需要采用特殊的控制程序。

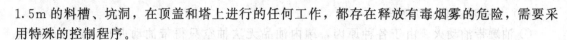

第八节 化工安全设计

一、化工安全设计的基础和依据

1. 化工危险因素分类

美国保险协会（AIA）对化学工业的 317 起火灾、爆炸事故进行调查，分析了主要和次要原因，把化学工业危险因素归纳为以下九个类型：

① 工厂选址；
② 工厂布局；
③ 结构；
④ 对加工物质的危险性认识不足；
⑤ 化工工艺；
⑥ 物料输送；
⑦ 误操作；
⑧ 设备缺陷；
⑨ 防灾计划不充分。

2. 生产事故发生过程

划分为以下五个等级。

（1）危险源　即危险因素状态，一般通过稍加改进，即可杜绝事故的发生。

（2）故障　是指设备需要停车检修，但又未发生其他损坏的状态。

（3）异常　是指对工艺过程需要采取一定措施，否则就有可能发生事故。

（4）事故　是指设备损坏、生产中止或火灾、爆炸、毒物泄漏、人员伤亡。对此必须采取紧急措施。事故状态没有扩展。

（5）灾害　指不但发生了事故，而且事故状态扩展，对外界造成威胁。需要采取紧急措施，并求得外部支援。

3. 化工安全设计的法律依据

根据 2014 年 12 月 1 日起施行的《中华人民共和国安全生产法》第二十八条明确规定。生产经营单位新建、改建、扩建工程项目（以下统称建设项目）的安全设施，必须与主体工程同时设计、同时施工、同时投入生产和使用。安全设施投资应当纳入建设项目概算。

4. 化工安全设计的基本内容

化工安全设计的基本内容有：工艺的安全性；装置及设备的安全性；控制系统的安全性；建筑物、构筑物的安全性；电气的安全性；其他公用设施的安全性等。

二、几个重要的安全设计问题

1. 工厂选址和布局

工厂布局是一种工厂内部组件之间相对位置的定位问题，其基本任务是结合厂区的内外条件确定生产过程中各种机器设备的空间位置，获得最合理的物料和人员的流动路线。

化工厂布局普遍采用留有一定间距的区块化的方法。工厂厂区一般可划分为六个区块：工艺装置区；罐区；公用设施区；运输装卸区；辅助生产区；管理区。对各个区块的安全要求如下。

(1) 工艺装置区 加工单元可能是工厂中最危险的区域。首先应该汇集这个区域的一级危险，找出毒性或易燃物质、高温、高压、火源等。这些地方有很多机械设备，容易发生故障，加上人员可能的失误而使其充满危险。

加工单元应该离开工厂边界一定的距离，应该是集中而不是分散的分布。后者有助于加工单元作为危险区的识别，杜绝或减少无关车辆的通过。要注意厂区内主要的火源和主要的人口密集区，由于易燃或毒性物质释放的可能性，加工单元应该置于上述两者的下风区。过程区和主要罐区有交互危险性，两者最好保持相当的距离。

过程单元除应该集中分布外，还应注意区域不宜太拥挤。因为不同过程单元间可能会有交互危险性。过程单元间要隔开一定的距离。特别是对于各单元不是一体化过程的情形，完全有可能一个单元满负荷运转，而邻近的另一个单元正在停车大修，从而使潜在危险增加。危险区的火源、大型作业、机器的移动、人员的密集等都是应该特别注意的事项。

目前在化学工业中，过程单元间的间距仍然是安全评价的重要内容。对于过程单元本身的安全评价，比较重要的因素有：①操作温度；②操作压力；③单元中物料的类型；④单元中物料的量；⑤单元中设备的类型；⑥单元的相对投资额；⑦救火或其他紧急操作需要的空间。

(2) 罐区 储存容器，比如贮罐是需要特别重视的装置。每个这样的容器都是巨大的能量或毒性物质的储存器。

容器能够释放出大量的毒性或易燃性物质，需置于工厂的下风区域。

贮罐应该安置在工厂中的专用区域，加强其作为危险区的标志，使通过该区域的无关车辆降至最低限度。

罐区和办公室、辅助生产区之间要保持足够的安全距离。

罐区和工艺装置区、公路之间要留出有效的间距。

罐区应设在地势比工艺装置区略低的区域，决不能设在高坡上。

通路问题。每一罐体至少可以在一边有通路到达，最好是在相反的两边都有通路到达。

(3) 公用设施区 公用设施区应该远离工艺装置区、罐区和其他危险区，以便遇到紧急情况时仍能保证水、电、汽等的正常供应。由厂外进入厂区的公用工程干管，也不应该通过危险区，如果难以避免，则应该采取必要的保护措施。

工厂布局应该尽量减少地面管线穿越道路。管线配置的一个重要特点是在一些装置中配置回路管线。回路系统的任何一点出现故障即可关闭阀门将其隔离开，并把装置与系统的其余部分接通。要做到这一点，就必须保证这些装置至少能从两个方向接近工厂的关节点。为了加强安全，特别是在紧急情况下，这些装置的管线如消防用水、电力或加热用蒸汽等的传输必须是回路的。

锅炉设备和配电设备应该设置在易燃液体设备的上风区域。

锅炉房和泵站应该设置在工厂中其他设施的火灾或爆炸不会危及的地区。

管线在道路上方穿过要引起特别注意。高架的间隙应留有如起重机等重型设备的方便通路，减少碰到的危险。

管路一定不能穿过围堰区，围堰区的火灾有可能毁坏管路。

冷却塔释放出的烟雾会影响人的视线，冷却塔不宜靠近铁路、公路或其他公用设施。大

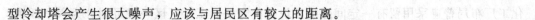

型冷却塔会产生很大噪声，应该与居民区有较大的距离。

（4）运输装卸区　良好的工厂布局不允许铁路支线通过厂区，可以把铁路支线规划在工厂边缘地区解决这个问题。对于罐车和罐车的装卸设施常做类似的考虑。

在装卸台上可能会发生毒性或易燃物的溅洒，装卸设施应该设置在工厂的下风区域，最好是在边缘地区。

原料库、成品库和装卸站等机动车辆进出频繁的设施，不得设在必须通过工艺装置区和罐区的地带，与居民区、公路和铁路要保持一定的安全距离。

（5）辅助生产区　维修车间和研究室要远离工艺装置区和罐区。

维修车间是重要的火源，同时人员密集，应该置于工厂的上风区域。

研究室与其他管理机构，直接连接是不恰当的。

废水处理装置是工厂各处流出的毒性或易燃物汇集的终点，应该置于工厂的下风远程区域。

高温煅烧炉的安全考虑呈现出不一致的要求。作为火源，应将其置于工厂的上风区，但是严重的操作失误会使煅烧炉喷射出相当量的易燃物，对此则应将其置于工厂的下风区。作为折中方案，可以把煅烧炉置于工厂的侧面风区域。与其他设施隔开一定的距离也是可行的方案。

（6）管理区　主要办事机构应该设置在工厂的边缘区域，并尽可能与工厂的危险区隔离。这样做有以下理由：首先，销售和供应人员以及必须到工厂办理业务的其他人员，没有必要进入厂区。因为这些人员不熟悉工厂危险的性质和区域，而他们的普通习惯如吸烟，就有可能危及工厂的安全。其次，办公室人员的密度在全厂可能是最大的，把这些人员和危险分开会改善工厂的安全状况。

2. 工艺设计上的安全要求

化工工艺安全设计一般要考虑满足以下四个要求：

① 在设计条件下能安全运转；

② 即使多少有些偏离设计条件，也能将其安全处理并恢复到设计条件；

③ 确立安全的开车和停车方法；

④ 发生意外事故时有紧急处置方法。

所以在确定化工产品生产的技术方案或工艺路线时，需要考虑8个方面的因素，其中安全因素为第一。必须做到以下几个方面：

① 淘汰严重危及生产安全的工艺和设备；

② 从安全生产出发选择原料和技术路线；

③ 从安全生产出发选择工艺和操作条件；

④ 从安全生产出发选择流速；

⑤ 安全设施的设计和建设。

3. 化工设备的安全设计

化工设备是组成化工装置的基本单元，也是工程设计的基础。是化工安全生产的硬件保障。必须做好以下几个方面工作：

① 设备设计和加工质量要符合安全规范；

② 设计温度和设计压力要大于工作温度和压力；

③ 设备材质要耐腐蚀；

④ 设备要有必要的防腐措施。

4. 电气、仪表、自控安全设计

化工过程设计是一项综合性的工作，需要各专业的齐力协助、紧密配合才能完成。非工艺专业的安全设计也是整个工程安全设计中必不可少的一部分。主要有以下两个方面：

① 根据生产的安全要求设计防爆电器；

② 根据生产的安全要求设计自动报警和连锁装置。

5. 几个易忽略的安全问题

化工过程设计中的一般安全问题现在已得到设计人员的充分重视，但根据一些安全事故发生的原因分析，以下一些安全因素在安全设计中也不应忽略：

① 设备和管道材质的选择；

② 物料倒流；

③ 事故应急设施。

第九节 化工操作安全

在化工生产安全事故中，据统计有 50% 左右是操作不当所引起，在安全管理上必须充分加以重视。在化工生产操作中按操作特性分主要有开车、稳定运行、停车和事故处理四大操作阶段。在这四个不同的操作阶段都有其特定的安全操作要求。由于产品不同，使得这四个不同阶段的操作要求各不相同。每个产品都有其专门的操作规程，每个上岗操作人员在上岗前必须认真学习并按操作规程的要求考核合格后才能上岗操作。对于特定的化工单元反应或化工单元操作，都有一些针对其操作过程的危险性而特定的基本安全技术，可为各种化工产品的操作安全起到一个纲领性的指导作用。本节按典型化学反应的危险性及基本安全技术、化工单元操作的危险性及基本安全技术、化工工艺参数的控制技术、化工生产岗位安全操作要求、化工生产开停车安全操作要求、化工企业安全事件应急处理方案六个部分分别介绍如下。

一、典型化学反应的危险性及基本安全技术

在化工生产中不同的化学反应有不同的工艺条件，不同的化工过程有不同的操作规程。评价一套化工生产装置的危险性，不要单看它所加工的原料、中间产品、产品的性质和数量，还要看它所包含的化学反应类型及化工过程和设备的操作特点。因此，化工安全技术与反应过程的危险性是密不可分的。

1. 氧化反应

绝大多数氧化反应都是放热反应。这些反应很多是易燃易爆物质（如甲烷、乙烯、甲醇、氨等）与空气或氧气反应，其物料配比接近爆炸下限。倘若配比及反应温度控制失控，即发生爆炸燃烧。某些氧化反应能生成危险性更大的过氧化物，它们化学稳定性极差，受高温、摩擦或撞击便会分解，引燃或爆炸。

有些参加氧化反应的物料本身就是强氧化剂，如高锰酸钾、氯酸钾、铬酸酐、过氧化氢，它们的危险性极大，在与酸、有机物等作用时危险性就更大。因此在氧化反应中，一定要严格控制氧化剂的投料量（即适当的投料比例），氧化剂的加料速度也不易过快。要有良好的搅拌和冷却装置，防止温升过快、过高。此外，要防止由于设备、物料含有的杂质而引起的不良副反应，例如有些氧化剂遇金属杂质会引起分解。使用的空气一定要净化，除掉空

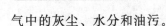

气中的灰尘、水分和油污。

当氧化反应过程以空气和氧为氧化剂时，反应物料配比应严格控制在爆炸范围以外。如乙烯氧化制环氧乙烷，乙烯在氧气中的爆炸下限为91%，即氧含量9%。反应系统中氧含量要严格控制在9%以下。其产物环氧乙烷在空气中的爆炸极限范围很宽，为3%～100%。其次，反应放出大量的热增加了反应体系的温度。在高温下，由乙烯、氧和环氧乙烷组成的气体具有更大的爆炸危险性。针对上述两个问题，工业上采用加入惰性气体（氮气、二氧化碳或甲烷等）的方法，来改变循环气的成分，缩小混合气的爆炸极限，增加反应系统的安全性；其次，这些惰性气体具有较高的热容，能有效地带走部分反应热，增加反应系统的稳定性。

这些惰性气体叫作致稳气体，致稳气体在反应中不消耗，可以循环使用。

2. 还原反应

还原反应种类很多。虽然多数还原反应的反应过程比较缓和，但是许多还原反应会产生氢气或使用氢气，增加了反应火灾爆炸的危险性，从而使防火防爆问题突出；另外有些反应使用的还原剂和催化剂具有很大的燃烧和爆炸危险性，下面就不同情况作一介绍。

（1）利用初生态氢还原　利用铁粉、锌粉等金属在酸、碱作用下生成初生态氢起还原作用。例如硝基苯在盐酸溶液中被铁粉还原成苯胺。

在此反应中，铁粉和锌粉在潮湿空气中遇酸性气体可能引起自燃，在存储时应特别注意。

反应时酸、碱的浓度要控制适宜，浓度过高或过低均使产生初生态氢的量不稳定，使反应难以控制。反应温度也不易过高，否则容易突然产生大量氢气而造成冲料。反应过程中应注意搅拌效果，防止铁粉、锌粉下沉。一旦温度过高，底部金属颗粒动能加大，将加速反应，产生大量氢气而造成冲料。反应结束后，反应器内残渣中仍有铁粉、锌粉会继续反应，不断放出氢气，很不安全，应将残渣放入室外贮槽中，加冷水稀释，槽上加盖并设排气管导出氢气。待金属粉消耗殆尽，再加碱中和。若急于中和，则容易产生大量氢气并生成大量的热，将导致燃烧爆炸。

（2）催化加氢　有机合成工业和油脂化学工业中，常用雷尼镍、钯碳等为催化剂使氢活化，然后加入有机物质分子中起还原反应，例如苯在催化作用下，经加氢气生成环己烷。

催化剂雷尼镍和钯碳在空气中吸潮后有自燃的危险。钯碳更易自燃，平时不能暴露在空气中，而要浸在酒精中保存。反应前必须用氮气置换反应器中的全部空气，经测定证实含氧量降低到规定要求后，方可通入氢气。反应结束后应先用氮气把氢气置换掉，并以氮封保存。

此外，无论是利用初生态氢还原，还是用催化加氢，都是在氢气存在下，并在加热加压下进行。氢气的爆炸极限为4%～75%，如果操作失误或设备泄漏，都极易引起爆炸。操作中要严格控制温度、压力和流量。厂房的电气设备必须符合防爆要求，且应采用轻质屋顶，开设天窗或风帽，使氢气易于飘逸。尾气排放管要高出房顶并设置阻火器。

高温高压下的氢对金属有渗碳作用，易造成氢腐蚀，所以对设备和管道的选材要符合要求。对设备和管材要定期检测，以防事故。

（3）使用其他还原剂还原　常用还原剂中火灾危险性大的有硼氢类、四氢化锂铝、氢化钠、保险粉（连二亚硫酸钠），异丙醇铝等。

常用的硼氢类还原剂为钾硼氢和钠硼氢。它们都是遇水燃烧物质，在潮湿空气中能自燃，遇水和酸即分解放出大量的氢，同时产生大量的热，可使氢气燃爆。所以应储于密闭容器中，置于干燥处。钾硼氢通常溶解在液碱中比较安全。在生产中，调节酸、碱度时要特别注意防止加酸过多、过快。

四氢化锂铝有良好的还原性，但遇潮湿空气、水和酸极易燃烧，应浸在煤油中存储。使用时应先将反应器用氮气置换干净，并在氮气保护下投料和反应。反应热应由油类冷却剂取走，不应用水，防止水漏入反应器内发生爆炸。

用氢化钠作还原剂与水、酸的反应与四氢化锂铝相似，它与甲醇、乙醇等反应也相当激烈，有燃烧爆炸的危险。

保险粉是一种还原效果不错且较为安全的还原剂。它遇水发热，在潮湿的空气中能分解析出黄色的硫黄蒸气。硫黄蒸气自燃点低，易自燃。使用时应在不断搅拌下，将保险粉缓缓溶于水中，待溶解后再投入反应器与物料反应。

异丙醇铝常用于高级醇的还原，反应较温和。但在制备异丙醇铝时须加热回流，将产生大量氢气和异丙醇蒸气，如果铝片或催化剂三氯化铝的质量不佳，反应就不正常。往往先是不反应，温度升高后又突然反应，引起冲料，增加了燃烧爆炸的危险性。

采用还原性强而危险性又小的新型还原剂对安全生产很有意义。例如用硫代硫酸钠代替铁粉还原，可以避免氢气产生，同时也消除了铁泥堆积问题。

3. 硝化反应

有机化合物分子中引入硝基（—NO₂）取代氢原子而生成硝基化合物的反应，称为硝化。硝化反应是生产燃料、药物及某些炸药的重要反应。常用的硝化剂是浓硝酸或浓硝酸与浓硫酸的混合物（俗称混酸）。

硝化反应使用硝酸作为硝化剂，浓硫酸为催化剂，也有使用氧化氮气体做硝化剂的。一般的硝化反应是先把硝酸和硫酸配成混酸，然后在严格控制温度的条件下将混酸滴入反应器，进行硝化反应。制备混酸时，应先用水将浓硫酸适当稀释，稀释应在有搅拌和冷却情况下将浓硫酸缓缓加入水中，并控制温度。如温度升高过快，应停止加酸，否则易发生爆溅，引发危险。

浓硫酸适当稀释后，在不断搅拌和冷却条件下加浓硝酸。应严格控制温度和酸的配比，直到充分搅拌均匀为止。配酸是要严防因温度猛升而冲料或爆炸。更不能把未经稀释的浓硫酸与硝酸直接混合，因为浓硫酸猛烈吸收浓硝酸中的水分而产生高热，将使硝酸分解产生多种氮氧化物，引起爆沸冲料或爆炸。浓硫酸稀释时，不可将水注入酸中，因为水的密度比浓硫酸小，上层的水被溶解放出的热量加热而沸腾，引起四处飞溅。

配制成的混酸具有强烈的氧化性和腐蚀性，必须严格防止触及棉、纸、布、稻草等有机物，以免发生燃烧爆炸，硝化反应的腐蚀性很强，要注意设备及管道的防腐蚀性能，以防止渗漏。

硝化反应是放热反应，温度越高，硝化反应速率越快，放出的热量越多，极易造成温度失控而爆炸。所以硝化反应器要有良好的冷却和搅拌，不得中途停水断电及搅拌系统发生故障。要有严格的温度控制系统及报警系统，遇有超温或搅拌故障，能自动报警并自动停止加料。反应物料不得有油脂、醋酐、甘油、醇类等有机杂质，含水也不能过高，否则易与酸反应发生燃烧爆炸。硝化反应器应有泄漏管和紧急排放系统。一旦温度失控，紧急排放到安全地点。

硝化产物具有爆炸性，因此处理硝化物时要格外小心。应避免摩擦、撞击、高温、日晒，不能接触明火、酸、碱。卸料时或处理堵塞管道时，可用水蒸气慢慢疏通，千万不能用黑色金属敲打或明火加热。拆卸的管道、设备应移至车间外安全地点，用水蒸气反复冲洗，刷洗残留物，经分析合格后，才能进行检修。

4. 磺化反应

在有机分子中导入磺酸基或其衍生物的化学反应称为磺化反应。磺化反应使用的磺化剂主要是浓硫酸、发烟硫酸和硫酸酐，都是强烈的吸水剂。吸水时放热，会引起温度升高，甚至发生爆炸。磺化剂有腐蚀作用。磺化反应和硝化反应在安全技术上基本相似。不再赘述。

5. 氯化反应

以氯原子取代有机化合物中的氢原子的反应称为氯化反应。最常用的氯化剂是液态或气态的氯、气态的氯化氢和不同浓度的盐酸、磷酰氯（三氯氧化磷）、三氯化磷、硫酰氯（二氯硫酰）、次氯酸钙（漂白粉）等。最常用的氯化剂是氯气。氯气由氯化钠电解得到，通过液化存储和运输。常用的容器有贮罐、气瓶和槽车，它们都是压力容器。氯气的毒性很大，要防止设备泄漏。

在化工生产中用于氯化的原料一般是甲烷、乙烷、乙烯、丙烷、丙烯、戊烷、苯、甲苯及萘等，他们都是易燃易爆物质。

氯化反应是放热反应。有些反应比较容易进行，如芳烃氯化，反应温度较低。而烷烃和烯烃氯化反应温度高达300～500℃。在这样苛刻的反应条件下，一定要控制好反应温度、配料比和进料速度。反应器要有良好的冷却系统。设备和管道要耐腐蚀，因为氯气和氯化产物（氯化氢）的腐蚀性极强。

气瓶和贮罐中的氯气呈液态，冬天气化较慢，有时需加热，以促使氯气的气化。加热一般用温水而切忌用蒸汽或明火，以免温度过高，液氯剧烈气化，造成内压过高而发生爆炸。停止通氯时，应在氯气瓶尚未冷却的情况下关闭出口阀，以免温度骤降，瓶内氯气体积缩小，造成物料倒灌，形成爆炸性气体。

三氯化磷、三氯氧磷等遇水剧烈分解，会引起冲料或爆炸，所以要防水。冷却剂最好不用水。

氯化氢极易溶于水，可以用来冷却和吸收氯化反应的尾气。

6. 裂解反应

广义地说，凡是有机化合物在高温下分子发生分解的反应过程都称为裂解。而石油化工生产中所谓的裂解是指石油烃（裂解原料）在隔绝空气和高温条件下，分子发生分解反应而生成小分子烃类的过程。在这个过程中还伴随着其他的反应（如缩合反应），生成一些特别的反应物（如由较小分子的烃缩合成较大分子的烃）。

裂解是统称，不同的情况，可以有不同的名称。如单纯加热不使用催化剂的裂解称为热裂解；使用催化剂的裂解称为催化裂解；使用添加剂的裂解，随着添加剂的不同，有水蒸气裂解、加氢裂解等。

石油化工生产中的裂解与石油炼制工业中的裂化有共同点，即都符合前面所说的广义定义。但是也有不同，主要区别有二：一是反应的温度不同，一般以600℃为分界，在600℃以上所进行的过程为裂解，在600℃以下的过程为裂化；二是生产的目的不同，前者的目的产物为乙烯、丙烯、乙炔、联产丁二烯、苯、甲苯、二甲苯等化工产品，后者的目的产物是汽油、煤油等燃料油。

在石油化工生产中用的最为广泛的是水蒸气裂解。其设备为管式裂解炉。

裂解反应在裂解炉的炉管内并在很高的温度（以轻柴油裂解制乙烯为例，裂解气的出口温度近800℃）很短的时间内（0.7s）完成，以防止裂解气体二次反应而在裂解炉管内结焦。

炉管内结焦会使流体阻力增加，影响生产。同时影响传热，当焦层达到一定厚度时，因炉管壁温度过高而不能继续运行下去，必须进行清焦，否则会烧穿炉管，裂解气外泄，引起裂解炉爆炸。

裂解炉运转中，一些外界因素可能危及裂解炉的安全。这些不安全因素大致有以下几个。

（1）引风机故障，引风机是不断排除炉管内烟气的装置。在裂解炉正常运行中，如果由于断电或引风机机械故障而使引风机突然停转，则炉膛内很快变成正压，会从窥视孔或烧嘴等处向外喷火，严重时会引起炉膛爆炸。为此，必须设置连锁装置，一旦引风机故障停车，则裂解炉自动停止进料并切断燃料供应。但应继续供应稀释蒸汽，以带走炉膛内的余热。

（2）燃料气压力降低，裂解炉正常运行中，如果燃料系统大幅度波动，燃料气压力过低，则可能造成裂解炉烧嘴回火，使烧嘴烧坏，甚至会引起爆炸。

裂解炉内采用燃料油做燃料时，如燃料油的压力降低，也会使油嘴回火。因此，当燃料油压降低时应自动切断燃料油的供应，同时停止进料。当裂解炉同时使用油和气为燃料时，如果油压降低，则在切断燃料油的同时，将燃料气切入烧嘴，裂解炉可继续维持运转。

（3）其他公用工程故障，裂解炉其他公用工程中断，则废热锅炉汽包液面迅速下降，如果不及时停炉，必然会使废热锅炉炉管、裂解炉对流段锅炉给水预热管损坏。

此外，水、电、蒸汽出现故障，均能使裂解炉造成事故。在这种情况下，裂解炉应能自动停车。

7. 聚合反应

由低分子单体合成聚合物的反应称为聚合反应。聚合反应的类型很多，按聚合物和单体组成结构的不同，可分成加聚反应和缩聚反应两大类。

单体加成而聚合起来的反应叫作加聚反应。氯乙烯聚合成聚氯乙烯就是加聚反应。

加聚反应产物的元素组成与原料单体相同，仅结构不同，其分子量是单体分子量的整数倍。

另外一种聚合反应中，除了生成聚合物外，同时还有低分子副产物生成，这类聚合反应称为缩聚反应。例如己二胺和己二醇反应生成尼龙-66的缩聚反应。

缩聚反应中根据单体官能团的不同，低分子副产物可能是水、醇、氨、氯化氢等。

由于聚合物的单体大多数都是易燃易爆物质，聚合反应多在高压下进行，反应本身又是放热过程，所以如果反应条件控制不当，很容易出事故。例如乙烯在温度为 150～300℃，压力为 130～300MPa 的条件下聚合成聚乙烯。在这种条件下乙烯不稳定。一旦分解，会产生巨大的热量，进而反应加剧，可能引起暴聚，反应器可能发生爆炸。

聚合反应过程中的不安全因素如下。

① 单体在压缩过程中或在高压系统中泄漏，发生火灾爆炸。

② 聚合反应中加入的引发剂都是化学活泼性很强的过氧化物，一旦配料比控制不当，容易引起暴聚，反应器压力骤增易引起爆炸。

③ 聚合反应物未能及时导出，如搅拌发生故障、停电、停水，由于聚合物粘壁作用，使反应热不能导出，造成局部过热或反应釜急剧升温，发生爆炸，引起容器破裂，可燃气外泄。

针对上述不安全因素，应设置可燃气体检测报警器，一旦发现设备、管道有可燃气体泄漏，将自动停车。

对催化剂、引发剂等要加强存储、运输、调配、注入等工序的严格管理。反应釜的搅拌和温度应有检测和联锁，发现异常能自动停止进料。高压分离系统应设置爆破片、导爆管，并有良好的静电接地系统。一旦出现异常，及时泄压。

二、化工单元操作的危险性及基本安全技术

1. 冷却

在化工生产中，把物料冷却到大气温度以上时，可以用空气或循环水作为冷却介质；冷却温度在15℃以上，可以用地下水；冷却温度在0～15℃之间，可以用冷冻盐水。

还可以借助某种沸点较低的介质的蒸发从需冷却的物料中带走热量来实现冷却。常用的介质有氟利昂、氨等。此时物料被冷却的温度可达−15℃左右。更低温度的冷却，属于冷冻的范围。如石油气、裂解气的分离采用深度冷冻，介质需冷却至−100℃以下。冷却操作时冷却介质不能中断，否则会造成积热，系统温度、压力骤增，引起爆炸。开车时，应先通冷却介质；停车时，应先撤出物料，后停冷却系统。

有些凝固点较高的物料，遇冷易变得黏稠或凝固，在冷却时要注意控制温度，防止物料卡住搅拌器或堵塞设备及管道。

2. 加压

凡操作压力超过大气压的都属于加压操作。加压操作所使用的设备要符合压力容器的要求。加压系统不得泄漏，否则在压力下物料以高速喷出，产生静电，极易发生火灾爆炸。

所用的各种仪表及安全设施（如爆破泄压片、紧急排放管等）都必须齐全好用。

3. 负压操作

负压操作即低于大气压下的操作。负压系统的设备也和压力设备一样，必须符合强度要求，以防在负压下把设备抽瘪。

负压系统必须有良好的密封，否则一旦空气进入设备内部，形成爆炸混合物易引起爆炸。当需要恢复常压时，应待温度降低后，缓缓放进空气，以防自燃或爆炸。

4. 冷冻

在某些化工生产过程中，如蒸发、气体的液化、低温分离以及某些物品的输送、储藏等，常需将物料降到比0℃更低的温度，这就需要进行冷冻。

冷冻操作的实质是利用冷冻剂不断地从被冷冻物体取出热量，并传给其他物质（水或空气），以使被冷冻物体温度降低。制冷剂自身通过压缩-冷却-蒸发（或节流、膨胀）循环过程，反复使用。工业上常用的致冷剂有氨、氟利昂。在石油化工生产中常用乙烯、丙烯为深冷分离裂解气的冷冻剂。

对于制冷系统的压缩机、冷凝器、蒸发器以及管路，应注意耐压等级和气密性，防止泄漏。此外还应注意低温部分的材质选择。

5. 物料输送

在化工生产过程中，经常需要将各种原料、中间体、产品以及副产品和废弃物从一个地方输送到另一个地方。由于所输送物料的形态不同（块状、粉状、液体、气体），所采用的输送方式也各异，但不论采取何种形式的输送，保证它们的安全运行都是十分重要的。

固体块状和粉状物料的输送一般多采用皮带输送机、螺旋输送器、刮板输送机、链斗输送机、斗式提升机以及气流输送机等多种形式。

这类输送设备除了本身会发生故障外，正常运转时也会造成人身伤害。因此除要加强对机械设备的常规维护外，还应对齿轮、皮带、链条等部位采取防护措施。

气流输送分为吸送式和压送式。气流输送系统除设备本身会产生故障之外，最大的问题是系统的堵塞和由静电引起的粉尘爆炸。

粉料气流输送系统应保持良好的严密性。其管道材料应选择导电性材料并有良好的接地。如采用绝缘材料管道，则管外应采取接地措施。输送速度不应超过该物料允许的流速。粉料不要堆积管内，要及时清理管壁。

用各种泵类输送可燃液体时，其管内流速不应超过规定的安全速度。

在化工生产中，有时也用压缩空气为动力来输送一些酸碱等腐蚀性液体。这些输送设备也属于压力容器，要有足够的强度。在输送有爆炸性或燃烧性物料时，要采用氮、二氧化碳等惰性气体代替压缩空气，以防造成燃烧或爆炸。

气体物料的输送采用压缩机。输送可燃气体要求压力不太高时，采用液环泵比较安全。可燃气体的管道应经常保持正压，并根据实际需要安装逆止阀、水封和阻火器等安全装置。

6. 熔融

在化工生产中常常需将某些固体物料（如苛性钠、苛性钾、萘、磺酸等）熔融之后进行化学反应。碱熔过程中的碱屑或碱液飞溅到皮肤上或眼睛里会造成灼伤。

碱融物和磺酸盐中若含有无机盐等杂质，应尽量除掉，否则这些无机盐因不熔融会造成局部过热、烧焦，致使熔融物喷出，容易造成烧伤。

熔融过程一般在150～350℃下进行，为防止局部过热，必须不间断地搅拌。

7. 干燥

在化工生产中将固体和液体分离的操作方法是过滤，要进一步除去固体中液体的方法是干燥。干燥操作有常压和减压，也有连续与间断之分。用来干燥的介质有空气、烟道气等。此外还有升华干燥（冷冻干燥）、高频干燥和红外干燥。

干燥过程中要严格控制温度，防止局部过热，以免造成物料分解爆炸。在过程中散发出来的易燃易爆气体或粉尘，不应与明火和高温表面接触，防止燃爆。在气流干燥中应有防静电措施，在滚筒干燥中应适当调整刮刀与筒壁的间隙，以防止火花。

8. 蒸发与蒸馏

蒸发是借加热作用使溶液中所含溶剂不断气化，以提高溶液中溶质的浓度，或使溶质析出的物理过程，蒸发按其操作压力不同可分为常压、加压和减压蒸发。按蒸发所需热量的利用次数不同可分为单效和多效蒸发。

蒸发的溶液皆具有一定的特性。如溶质在浓缩过程中可能有结晶、沉淀和污垢生成，这些都能导致传热效率降低，并产生局部过热，促使物料分解、燃烧和爆炸。因此要控制蒸发温度，为防止热敏性物质的分解，可采用真空蒸发的方法。降低蒸发温度，或采用高效蒸发器，增加蒸发面积，减少停留时间。

对具有腐蚀性的溶液，要合理选择蒸发器的材质，必要时做防腐处理。

蒸馏是借液体混合物各组分挥发度的不同，使其分离为纯组分的操作。蒸馏操作可分为间歇蒸馏和连续蒸馏。按压力分为常压、减压和加压（高压）蒸馏。此外还有特殊蒸馏——蒸汽蒸馏、萃取蒸馏、恒沸蒸馏和分子蒸馏。

在安全技术上，对不同的物料应选择正确的蒸馏方法和设备。在处理难挥发物料（常压下沸点在150℃以上）时应采用真空蒸馏，这样可以降低蒸馏温度，防止物料在高温下分解、变质或聚合。

在处理中等挥发性物料（沸点为100℃左右）时，一般采用常压蒸馏。

对于沸点低于30℃的物料，则应采用加压蒸馏。

蒸汽蒸馏通常用于在常压下沸点较高，或在沸点时容易分解的物质的蒸馏；也常用于高沸点物与不挥发杂质的分离，但只限于所得到的产品完全不溶于水。

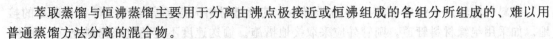

萃取蒸馏与恒沸蒸馏主要用于分离由沸点极接近或恒沸组成的各组分所组成的、难以用普通蒸馏方法分离的混合物。

分子蒸馏是一种相当于绝对真空下进行的真空蒸馏。在这种条件下，分子间的相互吸引力减少，物质的挥发度提高，使液体混合物中难以分离的组分容易分开。由于分子蒸馏降低了蒸馏温度，所以可以防止或减少有机物的分解。

三、化工生产岗位安全操作要求

化工生产岗位安全操作对于保证生产安全是至关重要的。其要点如下。

(1) 必须严格执行工艺技术规程，遵守工艺纪律，做到"平稳运行"。为此，在操作中要注意将工艺参数指标严格控制在要求的范围之内，不得擅自违反，更不得擅自修改。

(2) 必须严格执行安全操作规程。安全操作规程是生产经验的总结，往往是通过血的教训，甚至付出生命代价换来的。安全操作规程是保证安全生产、保护职工免受伤害的护身法宝，必须严格遵守，不允许任何人以任何借口违反。

(3) 控制溢料和漏料，严防"跑、冒、滴、漏"。可燃物料泄漏导致火灾爆炸事故的案例并不少见。造成漏料的原因很多，有设备系统缺陷、故障造成的；有技术方面的原因；有维护、管理方面的原因；也有人为操作方面的原因。对于已经投产运行的生产装置，预防漏料的关键是严禁超量、超温、超压操作；防止误操作；加强设备系统的维护保养；加强巡回检查，对"跑、冒、滴、漏"现象做到早发现、早处置。"物料泄漏率"的高低，在一定程度上反映了单位生产管理和安全管理的水平。

(4) 不得随便拆除安全附件和安全联锁装置，不准随意切断声、光报警等信号。安全附件是将机械设备的危险部位与人体隔开，防止发生人身伤害的设施；安全联锁装置是当出现危险状态时，强制某些部件或元件联动，以保证安全的设施；报警设施是运用声、光、色、味等信号，提出警告以引起人们注意，采取措施，避免危险。不允许任何人以任何借口拆除。

(5) 正确穿戴和使用个体防护用品。穿戴、使用个体防护用品是保护职工安全、健康的最后一道防线。每个职工应严格按照规定要求正确穿戴使用。

(6) 严格安全纪律，禁止无关人员进入操作岗位和动用生产设备、设施和工具。

(7) 正确判断和处理异常情况，紧急情况下，应先处理后报告（包括停止一切检修作业，通知无关人员撤离现场等）。

四、化工工艺参数的控制技术

控制化工工艺参数，即控制反应温度、压力，控制投料的速度、配比、顺序以及原材料的纯度和副反应等。工艺参数失控，不但破坏了平稳的生产过程，还常常是导致火灾爆炸事故的"祸根"之一，所以严格按照操作规程控制工艺参数，使之处于安全限度内，是化工装置防止发生火灾爆炸事故的根本措施之一。

1. 温度控制

温度是石化生产中主要的控制参数。准确控制反应温度不但对保证产品质量、降低能耗有重要意义，也是防火防爆所必需的。温度过高，可能引起反应失控发生冲料或燃烧爆炸；也可能引起反应物分解燃烧、爆炸；或由于液化气体介质和低沸点液体介质急剧蒸发，造成超压爆炸。温度过低，则有时会因反应速率减慢或停滞造成反应物积聚，一旦温度正常时，往往会因未反应物料过多而发生剧烈反应引起爆炸。温度过低还可能使某些物料冻结，造成管路堵塞或破裂，致使易燃物泄漏引起燃烧、爆炸。

为了严格控制温度,必须采取的相应措施见表 1-2。

表 1-2　控制温度的相应措施

措施	说　明
有效除去反应热	对于相当多数的放热化学反应应选择有效的传热设备、传热方式及传热介质,保证反应热及时导出,防止超温
	结垢、结焦现象在石化生产中较常见,必须注意随时解决传热面结垢、结焦的问题,因为它会大大降低传热效率
正确选用传热介质	在石化生产中常用载体来进行加热。常用的热载体有水蒸气、热水、烟道气、碳氢化合物(如导热油、联苯混合物即道生液)、熔盐、汞和熔融金属等。正确选择热载体对加热过程的安全十分重要
	应避免选择容易与反应物料相作用的物质作为传热介质;如不能用水来加热或冷却环氧乙烷,因为微量水也会引起液体环氧乙烷自聚发热而爆炸,此种情况宜选用液状石蜡作传热介质
防止搅拌中断	搅拌可以加速反应物料混合以及热传导。有的生产过程如果搅拌中断,可能会造成局部反应加剧和散热不良而发生超压爆炸。对因搅拌中断可能引起事故的石化装置,应采取防止搅拌中断的措施,例如采用双路供电等

2. 压力控制

压力是化工生产的基本参数之一。在化工生产中,有许多反应需要在一定压力下才能进行,或者要用加压的方法来加快反应速率,提高效率。因此加压操作在化工生产中普遍采用,所使用的塔、釜、器、罐等大部分是压力容器。

但是,超压也是造成火灾爆炸事故的重要原因之一。例如:加压能够强化可燃物料的化学活性,扩大燃爆极限范围;久受高压作用的设备容易脱碳、变形、渗漏,以至破裂和爆炸;处于高压的可燃气体介质从设备、系统连接薄弱处(如焊接处或法兰、螺栓、丝扣连接处甚至因腐蚀穿孔等)泄漏,还会由于急剧喷出或静电而导致火灾爆炸等。反之,压力过低,会使设备变形。在负压操作系统,空气容易从外部渗入,与设备、系统内的可燃物料形成爆炸性混合物而导致燃烧、爆炸。

为了确保安全生产,不因压力失控造成事故,除了要求受压系统中的所有设备、管道必须按照设计要求,保证其耐压强度、气密性;有安全阀等泄压设施;还必须装设灵敏、准确、可靠的测量压力的仪表——压力计。而且要按照设计压力或最高工作压力以及有关规定,正确选用、安装和使用压力计,并在生产运行期间保持完好。

3. 进料控制

进料控制内容包括进料速度、进料温度、进料配比与进料顺序,见表 1-3。

表 1-3　进料控制的内容

进料控制内容	说　明
进料速度	对于放热反应,进料速度不能超过设备的散热能力,否则物料温度将会急剧升高,引起物料的分解,有可能造成爆炸事故。进料速度过低,部分物料可能因温度过低,反应不完全而积聚。一旦达到反应温度时,就有可能使反应加剧进行,因温度、压力急剧升高而产生爆炸
进料温度	进料温度过高,可能造成反应失控而发生事故;进料温度过低,情况与进料速度过低时相似
进料配比	对反应物料的配比要严格控制,尤其是对连续化程度较高、危险性较大的生产,更要注意。如环氧乙烷生产中,反应原料乙烯与氧的浓度接近爆炸极限范围,必须严格控制。尤其在开停车过程中,乙烯和氧的浓度在不断变化,且开车时催化剂活性较低,容易造成反应器出口氧浓度过高。为保证安全,应设置联锁装置,经常核对循环气的组成,尽量减少开停车次数
	对可燃或易燃物与氧化剂的反应,要严格控制氧化剂的速度和投料量。两种或两种以上原料能形成爆炸性混合物的生产,其配比应严格控制在爆炸极限范围以外,如果工艺条件允许,可采用水蒸气或惰性气体稀释

续表

进料控制内容	说明
进料配比	催化剂对化学反应速率影响很大,如果催化剂过量,就可能发生危险。因此,对催化剂的加入量也应严格控制
进料顺序	有些生产过程,进料顺序是不能颠倒的。如氯化氢合成应先投氢后投氯;三氯化磷生产应先投磷后投氯;磷酸酯与甲胺反应时,应先投磷酸酯,再滴加甲胺等;反之就会发生爆炸

4. 原料纯度控制

许多化学反应,由于反应物料中危险杂质的增加导致副反应、过反应的发生而引起燃烧、爆炸。

(1)原料中某种杂质含量过高,生产过程中易发生燃烧爆炸。如生产乙炔时要求电石中磷含量不超过0.08%,因为磷(即磷化钙)遇水后生成磷化氢,它遇空气燃烧,可导致乙炔-空气混合气爆炸。

(2)循环使用的反应原料气中,如果其中有害杂质气体不清除干净,在循环过程中就会越积越多,最终导致爆炸。如空分装置中液氧中的有机物(烃)含量过高,就会引起爆炸。这需要在工艺上采取措施,如在循环使用前将有害杂质吸收清除,或将部分反应气体放空,以及加强监测等,以保证有害杂质气体含量不超过标准。

有时为了防止某些有害杂质的存在引起事故,还可采用加稳定剂的办法。

需要说明的是:温度、压力、进料量与进料温度、原料纯度等工艺参数,甚至是一些看起来"较不重要"的工艺参数都是互相影响的,是"牵一发而动全身",所以对任何一项工艺参数都要认真对待,不能掉以轻心。

五、化工生产开停车安全操作要求

在化工生产中,开、停车的生产操作是衡量操作工人安全操作水平高低的一个重要标准。随着化工生产规模、连续化、机械化、自动化水平的不断提高,对开、停车的技术要求也越来越高。开、停车进行的好坏,准备工作和处理情况如何,对生产能否安全地进行都有直接影响。开、停车是生产中影响安全最重要的环节。

化工生产中的开、停车包括基建完工后的第一次开车,正常生产中开、停车,特殊情况(事故)下突然停车,大、中修之后的开车等。

1. 基建完工后的第一次开车

基建完工后的第一次开车,一般按四个阶段进行:开车前的准备工作、单机试车、联动试车、化工试车。下面分别予以简单介绍。

(1)开车前的准备工作 开车前的准备工作大致如下:

① 施工工程安装完毕后的验收工作;

② 开车所需原料、辅助原料、公用工程(水、电、汽等),以及生产所需物资的准备工作;

③ 技术文件、设备图纸及使用说明书和各专业的施工图,岗位操作法和试车文件的准备;

④ 车间组织的健全,人员配备及考核工作;

⑤ 核对配管、机械设备、仪表电气、安全设施及盲板和过滤网的最终检查工作。

(2)单机试车 此项目的是为了确认转动和待动设备是否合格好用,是否符合有关技术规范,如空气压缩机、制冷用氨压缩机、离心式水泵和带搅拌设备等。

单机试车是在不带物料和无载荷情况下进行的。首先要断开联轴器，单独开动电动机，运转48h，观察电动机是否发热、振动，有无杂音，转动方向是否正确等。当电动机试验合格后，再和设备连接在一起进行试验，一般也需运转48h（此项试验应以设备使用说明书或设计要求为依据）。在运转过程中，经过细心观察和仪表检测，均达到设计要求时（如温度、压力、转速等）即为合格。如在试车中发现问题，应会同施工单位有关人员及时检修，修好后重新试车，直到合格为止，试车时间不准累计。

（3）联动试车　联动试车是用水、空气或与生产物料相类似的其他介质，代替生产物料所进行的一种模拟生产状态的试车。目的是为了检验生产装置连续通过物料的性能（当不能用水试车时，可改用介质，如煤油等代替）。联动试车时也可以给水进行加热或降温，观察仪表是否能准确地指示出通过的流量、温度和压力等数据，以及设备的运转是否正常等情况。

联动试车能暴露出设计和安装中的一些问题，在这些问题解决以后，再进行联动试车，直至认为流程畅通为止。

联动试车后要把水或煤油放空，并清洗干净。

（4）化工试车　当以上各项工作都完成后，则进入化工试车阶段。化工试车是按照已制定的试车方案，在统一指挥下，按化工生产工序的前后顺序进行，化工试车因生产类型的不同而各异。

综上所述，一个化工生产装置的开车是一个非常复杂也很重要的生产环节。开车的步骤并非一样，要根据具体地区、部门的技术力量和经验，制定切实可行的开车方案。正常生产检修后的开车和化工试车相似。

2. 停车及停车后的处理

在化工生产中停车的方法与停车前的状态有关，不同的状态，停车的方法及停车后处理方法也就不同。一般有以下三种方式。

（1）正常停车　生产进行到一段时间后，设备需要检查或检修进行的有计划停车，称为正常停车。这种停车是逐步减少物料的加入，直至完全停止加入，待所有物料反应完毕后，开始处理设备内剩余的物料，处理完毕后，停止供汽、供水，降温降压，最后停止转动设备的运转，使生产完全停止。

停车后，对某些需要进行检修的设备，要用盲板切断该设备上物料管线，以免可燃气体、液体物料漏过而造成事故。检修设备动火或进入设备内检查，要把其中的物料彻底清洗干净，并经过安全分析合格后方可进行。

（2）局部紧急停车　生产过程中，在一些想象不到的特殊情况下的停车，称为局部紧急停车。如某设备损坏、某部分电气设备的电源发生故障、某一个或多个仪表失灵等，都会造成生产装置的局部紧急停车。

当这种情况发生时，应立即通知前步工序采取紧急处理措施。把物料暂时储存或向事故排放部分（如火炬、放空等）排放，并停止入料，转入停车待生产的状态（绝对不允许再向局部停车部分输送物料，以免造成重大事故）。同时，立即通知下步工序，停止生产或处于待开车状态。此时，应积极抢修，排除故障。待停车原因消除后，应按化工开车的程序恢复生产。

（3）全面紧急停车　当生产过程中突然发生停电、停水、停汽或发生重大事故时，则要全面紧急停车。这种停车事前是不知道的，操作人员要尽力保护好设备，防止事故的发生和扩大。对有危险的设备，如高压设备应进行手动操作，以排出物料；对有凝固危险的物料要进行人工搅拌（如聚合釜的搅拌器可以人工推动），并使本岗位的阀门处于正常停车状态。

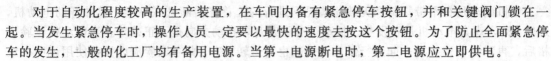

对于自动化程度较高的生产装置，在车间内备有紧急停车按钮，并和关键阀门锁在一起。当发生紧急停车时，操作人员一定要以最快的速度去按这个按钮。为了防止全面紧急停车的发生，一般的化工厂均有备用电源。当第一电源断电时，第二电源应立即供电。

从上述可知，化工生产中的开、停车是一个很复杂的操作过程，且随生产的品种不同而有所差异，这部分内容必须载入生产车间的岗位操作规程中。作为上岗人员在上岗前必须学习和掌握的技术文件。

六、化工企业安全事件应急处理方案

发生安全事件，各有关部门和人员及应急指挥部成员负责组织有关人员对事件进行调查处理，并将事件经过、原因、处理结果等以书面形式向上级部门进行报告。

1. 报告程序

发生安全事件，当事人或事件现场人员要立即向领队报告，领队要根据事发现场情况及时报警求援，并报告给应急指挥部。遇有特殊情况，可以直接向应急指挥部报告；应急指挥部要根据安全事件的现场情况妥善处理。

2. 处理程序

① 发生安全事件，各有关部门和人员及应急指挥部成员，要在第一时间逐级进行报告，并在第一时间赶往事发地点。

② 发生安全事件，各有关部门和人员及应急指挥部成员，负责组织有关人员保护现场、采取疏散、隔离等措施，并做好事件现场人员思想稳定工作，防止事态扩大。

③ 发生安全事件，各有关部门和人员及应急指挥部成员应及时进行现场处理，将受伤人员就近送到医院抢救治疗。

④ 发生安全事件，各有关部门和人员及应急指挥部成员负责组织有关人员对事件进行调查处理，并将事件经过、原因、处理结果等以书面形式向上级部门进行报告。

3. 措施

一旦发生安全事件，各小组和应急指挥部成员应采取一切措施，确保人员的人身安全和财产安全。

① 厂内发生火灾事件，应启动灭火疏散预案，紧急组织本单位人员有序疏散，救护受伤人员。如果（本区域内）火势较小、发展较慢，应立即组织自行灭火，事后将发生火灾的情况报应急指挥部。

② 发生交通事件，应立即向应急指挥部报告，并迅速与公安交警部门取得联系，保护好事件现场，积极开展自救自护工作。如果有人受伤应立即就近送到医院进行抢救治疗。

③ 发生治安事件，应立即向应急指挥部和公安部门报告，及时控制事态，保护好现场，对治安事件中的当事人进行严格控制，做好现场人员的思想稳定工作，及时对受伤人员进行救治，并积极配合公安部门对事件进行调查。

④ 发生拥挤踩踏事件，应立即向应急指挥部报告，迅速组织有序疏散，防止事态扩大，并立即与有关部门进行联系，及时做好受伤人员的救护工作。

⑤ 发生中暑等突发性疾病，应立即向场内医务部门报告，由场内医护人员进行救治，并视情况向应急指挥部报告。

⑥ 发生其他事件（意外事件、自然灾害等），应立即向应急指挥部报告，并及时向有关部门求助，同时根据事件性质特点，采取有效措施，控制事态发展。

⑦ 安全工作应急指挥部领导、成员联络电话要确保 24h 开机，以便及时联络。

第十节 化工物料的安全性

化学危险品是指物质本身具有某种危险特性。当受到摩擦，撞击，震动，接触热源或火源，日光暴晒，遇水受潮，遇到性质相抵触物品等外界条件的作用，会导致燃烧、爆炸，引起中毒、灼伤及污染环境事故发生的化学品。

在化工生产过程中用到的不少物料属于化学危险品，在生产、经营、储存、运输、使用以及废弃物处置的过程中有很多不安全因素，必须加以充分重视，采取一系列的安全预防措施，以保证化工生产的安全进行。以下简单介绍几类常用的化学危险品。

1. 爆炸品

本类化学品指在外界作用下（如受热、受摩擦、撞击等），能发生剧烈的化学反应，瞬时产生大量的气体和热量，使周围压力急骤上升，发生爆炸，对周围环境造成破坏的物品，不包括无整体爆炸危险，但具有燃烧、抛射及较小爆炸危险的物品。爆炸品分为五项：

① 整体爆炸物品：具有整体爆炸危险的物质和物品；

② 抛射爆炸物品：具有抛射危险，但无整体爆炸危险的物质和物品；

③ 燃烧爆炸物品：具有燃烧危险和较小爆炸或较小抛射危险，或两者兼有，但无整体爆炸危险的物质和物品；

④ 一般爆炸物品：无重大危险的爆炸物质和物品，万一被点燃或引爆，其危险作用大部分局限在包装件内部，而对包装件外部无重大危险；

⑤ 不敏感爆炸物品：非常不敏感的爆炸物质，比较稳定，在着火试验中不会爆炸。

2. 压缩气体和液化气体

指压缩、液化或加压溶解的气体，并符合下述两种情况之一者：

① 临界温度低于 50℃，或在 50℃时，其蒸气压力大于 294kPa 的压缩或液化气体；

② 温度在 21.2℃时，气体的绝对压力大于 257kPa，或在 54.4℃时，气体的绝对压力大于 715kPa 的压缩气体；或在 37.8℃时，雷德蒸气压力大于 275kPa 的液化气体或加压溶解气体。

本类物品当受热、撞击或强烈震动时，容器内压力会急剧增大，致使容器破裂爆炸，或导致气瓶阀门松动漏气，酿成火灾或中毒事故。

按其性质分为以下三项：①易燃气体；②不燃气体（包括助燃气体）；③有毒气体。

3. 易燃液体

指闭杯闪点等于或低于 61℃的液体、液体混合物或含有固体物质的液体，但不包括由于其危险性已列入其他类别的液体。本类物质在常温下易挥发，其蒸气与空气混合能形成爆炸性混合物。

按闪点分为以下三项：①低闪点液体：闪点＜－18℃；②中闪点液体：－17℃≤闪点＜23℃；③高闪点液体：23℃≤闪点≤61℃。

4. 易燃固体、自燃物品和遇湿易燃物品

本类物品易于引起和促成火灾，按其燃烧特性分为以下三项：

① 易燃固体：指燃点低，对热、撞击、摩擦敏感，易被外部火源点燃，燃烧迅速，并可能散发出有毒烟雾或者有毒气体的固体；

② 自燃物品：指自燃点低，在空气中易于发生氧化反应，放出热量，而自行燃烧的

物品；

③遇湿易燃物品：指遇水或受潮时，发生剧烈化学反应，放出大量的易燃气体和热量的物品。有些不需明火，即能燃烧或爆炸。

5. 氧化剂和有机过氧化物

本类物品具有强氧化性，易引起燃烧、爆炸。按其组成分为以下两项：

①氧化剂：指处于高氧化态，具有强氧化性，易分解并放出氧和热量的物质。包括含有过氧基的无机物，其本身不一定可燃，但能导致可燃物的燃烧；与粉末状可燃物能组成爆炸性混合物，对热、震动或摩擦较为敏感。按其危险性大小，分为一级氧化剂和二级氧化剂。

②有机过氧化物：指分子组成中含有过氧键的有机物，其本身易燃易爆、极易分解，对热、震动和摩擦极为敏感。

6. 毒害品和有毒感染性物品

系指进入肌体后，累积达一定的量，能与体液和组织发生生物化学作用或生物物理作用，扰乱或破坏肌体的正常生理功能，引起暂时性或持久性的病理改变，甚至危险及生命的物品。具体指标：经口 $LD_{50} \leqslant 500mg/kg$（固体）、$LD_{50} \leqslant 2000mg/kg$（液体）；经皮（24h接触）：$LD_{50} \leqslant 1000mg/kg$（固体）、吸入 $LC_{50} \leqslant 10mg/L$（粉尘、烟雾）。

该类分为毒害品、感染性物品两项。其中毒害品按其毒性大小分为一级毒害品和二级毒害品。

7. 腐蚀品

腐蚀品是指能灼伤人体组织并对金属等物品造成损坏的固体或液体。与皮肤接触在 4h 内出现可见坏死现象，或温度在 55℃时，对 20 号钢的表现均匀年腐蚀率超过 6.25mm/a 的固体或液体。

该类按化学性质分为三项：①酸性腐蚀品；②碱性腐蚀品；③其他腐蚀品。按其腐蚀性的强弱又细分为一级腐蚀品和二级腐蚀品。

第二章

化工环境保护技术

第一节 概　述

一、环境、环境污染与环境保护

从哲学上说：环境是一个相对于主体的客体。对于环境科学而言："环境"的定义应是"以人类社会为主体的外部世界的总体"。

环境污染指自然的或人为的破坏，向环境中排放某种物质而超过环境的自净能力而产生危害的行为。或由于人为的因素，环境受到有害物质的污染，使生物的生长繁殖和人类的正常生活受到有害影响。

环境保护简称环保。环境保护（environmental protection）涉及的范围广、综合性强，它涉及自然科学和社会科学的许多领域，还有其独特的研究对象。环境保护指采取行政、法律、经济、科学技术、民间自发环保组织等方式，合理地利用自然资源，防止环境的污染和破坏，以求自然环境同人文环境、经济环境共同平衡可持续发展，扩大有用资源的再生产，保证社会的可持续发展。

二、化工与环境污染

化工行业作为我国工业化进程中的支柱产业之一，对推动我国经济的发展起到了决定性的作用。同时也是资源密集型的高耗能、高污染产业，废气、废水、废渣排放量大。化工行业污染物的种类，按污染物的性质可分为无机化学工业污染和有机化学工业污染；按污染物的形态可分为废气、废水和废渣。虽然化工污染物都是在生产过程和使用过程中产生的，但其产生的原因和进入环境的途径则是多种多样的。概括起来，化工污染物的主要来源大致可以分为以下两个方面。

1. 化工生产的原料、半成品及产品

（1）排放的未反应原料　目前，所有化工生产中的原料还不可能全部转化为半成品或产品，未反应的这部分原料理论上可以回收利用，但实际上因回收不完全或不可能回收而排放掉，若这些化工原材料为有害物质的话，排放后就会造成环境污染。

（2）原料不纯　化工原料有时本身纯度不够，其中的杂质一般不参与化学反应，最后要排放掉。而大多数的杂质为有害化学物质，对环境会造成污染。有些杂质还参与化学反应，而生成的化学物质不是目标产品，对环境而言，也是有害的污染物。

（3）"跑、冒、滴、漏"　由于生产设备、管道等封闭不严密；或者由于操作水平跟不上；物料在储存、运输以及生产过程中，往往会造成化工原料、产品的泄漏。习惯上称为"跑、冒、滴、漏"现象，这一现象不仅造成经济损失，同时还可能造成严重的环境污染事故，甚至会带来难以预料的后果。

（4）产品使用不当及其废弃物

① 肥料使用不当，对土壤、水体和大气会产生污染。主要有以下表现：

a. 土壤板结，不利于植物生长；而磷肥原料中有毒物质如砷、镉、铬、氟、钯等进入了土壤；并被植物吸收后进入人体，最终危害人的健康。

b. 肥料中的营养元素和有害物质随降水和土壤水分运动进入水体，造成水体富营养化并导致水生植物，如某些藻类过量增长，而其死亡以后腐烂分解，耗去水中的溶解氧，使水体脱氧，引起鱼、虾、贝大量窒息死亡，使水质变差，并进一步发出恶臭，失去饮用价值，甚至不能用于农田灌溉。

c. 长期大量施用氮素化肥，会对大气产生污染。氮肥对大气的污染主要有氨的挥发，反硝化过程中生成的氮氧化物的挥发。氮氧化物对大气的臭氧层有破坏作用，是造成地球温室效应的有害气体之一。

② 塑料制品使用后随意废弃，会造成"白色污染"。比如一次性泡沫快餐具还有我们常用的塑料袋等。它对环境污染很严重，埋在土壤中很难分解，会导致土质变差，如果焚烧会导致大气污染。

③ 氟利昂（CCl_2F_2）的大量使用，会破坏臭氧层。氟利昂是 20 世纪 20 年代合成的，其化学性质稳定，不具有可燃性和毒性，被当作制冷剂、发泡剂和清洗剂，广泛用于家用电器、泡沫塑料、日用化学品、汽车、消防器材等领域。20 世纪 80 年代后期，氟利昂的生产达到了高峰，每年产量达到了 144 万吨。在对氟利昂实行控制之前，全世界向大气中排放的氟利昂已达到了 2000 万吨。由于它们在大气中的平均寿命达数百年，所以排放的大部分仍留在大气层中，其中大部分仍然停留在对流层，一小部分升入平流层。在对流层相当稳定的氟利昂，在上升进入平流层后，在一定的气象条件下，会在强烈紫外线的作用下被分解，释放出的氯原子同臭氧会发生连锁反应，不断破坏臭氧分子。科学家估计一个氯原子可以破坏数万个臭氧分子。

2. 化工生产过程中排放出的废弃物

（1）燃烧过程的废气和烟尘　化工生产过程一般需要在一定的压力和温度下进行，因此需要有能量的输入，从而要燃烧大量的燃料。在燃料燃烧的过程中，不可避免地会产生大量的废气和烟尘，对环境造成极大的危害。烟气中各种有害物质的含量与燃料的品种有很大关系。

（2）冷却水　化工生产过程中除了需要大量的热能外，还需要大量的冷却水进行冷却。一般有直接冷却和间接冷却两种方式。当采用直接冷却时，冷却水直接与被冷却的物料进行接触，这种冷却方式很容易使水中含有化工原料，而成为污染废水。当采用间接冷却时，虽然冷却水不直接接触化工物料，但因为在冷却水中往往加入防腐剂、杀藻剂等化学物质，排出后也会造成污染问题。

（3）反应副产物　化工生产中进行主反应的同时，经常还伴随着一些人们不希望得到的副反应和副产物。虽然有些副产物可回收，但是会有许多技术问题，且要耗用一定的经费，所以实际上往往将副产物作为废弃物排放，引起环境污染。

（4）生产事故造成的化工污染　比较常见的事故是设备事故。在化工生产中，因为原料、成品或半成品很多都是具有腐蚀性的，容器、管道等很容易被化工原材料或产品腐蚀损坏。如检修不及时，就会出现"跑、冒、滴、漏"等现象，流失的原料、成品或半成品就会造成对周围环境的污染。比较偶然的事故是工艺过程事故。如反应条件没控制好，或催化剂没及时更换造成排放增加，形成严重的污染。

三、化工污染防治途径

1. 提高环境意识，严格依法治理环境

国家制定颁布的环保方针、政策、法律和法规，是做好化工环保工作的根本保证。一些企业在经济利益的驱动下，只顾企业效益，不顾社会效益和环境效益，使污染呈上升趋势。解决环境问题，必须依靠法治，充分发挥法律的威慑作用，主管部门必须依法管理环境，做到在法律面前人人平等。此外还应加强环保学习，相互交流经验，推动各级领导环境意识的全面提高，自上而下开展环保工作。

2. 从源头上抓好污染预防工作

在科研、设计、生产中，科研是头，设计要以科研成果为依据，生产要以科研成果为指导，科研时不考虑环境保护，其后患无穷。

一些农药、染料企业之所以污染严重，一个重要的原因就是设计生产装置时没有采用达到环保要求的先进工艺，留下了隐患。采用的生产工艺原材料、能源消耗高，排法量大，而且对其所产生的"三废"未配套治理。加强科研管理，一是科研主管部门在安排新产品、新工艺、新技术科研任务时，必须把保护环境的内容包括进去；二是在鉴定科研成果时，必须同时鉴定"三废"处理技术是否过关，并请环保部门参加评议和把关；三是凡是"三废"处理技术不过关的科研成果不许推广。只有这样，才能促进科研单位和科研人员提高环境意识，正确处理环境保护与科研工作的关系，使科研确实为环境保护贡献一份力量。

3. 严控新、扩、改项目对环境产生新的污染

由于化工行业有许多基础差、底子薄的中小企业和老企业（占80％以上），历史上遗留下来的环境问题较多，已成为化工行业改善环境面貌的沉重包袱。如果不能控制新、扩、改项目新污染源的产生，又欠新账，一些化工企业将会出现产量翻番污染也翻番的可怕局面。因此，一切新建项目仅仅执行"三同时"的规定是不够的，还必须做到污染物达标排放，增产不增污或增产减污。其主要措施如下。

（1）必须选用国内外的先进技术进行设计和施工，保证建成投产后，达到高产、优质、低耗的生产水平，把污染物的排放总量降低到最小限度。

（2）依托老企业搞扩建、改造，凡是有相同"三废"的，要按照以新带老的原则，使新老"三废"一并解决。

（3）污染严重的老产品，在污染治理技术未彻底解决前，不宜再扩大生产能力，此外，为上新项目腾出环境容量还必须减产或关停一些生产装置。

要真正做到搞新、扩、改项目增产不增污或增产减污，关键在于做好基本建设的前期工作，立项后按国家规定的审批程序，组织专家对报告书进行认真评议，论证其生产技术是否先进，经济是否合理，防治污染措施是否可行，才可批准项目可行性研究报告。其次要严格审查扩改设计。项目建成后，环保工程的竣工验收，要走在主体工程竣工的前头。

4. 结合企业和产品结构的调整，解决污染难题

制订化学工业发展规划不仅要考虑发展速度和新的经济增长点，而且要落实保护环境的措施，切实改变目前企业结构、产品结构不利于保护环境的状况。

（1）通过产品更新换代，淘汰一些严重污染环境的产品。如染料行业鼓励发展生物染料取代有严重污染的蒽醌染料，禁止发展含苯胺类的染料；农药行业要加快发展生物农药、生物合成农药以取代有机磷农药，禁止生产杀虫脒等对环境危害极大的农药品种；氯碱行业要大力发展离子膜法烧碱，全部淘汰石墨阳极电解槽法；发展氧氯化法生产聚氯乙烯树脂，以消除乙烯法生产聚氯乙烯所生产的大量电石渣。这些对企业发展的要求是从根本上减少了化学工业的污染。

（2）通过合理调整生产布局，大幅度减少严重污染产品的生产厂点。如铬盐、铅盐、钛白粉、氯化汞触媒、硬脂酸镉等产品，要按照生产大型化、专业化的原则，尽可能合并一些生产规模小、污染难治理的厂点，改由几家大型企业专营生产，以避免造成到处污染。

（3）通过关停并转，裁减一大批生产技术落后、污染严重的小型化工企业，减少污染点，缩小污染面。如小农药、小染料、小油漆、小化工、小橡胶加工等，它们在生产中原材料、能源消耗高，污染严重，而又很难从根本上改变，存在下去是害多利少，必须认真贯彻落实国务院关于关掉"十五小"企业的规定，坚决实行关停并转。

5. 全面推行清洁生产，选择合理的工艺，把"三废"消灭于生产过程中

（1）通过改变工艺路线和生产方法，以减少"三废"的污染。例如，用乙炔为原料生产氯乙烯，需要用氯化汞作催化剂；电解食盐水制烧碱时，采用汞阴极电解槽，显然都会造成汞的污染。现采用乙烯氧氯化法生产氯乙烯，在烧碱厂废除汞阴极电解槽，则汞的污染源将消除。

（2）通过改进操作条件和设备，使污染源得以控制。例如，在用冷却水时，用间接冷却法代替直接冷却法，以避免水与污染物的直接接触。在进行蒸汽蒸馏时，将用蒸汽加热再沸器代替直接蒸汽气提，这样均可减少废水的排放量。

（3）淘汰有毒产品，尽量生产无污染或少污染产品。例如，开发高效无毒或低毒的农药，以代替传统的高毒性、易污染的农药品种。

四、化工行业环境保护面临的形势和任务

化工行业环境保护工作面临着国际国内的双重压力。

1. 国际环境保护面临的形势

国际环境公约的履约要求化工行业做好环境保护工作。随着全球经济一体化，我国逐渐加入并履行了一系列国际公约，如联合国气候变化框架公约、斯德哥尔摩公约、鹿特丹公约、巴塞尔公约，还有处于谈判期的国际汞公约等。这些公约的履约对化工行业"十三五"期间的环境保护工作提出了新要求，如为积极应对气候变化，我国政府提出了到2020年，单位GDP二氧化碳排放降低$40\%\sim45\%$的目标，这必然对化工行业的产业结构调整和节能减排工作带来新的压力。

国际贸易竞争新格局要求化工行业做好环境保护工作。国际金融危机爆发以来，世界产业发展出现新形势，以节能环保、绿色低碳为主的贸易竞争新格局已经形成，美国、欧盟等国限制高能耗、高排放、含有毒有害原料的产品进口等政策，致使产品竞争激烈，贸易摩擦不断加大，对我国化工行业的发展形成了"倒逼机制"。这就要求我们必须顺应潮流，加快转变发展方式，全面推行清洁生产，加强环境保护，把绿色、低碳、清洁化发展作为提升产业国际竞争力、突破绿色壁垒的重要抓手。

2. 国内环境保护面临的形势

"十二五"以来，党中央、国务院高度重视生态环境保护工作，多次强调"绿水青山就

是金山银山""要坚持节约资源和保护环境的基本国策""像保护眼睛一样保护生态环境,像对待生命一样对待生态环境"。并多次指出:要加大环境综合治理力度,提高生态文明水平,促进绿色发展,下决心走出一条经济发展与环境改善双赢之路。全力推进大气、水、土壤污染防治,持续加大生态环境保护力度,生态环境质量有所改善,完成了"十二五"规划确定的主要目标和任务。但"十三五"期间,经济社会发展不平衡、不协调、不可持续的问题仍然突出,多阶段、多领域、多类型生态环境问题交织,生态环境与人民群众需求和期待差距较大,提高环境质量,加强生态环境综合治理,加快补齐生态环境短板,是当前国内环境保护面临的新形势。

3. 化工行业环境保护任务

国家对"十三五"期间环境保护工作提出了新目标、新要求:到 2020 年,生态环境质量总体改善。生产和生活方式绿色、低碳水平上升,主要污染物排放总量大幅减少,环境风险得到有效控制,生物多样性下降势头得到基本控制,生态系统稳定性明显增强,生态安全屏障基本形成,生态环境领域国家治理体系和治理能力现代化取得重大进展,生态文明建设水平与全面建成小康社会目标相适应。面对新目标、新要求,化工行业面临的任务更加艰巨,完成任务的难度更大。必须全力以赴,攻坚克难做好以下几方面环境保护工作。

(1)协助政府部门制定出台环境政策,为化工行业环境保护工作提供政策保障 根据行业突出的环境问题,结合产业发展趋势,积极协调政府有关部门制定并出台一系列环境政策,提升化工行业环境保护工作水平。一是对高能耗、高污染、高环境风险行业,及时制修订行业环境准入条件,提高环境准入门槛,进行源头遏制。二是完善重点行业污染物排放标准等相关法规标准体系,并加大宣传力度,推动行业节能减排,努力完成约束性污染减排目标。三是研究制定清洁生产推行方案,制修订清洁生产评价指标体系、清洁生产审核指南等,为全面推行清洁生产提供技术支撑。四是加强对重金属污染、化学品环境风险、危险废物管理、环境税征收等重大环境问题的研究,适时向有关部门提出政策建议。五是积极参与国际环境公约谈判,深入研究履约的经济和环境影响,为履行国际公约和维护行业利益提供技术支撑。

(2)积极争取有利于行业发展的环保优惠政策和资金支持 一是协调政府部门加大财政资金和优惠政策的支持力度。建议政府有关部门加大中央财政清洁生产专项资金、重金属污染防治专项资金、技术改造专项资金、中小企业转型资金、节能节水专项资金和资源综合利用企业所得税优惠等资金、政策对企业的支持力度,引导行业企业的技术升级改造和污染治理工作。二是建议拓宽投融资渠道。充分运用市场机制,通过发布清洁生产推行方案、循环经济技术支撑目录、重大节能环保技术支撑目录等,鼓励和引导金融机构和社会资金加大对清洁生产、节能减排和技术改造项目的支持。三是建议逐步完善环境经济政策。将产业政策、财政政策、金融政策与环境政策相结合,完善绿色信贷机制,协助政府部门建立清洁生产审核、实施责任关怀与绿色信贷、节能减排资金等金融财政政策的对接机制。

(3)加强先进典型的培育和示范,引领行业技术进步和管理水平提升 加强对先进典型企业的培育,以示范促推广,全面推动,使化工行业环保工作上水平。一是逐步制定完善与推行清洁生产、发展循环经济、开展资源节约和环境保护有关的示范企业、示范园区等的规范、技术评价指标体系、验收标准和评价标准,为实施示范工作提供技术支撑。二是开展"资源节约型、环境友好型企业""化工清洁生产示范企业""绿色化工园区""责任关怀示范企业"等的培育和评选工作,并定期进行表彰,将先进典型企业或园区向国家有关部门进行推荐,积极争取相关优惠政策和资金支持,逐步形成长效激励机制。三是加强先进典型企业经验交流,发挥引领示范作用,通过座谈会、现场会等多种形式,多渠道、全方位地将企业先进的管理经验、技术措施向全行业推荐，带动整个行业的技术进步和管理水平的提升。

（4）充分发挥协会服务职能，积极构建咨询服务技术支撑体系　加强对国家环保规划、工业清洁生产规划及行业环保发展指南的宣贯工作，引导行业企业树立先进的环保发展理念。充分发挥行业协会专家资源优势，积极构建环境咨询服务支撑体系，为企业实施清洁生产、环境管理提供培训、审核、诊断、后评估等技术咨询服务。加强对企业相关人员的环保、清洁生产培训，建立由环保政策法规、技术标准、咨询服务、专家库、典型案例等组成的信息服务平台，及时向企业发布有关环保技术、管理和政策信息，加强信息交流，为企业开展环境保护工作提供便利信息服务。

4. 我国环境治理的中长期规划目标

为了保护环境，化工行业必须在以下几个方面通过技术改造、清洁生产，使化工环境污染的状况有所改变，达到国家环境治理的规划目标。

（1）水污染防治以节水和废水资源化为核心。到2020年，所有化工企业要实现清污分流，进一步提高水重复利用率，废水实现全部处理并稳定达标排放。以保证全国水环境质量得到阶段性改善，污染严重水体较大幅度减少，饮用水安全保障水平持续提升，地下水超采得到严格控制，地下水污染加剧趋势得到初步遏制，近岸海域环境质量稳中趋好，京津冀、长三角、珠三角等区域水生态环境状况有所好转。到2030年，力争全国水环境质量总体改善，水生态系统功能初步恢复。到21世纪中叶，生态环境质量全面改善，生态系统实现良性循环。

（2）大气污染防治以综合利用为核心。全面推进炼油、石化、工业涂装、印刷等行业挥发性有机物综合整治。到2020年，化工主要行业可利用的工艺废气、余热都要回收或综合利用。大幅削减二氧化硫、氮氧化物和颗粒物的排放量，全面启动挥发性有机物污染防治，强化挥发性有机物与氮氧化物的协同减排，建立固定源、移动源、面源排放清单，对芳香烃、烯烃、炔烃、醛类、酮类等挥发性有机物实施重点减排。开展大气氨排放控制试点，实现全国地级及以上城市二氧化硫、一氧化碳浓度全部达标，细颗粒物、可吸入颗粒物浓度明显下降，二氧化氮浓度继续下降，臭氧浓度保持稳定、力争改善。

（3）固体废物污染防治以废物减量化和资源化为核心。到2020年，全国工业固体废物综合利用率提高到73％。

（4）促进绿色制造和绿色产品生产供给。从设计、原料、生产、采购、物流、回收等全流程强化产品全生命周期绿色管理。支持企业推行绿色设计，开发绿色产品，完善绿色包装标准体系，推动包装减量化、无害化和材料回收利用。建设绿色工厂，发展绿色工业园区，打造绿色供应链，开展绿色评价和绿色制造工艺推广行动，全面推进绿色制造体系建设。增强绿色供给能力，整合环保、节能、节水、循环、低碳、再生、有机等产品认证，建立统一的绿色产品标准、认证、标识体系。到2020年，创建培育一批"资源节约型、环境友好型"企业。

（5）推动循环发展。实施循环发展引领计划，推进城市低值废弃物集中处置，开展资源循环利用示范基地和生态工业园区建设，建设一批循环经济领域国家新型工业化产业示范基地和循环经济示范市县。

（6）重点行业目标。

① 印染行业　实施低排水染整工艺改造及废水综合利用，强化清污分流、分质处理、分质回用，完善中段水生化处理，增加强氧化、膜处理等深度治理工艺。

② 柠檬酸行业　采用低浓度废水循环再利用技术，高浓度废水采用喷浆造粒等措施。

③ 氮肥行业　开展工艺冷凝液水解解析技术改造，实施含氰、含氨废水综合治理。

④ 磷化工行业　实施湿法磷酸净化改造，严禁过磷酸钙、钙镁磷肥新增产能。发展磷炉尾气净化合成有机化工产品，鼓励各种建材或建材添加剂综合利用磷渣、磷石膏。重点开展 100 家磷矿采选和磷化工企业生产工艺及污水处理设施建设改造。大力推广磷铵生产废水回用，促进磷石膏的综合加工利用，确保磷酸生产企业磷回收率达到 96％以上。

⑤ 石化行业　催化裂化装置实施催化再生烟气治理，对不能稳定达标排放的硫黄回收尾气，提高硫黄回收率或加装脱硫设施。

（7）夯实化学品风险防控基础。

① 评估现有化学品环境和健康风险。开展一批现有化学品危害初步筛查和风险评估，评估化学品在环境中的积累和风险情况。2017 年底前，公布优先控制化学品名录，严格限制高风险化学品生产、使用、进口，并逐步淘汰或替代。加强有毒有害化学品环境与健康风险评估能力建设。

② 削减淘汰公约管制化学品。到 2020 年，基本淘汰林丹、全氟辛基磺酸及其盐类和全氟辛基磺酰氟、硫丹等一批《关于持久性有机污染物的斯德哥尔摩公约》管制的化学品。强化对拟限制或禁止的持久性有机污染物替代品、最佳可行技术以及相关监测检测设备的研发。

③ 严格控制环境激素类化学品污染。2020 年底前，完成环境激素类化学品生产使用情况调查，监控、评估水源地、农产品种植区及水产品集中养殖区风险，实行环境激素类化学品淘汰、限制、替代等措施。

第二节　化工废水处理

一、化工废水的种类、特点及危害

1. 化学工业废水按成分可分为三大类

第一类为含有机物的废水，主要来自基本有机原料、合成材料、农药、染料等行业排出的废水，具有强烈耗氧的性质，毒性较强，且由于多数是人工合成的有机化合物，因此污染性很强，不易分解。

第二类为含无机物的废水，如无机盐、氮肥、磷肥、硫酸、硝酸及纯碱等行业排出的废水，排出的废水中含酸、碱、大量的盐类和悬浮物，有时还含硫化物和有毒物质。

第三类为既含有有机物又含有无机物的废水，如氯碱、感光材料、涂料等行业的废水。

它们对环境的危害性有以下几个方面：

① 化工废水直接流入渠道、江河、湖泊污染地表水，如果毒性较大会导致水生动植物的死亡甚至绝迹。

② 化工废水还可能渗透到地下，污染地下水。

③ 如果周边居民采用被化工废水污染的地表水或地下水作为生活用水，会危害身体健康，重者死亡。

④ 化工废水渗入土壤，造成土壤污染。影响植物和土壤中微生物的生长。

⑤ 有些化工废水还带有难闻的恶臭，污染空气。

⑥ 化工废水中的有毒有害物质会被动植物摄食和吸收，残留在体内，而后通过食物链到达人体内，对人体造成危害。

2. 化工废水的基本特征

化工废水的基本特征为极高的COD、高盐度、对微生物有毒性，是典型的难降解废水，是目前水处理技术方面的研究重点和热点。

① 水质成分复杂，副产物多，反应原料常为溶剂类物质或环状结构的化合物，增加了废水的处理难度。

② 废水中污染物含量高，这是由于原料反应不完全，原料或生产中使用的大量溶剂介质进入了废水体系所引起的。

③ 有毒有害物质多，精细化工废水中有许多有机污染物对微生物是有毒有害的。如卤素化合物、硝基化合物、具有杀菌作用的分散剂或表面活性剂等。

④ 生物难降解物质多，B/C比低，可生化性差。

⑤ 废水色度高。

3. 化工废水污染的特点

(1) 有毒性和刺激性　化工废水中有些含有如氰、酚、砷、汞、镉或铅等有毒或剧毒的物质，在一定的浓度下，对生物和微生物产生毒性影响。另外也可能含有无机酸、碱类等刺激性、腐蚀性的物质。

(2) 生化需氧量（BOD）和化学需氧量（COD）都较高　化工废水（特别是石油化工生产废水），含有各种有机酸、醇、醛、酮、醚和环氧化物等，一经排入水体，就会在水中进一步氧化分解，从而消耗水中大量的溶解氧，直接威胁水生生物的生存。

(3) pH不稳定　化工排放的废水时而强酸性，时而强碱性的现象是常有的，对生物、建筑物及农作物都有极大的危害。

(4) 营养化物质较多　含磷、氮量较高的废水会造成水体富营养化，使水中藻类和微生物大量繁殖，严重时会造成"赤潮"，影响鱼类生长。

(5) 恢复比较困难　受到有害物质污染的水域要恢复到水域的原始状态是相当困难的。尤其被微生物所浓集的重金属物质，停止排放仍难以消除。

4. 化工废水处理的原则

由于化工废水对环境的影响大，而且处理难度大，所以在生产和处理时应遵守以下基本原则：

① 控制工艺过程，尽量减少产生水的污染，改革生产工艺，尽可能在生产过程中杜绝有毒有害废水的产生。如以无毒用料或产品取代有毒用料或产品。

② 在使用有毒原料以及产生有毒的中间产物和产品的生产过程中，采用合理的工艺流程和设备，并实行严格的操作和监督，消除漏逸，尽量减少流失量。

③ 节约用水，提高水的重复利用率，降低排水量。

④ 含有剧毒物质废水，如含有一些重金属、放射性物质、高浓度酚、氰等废水应与其他废水分流，以便于处理和回收有用物质。

⑤ 一水多用，循环使用，废水回用。如一些流量大而污染轻的废水如冷却废水，不宜排入下水道，以免增加城市下水道和污水处理厂的负荷。这类废水应在厂内经适当处理后循环使用。

⑥ 成分和性质类似于城市污水的有机废水，如造纸废水、制糖废水、食品加工废水等，可以排入城市污水系统。应建造大型污水处理厂，包括因地制宜修建的生物氧化塘、污水库、土地处理系统等简易可行的处理设施。与小型污水处理厂相比，大型污水处理厂既能显著降低基本建设和运行费用，又因水量和水质稳定，易于保持良好的运行状况和处理效果。

⑦ 加强分级控制，搞好污染源的局部预处理和综合回收利用，采用预处理收油措施，加强废水的预处理措施；

⑧ 严格实行清污分流，合理划分排水系统；

⑨ 一些可以生物降解的有毒废水如含酚、氰废水，经厂内处理后，可按容许排放标准排入城市下水道，由污水处理厂进一步进行生物氧化降解处理。

⑩ 加强废水的集中处理，建立健全管理体系和制度，提高管理水平。

⑪ 含有难以生物降解的有毒污染物废水，不应排入城市下水道和输往污水处理厂，而应进行单独处理。

⑫ 化工废水成分复杂、水质水量变化大。随着国家对其处理达标要求越来越严格，人们用一种方法很难得到良好的处理效果。处理化工废水根据实际情况采用各种组合处理技术。以取长朴短，实现处理系统优化。

二、物理处理法

1. 重力分离（沉淀）法

废水重力分离法是利用重力作用使废水中的悬浮物质下沉或上浮，从而净化废水的一种废水处理法。可分为沉降法和上浮法。悬浮物比重大于废水者沉降，小于废水者上浮。影响沉淀或上浮速度的主要因素有：颗粒密度、粒径大小、液体温度、液体密度和绝对黏滞度等。此种物理处理法是最常用、最基本的废水处理法，应用历史较久。

下面按沉降法和上浮法来分别介绍重力分离（沉淀）法。

（1）沉降法　当悬浮物的相对密度大于废水的相对密度时，在污水处理设备重力作用下，悬浮物下沉形成沉淀物，称之为沉降或沉淀。这种方法简单易行，一般适用于去除 $20 \sim 100 \mu m$ 以上的颗粒。

① 沉降类型　重力过程的沉降看起来简单，实际上很复杂，根据废水中可沉降物质颗粒的大小、凝聚性能的强弱及其浓度的高低，按观察到的现象可把沉降可分为四种类型：

a. 自由沉降（discrete settling）　自由沉淀发生在水中悬浮固体浓度不高，沉淀过程悬浮固体之间互不干扰，颗粒各自单独进行沉淀，颗粒的沉淀轨迹呈直线。整个沉淀过程中，颗粒的物理性质，如形状、大小及比重等不发生变化。这种颗粒在沉砂池中的沉淀被称为自由沉淀。

b. 絮凝沉降（flocculent settling）　可沉物质在沉淀过程中相互作用，结合成较大的絮凝体，从而使沉淀速度加快。絮凝沉降的实质是化学处理方法。具体内容将在后续的化学处理法中介绍。

c. 成层沉降（集团沉降、干涉沉降）（zone, settling group settling, hindered settling）在污水生物处理的二沉池、污泥处理的重力浓缩池和污水混凝沉淀处理的沉淀池中，悬浮固体浓度较高，固体颗粒彼此互相干扰，共同下沉，并出现一个清晰的泥-水界面，此界面逐渐向下移动，这个泥水界面的下沉速度就是颗粒的下沉速度，这种类型的沉淀称为成层沉淀（又称拥挤沉淀或区域沉淀）。

d. 压缩沉降（compression settling）　压缩沉淀发生在高浓度悬浮颗粒的沉降过程中，由于悬浮颗粒浓度很高，颗粒相互之间已挤集成团块结构，互相接触，下层颗粒间的水在上层颗粒的重力作用下被挤出，使污泥得到浓缩。二沉池污泥斗中的浓缩过程以及在浓缩池中污泥的浓缩过程存在压缩沉淀。

② 沉淀池型式　用沉降法处理废水的构筑物是沉淀池。沉淀池按水流方向分为三种型式：平流式、竖流式和辐流式，分别适于处理小流量、中等流量和大流量的废水。

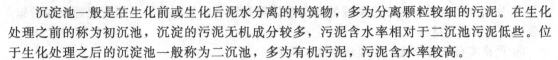

　　沉淀池一般是在生化前或生化后泥水分离的构筑物，多为分离颗粒较细的污泥。在生化处理之前的称为初沉池，沉淀的污泥无机成分较多，污泥含水率相对于二沉池污泥低些。位于生化处理之后的沉淀池一般称为二沉池，多为有机污泥，污泥含水率较高。

　　沉砂池是沉淀池的一种，其作用是去除废水中的砂子等比重较大的无机物，生产中较常用的是平流式沉砂池。

　　沉淀池具有不同形式的结构和工作特点，分别介绍如下。

　　a. 平流式沉淀池　池体平面为矩形，进口和出口分设在池长的两端。池的长宽比不小于4，有效水深一般不超过3m。平流式沉淀池沉淀效果好，使用较广泛，但占地面积大。常用于处理水量大于15000m³/d的污水处理厂。

　　平流式沉淀池由进、出水口，水流部分和污泥斗三个部分组成。进口一般采用淹没进水孔，水由进水渠通过均匀分布的进水孔流入池体，进水孔后设有挡板，使水流均匀地分布在整个池宽的横断面；出口多采用溢流堰，以保证沉淀后的澄清水可沿池宽均匀地流入出水渠。堰前设浮渣槽和挡板以截留水面浮渣。水流部分是池的主体，池宽和池深要保证水流沿池的过水断面布水均匀，依设计流速缓慢而稳定地流过。污泥斗用来积聚沉淀下来的污泥，多设在池前部的池底以下，斗底有排泥管，定期排泥。平流式沉淀池平立面布置见图2-1。

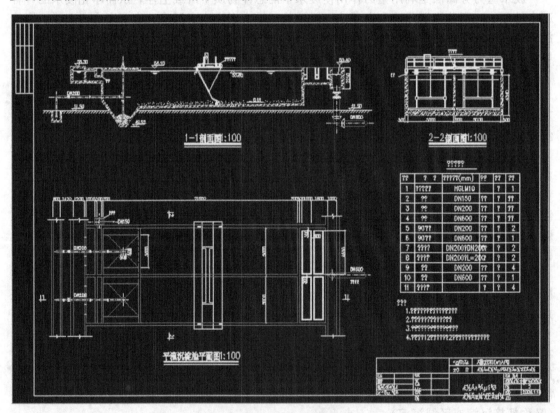

图2-1　平流式沉淀池平立面布置

　　平流式沉淀池的工作特点：处理水量大小不限，沉淀效果好；对水量和温度变化的适应能力强；平面布置紧凑，施工方便，造价低；进、出水配水不易均匀；多斗排泥时，每个斗均需设置排泥管（阀），手动操作，工作繁杂，采用机械刮泥时容易锈蚀。

　　b. 竖流式沉淀池　池体平面为圆形或方形。废水由设在沉淀池中心的进水管自上而下排入池中，进水的出口下设伞形挡板，使废水在池中均匀分布，然后沿池的整个断面缓慢上升。悬浮物在重力作用下沉降入池底锥形污泥斗中，澄清水从池上端周围的溢流堰中排出。溢流堰前也可设浮渣槽和挡板，保证出水水质。这种池占地面积小，但深度大，池底为锥形，施工较困难。竖流式沉淀池平立面布置见图 2-2。

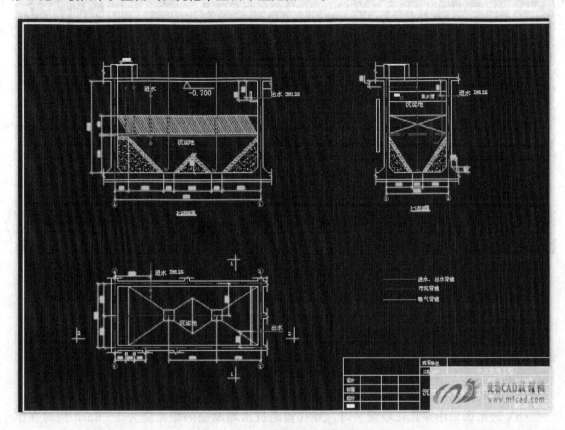

图 2-2　竖流式沉淀池平立面布置

竖流式沉淀池工作特点：排泥方便，管理简单；占地面积小；池子深度大，施工困难；对冲击负荷和温度变化的适用能力较差；造价较高；池径不宜过大，否则布水不匀。

c. 辐流式沉淀池　池体平面多为圆形，也有方形的。直径较大而深度较小，直径为 20~100m，池中心水深不大于 4m，周边水深不小于 1.5m。废水自池中心进水管入池，沿半径方向向池周缓慢流动。悬浮物在流动中沉降，并沿池底坡度进入污泥斗，澄清水从池周溢流入出水渠。辐流式沉淀池剖面见图 2-3。

辐流式沉淀池工作特点：采用机械排泥，运行较好；设备较简单，排泥设备已有定型产品；沉淀性效果好，日处理量大，对水体搅动小，有利于悬浮物的去除；池水水流速度不稳定，受进水影响较大；底部刮泥、排泥设备复杂，对施工单位的要求高，占地面积较其他沉淀池大，一般适用于大、中型污水处理厂。

③ 沉淀池的有关技术参数　由于沉淀池的结构不同，所以在设计上各有不同的设计要求，现举平流式沉淀池为例，说明在设备选取中需要掌握的有关技术参数。

a. 平流式沉淀池的设计要求：

(a) 混凝沉淀时，出水浊度宜<10mg/L，特殊情况≤15mg/L。

(b) 池数或分隔数一般不少于 2。

(c) 沉淀时间一般为 1.0~3.0h，当处理低温低浊度水或高浊度水时可适当延长。

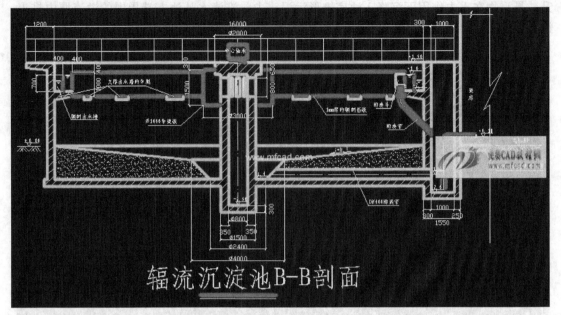

图 2-3　辐流式沉淀池剖面

(d) 沉淀池内水平流速一般为 10~25mm/s。

(e) 有效水深一般为 3.0~3.5m，水池高度大于有效水深 0.3~0.5m。

(f) 池的长宽比应≥4，每隔宽度或导流墙间距一般采用 3~8m，最大为 15m，当采用虹吸式或泵吸式行车机械排泥时，池子分格宽度还应结合桁架的宽度（8、10、12、14、16、18、20m）。

(g) 池长深比应≥10。

(h) 进水区采用穿孔花墙配水时，穿孔墙距进水墙池壁的距离应为 1~2m，同时在沉淀面以上 0.3~0.5m 处至池底部分的墙不设孔眼。

(i) 采用穿孔墙配水或溢流堰集水，溢流率可采用 500m³/(m·d)。

(j) 池泄空时间一般≤6h。

(k) 雷诺数一般为 4000~15000，弗劳德数一般为 $1×10^{-4}$~$1×10^{-5}$。

b. 平流式沉淀池的设计参数：

(a) 每格长度与宽度之比不小于 4，长度与深度之比采用 8~12。

(b) 采用机构排泥时，宽度根据排泥设备确定。

(c) 池底纵坡一般采用 0.01~0.02；采用多斗时，每斗应设单独排泥管及排泥闸阀，池底横向坡度采用 0.05。

(d) 刮泥机的行进速度为 0.3~1.2m/min，一般采用 0.6~0.9m/min。

(e) 一般按表面负荷计算，按水平流速校核。最大水平流速：初沉池为 7mm/s；二沉池为 5mm/s。

(f) 进出口处应设置挡板，高出池内水面 0.1~0.15m。挡板淹没深度：进口处视沉淀池深度而定，不小于 0.25m，一般为 0.5~1.0m；出口处一般为 0.3~0.4m。挡板位置：距进水口为 0.5~1.0m；距出水口为 0.25~0.5m。

(g) 池子进水端用穿孔花墙配水时，花墙距进水端池壁的距离应不小于 1~2m，开孔总面积为过水断面积的 6%~20%。

④ 沉淀池的基本运行管理要求　沉淀池在运行中要求各项设备安全完好，各项运行控

制参数正常，出水水质达到规定的指标。为此，应具体作好以下几方面工作。

a. 避免短流 进入沉淀池的水流，在池中停留的时间通常并不相同，一部分水的停留时间小于设计停留时间，很快流出池外；另一部分则停留时间大于设计停留时间，这种停留时间不相同的现象叫短流。短流使一部分水的停留时间缩短，得不到充分沉淀，降低了沉淀效率；另一部分水的停留时间可能很长，甚至出现水流基本停滞不动的死水区，减少了沉淀池的有效容积。总之，短流是影响沉淀池出水水质的主要原因之一。形成短流现象的原因很多，如进入沉淀池的流速过高；出水堰的单位堰长流量过大；沉淀池进水区和出水区距离过近；沉淀池水面受大风影响；池水受到阳光照射引起水温的变化；进水和池内水的密度差；以及沉淀池内存在的柱子、导流壁和刮泥设施等，均可形成短流形象。

b. 加入混凝剂 当沉淀池用于混凝工艺的液固分离时，正确投加混凝剂是沉淀池运行管理的关键之一。要做到正确投加混凝剂，必须掌握进水质和水量的变化。以饮用水净化为例，一般要求 2~4h 测定一次原水的浊度、pH、水温、碱度。在水质变化频繁季节，要求 1~2h 进行一次测定，以了解进水泵房开停状况，根据水质水量的变化及时调整投药量。特别要防止断药事故的发生，因为即使短时期停止加药也会导致出水水质的恶化。

c. 及时排泥 及时排泥是沉淀池运行管理中极为重要的工作。污水处理中的沉淀池中所含污泥量较多，有绝大部分为有机物，如不及时排泥，就会产生厌氧发酵，致使污泥上浮，不仅破坏了沉淀池的正常工作，而且使出水水质恶化，如出水中溶解性 BOD 上升、pH 下降等。初次沉淀池的排泥周期一般不宜超过 2 日，二次沉淀池排泥周期一般不宜超过 2h，当排泥不彻底时应停池（放空）采用人工冲洗的方法清泥。机械排泥的沉淀池要加强排泥设备的维护管理，一旦机械排泥设备发生故障，应及时修理，以避免池底积泥过度，影响出水水质。

d. 防止藻类 在给水处理中的沉淀池，当原水藻类含量较高时，会导致藻类在池中滋生，尤其是在气温较高的地区，沉淀池中加装斜管时，这种现象可能更为突出。藻类滋生虽不会严重影响沉淀池的运转，但对出水的水质不利。防止措施是：在原水中加氯，以抑止藻类生长。采用三氯化铁混凝剂亦对藻类有抑制作用。

（2）上浮法 通过气泡的浮升作用，把废水中呈乳化状态或相对密度接近于 1 的悬浮物质，上浮到液面，予以分离。上浮法日益广泛地用于处理各种工业废水，如从含油废水中回收乳化油，从洗毛废水中回收羊毛脂等。

① 上浮法分类 在上浮处理中使用最普遍的是气浮法，即把空气打入废水中，然后降低压力，使空气呈细小气泡向水面上升，把黏附在气泡表面的悬浮物带到水面。按照产生气泡方法的不同，可分为加压溶气上浮法、叶轮扩散上浮法、扩散板曝气上浮法和喷射上浮法等。

a. 加压溶气上浮法在我国各炼油厂普遍应用，为提高处理效果，往往采用混凝上浮。其溶气罐压力一般为 3~5kgf/cm²，混合时间一般为 1~3min。混凝剂一般采用硫酸铝。含油废水经隔油池处理后，再经加压溶气上浮处理，出水油含量通常为 10~25mg/L。

b. 叶轮扩散上浮法是靠叶轮高速旋转形成负压而吸入空气，使空气呈细微气泡状，经导向叶片整流后，垂直上升进行浮选。

c. 扩散板曝气上浮法是把空气打入上浮池底的扩散板充气器，使空气在废水中弥散成细小的气泡，形成气浮。这种方法产生的气泡较大，处理效率不如加压溶气上浮法。此外，扩散板容易堵塞，维护较麻烦。

d. 喷射上浮法是把有压废水送入喷射器，高速水流通过喷嘴，周围形成负压，废水吸入空气。气水在混合管中混合，气体弥散于水中，在上浮池内气泡黏附水中悬浮颗粒上浮，升至水面加以刮除。此法用于处理石油废水，可使含油量由每升几百毫克降至几毫克。

目前上浮法朝着装置紧凑、多功能的方向发展，如采用电解上浮等新技术。电解上浮通过可溶性阳极的电解，具有凝聚、吸附、气浮、电解氧化和电解还原等作用，用于处理含镉废水、含铬废水、含铅废水、水产加工废水均获得良好效果。

② 隔油池的工作原理　隔油池（oil separator）是利用油与水的比重差异，分离去除污水中颗粒较大的悬浮油的一种处理构筑物。

化工废水中油类在水中的存在形式与乳化剂、水和其自身的性质有关，主要以浮油、分散油、乳化油、溶解油、油-固体物等5种物理状态存在。

a. 浮油：化工废水的油通常大部分以浮油形式存在，其粒径较大，一般＞100μm，占含油量的70%～95%，通过静置沉降后能有效分离。

b. 分散油：分散油以小油滴形状悬浮分散在污水中，油滴粒径在25～100μm之间。当油表面存在电荷或受到机械外力时，油滴较为稳定；反之分散相的油滴则不稳定，静置一段时间后就会聚集并形成较大的油珠上浮到水面，这一状态的油也较易除去。

c. 乳化油：由于表面活性剂的存在，使得原本是非极性憎水型的油滴变成了带负电荷的胶核。由于极性和表面能的影响，带负电荷油滴胶核吸附水中带正电荷离子或极性水分子形成胶体双电层结构。这些油珠外面包裹有弹性的、有一定厚度的双电层，与彼此所带的同性电荷相互排斥，阻止了油滴间相互碰撞变大，使油滴能长期稳定地存在于水中，油滴粒径在0.1～25μm之间，在水中呈乳浊状或乳化状。

d. 溶解油：粒径在几个纳米以下的超细油滴，以分子状态或化学状态分散于水相中，油和水形成均相体系，非常稳定，用一般的物理方法无法去除。但由于油在水中的溶解度很小（5～15mg/L），所以在水中的比例仅约为0.5%。

e. 油-固体物：煤化工废水含有能使其形成油包水（W/O）型乳状液的天然乳化剂（主要是分散在废水中的固体物，如煤粉和焦粉等），从而形成焦油-固体乳状液。该焦油-固体乳状液的稳定性与煤粉、焦粉的粒度有较强的相关性，粒度越小，乳状液越稳定，油水分离越困难。这说明天然乳化剂的粒度越小，所形成的界面膜越牢固。

隔油池主要用于上浮分离回收废水中比重小于1的、呈悬浮状的油品以及其他杂质，也可沉降分离回收比重大于1的重质油品，中国各炼油厂已普遍采用。隔油池可使进水含油量由800～1200mg/L降至100mg/L左右。

③ 隔油池的构造及特点　隔油池的构造分为平流式和斜板式。一般多采用平流式。

a. 平流式隔油池　平流式隔油池中的含油废水通过配水槽进入平面为矩形的隔油池，沿水平方向缓慢流动，在流动中油品上浮水面，由集油管或设置在池面的刮油机推送到集油管中流入脱水罐。在隔油池中沉淀下来的重油及其他杂质，积聚到池底污泥斗中，通过排泥管进入污泥管中。如图2-4所示。

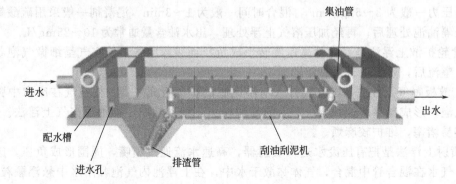

图2-4　平流式隔油池

平流式隔油池工作特点：构造简单、便于运行管理、油水分离效果稳定。有资料表明，平流式隔油器可以去除的最小油滴直径为 $100\sim150\mu m$，相应的上升速度不高于 0.9mm/s。

b. 斜板隔油池　斜板隔油池是 20 世纪 70 年代初发展起来的一种含油污水除油装置。其结构如图 2-5 所示。主要内构件为由多层波纹板所组成的斜置板组。含油污水在板与板之间所形成的平行流道中流过，由于浮力作用，油滴上浮，碰到板面，即在板下聚集并沿斜板向前移动，至斜板出口，即成大油滴而浮升至水面。由于流道当量直径较小，可在较高处理量下仍保持层流状态，且具有很大的浮升面积，因而除油效率较高，在国内外得到广泛应用。斜板式隔油池可分离 $60\mu m$ 粒径的油珠。

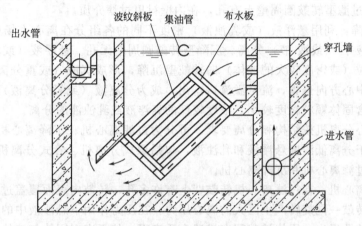

图 2-5　斜板隔油池结构示意

隔油池多用钢筋混凝土筑造，也有用砖石砌筑的在矩形平面上，沿水流方向分为 $2\sim4$ 格，每格宽度一般不超过 6m，以便布水均匀。有效水深不超过 2m，隔油池的长度一般比每一格的宽度大 4 倍以上。隔油池多用链带式的刮油机和刮泥机分别刮除浮油和池底污泥。一般每格安装一组刮油机和刮泥机，设一个污泥斗。若每格中间加设挡板，挡板两侧都安装刮油机和刮泥机，并设污泥斗，则称为两段式隔油池。可以提高除油效率，但设备增多，能耗增高。若在隔油池内加设若干斜板，也可以提高除油效率，但建设投资较高。在寒冷地区，为防止冬季油品凝固，可在集油管底部设蒸汽管加热。隔油池一般都要加盖，并在盖板下设蒸汽管，以便保温，防止隔油池起火和油品挥发，并可防止灰沙进入。

斜板隔油池工作特点：斜板隔油池分离的最小油珠粒径可达 $60\mu m$，而普通的隔油池去除的最小油珠粒径一般不低于 $100\sim150\mu m$；由于提升了单位池容的分离表面，油水分离的效果也大大提高；废水在斜板隔油池的停留时间只为平流式隔油池的 $1/2\sim1/4$，一般不超过 30min，能够大大减少除油池的容积。

2. 离心分离法

离心分离处理废水是利用快速旋转所产生的离心力使废水中的悬浮颗粒从废水中分离出去的处理方法。当含有悬浮颗粒的废水快速旋转运动时，质量大的固体颗粒被甩到外围，质量小的留在内圈，从而实现废水与悬浮颗粒的分离。

完成离心分离的常用设备是离心分离器或离心分离机，离心分离机有一个绕本身轴线高速旋转的圆筒，称为转鼓，通常由电动机驱动。悬浮液（或乳浊液）加入转鼓后，被迅速带动与转鼓同速旋转，在离心力作用下各组分分离，并分别排出。通常，转鼓转速越高，分离效果越好。其分离性能常用分离因数作为比较系数。分离因数是液体中颗粒在离心场（旋转容器中的液体）的分离速度同其在重力场（静止容器中的液体）的分离速度之比值，即离心机产生的离心加速度与重力加速度之比，离心力大大超过了重力，转速增加，比值提高更快。因此在高速旋转产生的离心场中，废水中悬浮颗粒的分离效率将大为提高。工业用离心分离机的分离因数一般为100~20000，超速管式分离机的分离因数可高达62000，分析用超速分离机的分离因数最高达610000。决定离心分离机处理能力的另一因素是转鼓的工作面积，工作面积大处理能力也大。

离心分离机的作用原理分为离心过滤和离心沉降两种。

① 离心过滤：悬浮液在离心力场下产生的离心压力，作用在过滤介质（滤网或滤布）上，使液体通过过滤介质成为滤液；而固体颗粒被截留在过滤介质表面，形成滤渣，从而实现液-固分离。过滤型转鼓圆周壁上有孔，在内壁衬以过滤介质。

② 离心沉降：利用悬浮液（或乳浊液）密度不同的各组分在离心力场中迅速沉降分层的原理，实现液-固（或液-液）分离。沉降型转鼓圆周壁无孔。悬浮液（或乳浊液）加入转鼓后，固体颗粒（或密度较大的液体）向转鼓壁沉降，形成沉渣（或重分离液）。密度较小的液体向转鼓中心方向聚集，流至溢流口排出，成为分离液（或轻分离液）。转鼓均为间歇排渣，适用于含固体颗粒粒度较小、浓度较低的悬浮液或乳浊液的分离。

工业用离心分离机按结构和分离要求，可分为过滤离心机、沉降离心机和分离机三类。分离机仅适用于分离低浓度悬浮液和乳浊液，包括碟式分离机、管式分离机和室式分离机。本节主要介绍过滤离心机和沉降离心机。

(1) 过滤离心机　在过滤离心机转鼓壁上有许多孔，转鼓内表面覆盖过滤介质。加入转鼓的悬浮液随转鼓一同旋转产生巨大的离心压力，在压力作用下悬浮液中的液体流经过滤介质和转鼓壁上的孔甩出，固体被截留在过滤介质表面，从而实现固体与液体的分离。加快过滤速度，获得含湿量较低的滤渣。固体颗粒大于0.01mm的悬浮液一般可用过滤离心机过滤。过滤离心机有多种类型。以下简单介绍几种。

① 三足式离心机　机体用摆杆悬挂在3根柱脚上的立式离心机（见图2-6）。转鼓直径为255~2000mm，间歇工作。主轴上端的转鼓由电动机通过三角皮带驱动旋转，悬浮液经加料管从上部加入转鼓，分离出的滤液由转鼓外的机壳收集并从滤液管排出。转鼓壁上的滤

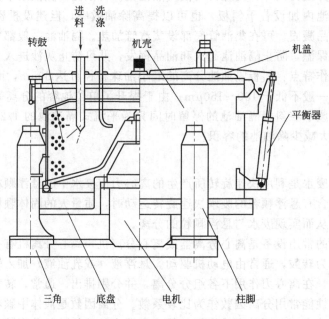

图2-6　三足式离心机结构示意

渣在分离结束停机后用人工铲下，从转鼓上部卸出。有的三足式离心机转鼓底部有卸渣孔，铲下的滤渣经卸渣孔由下部卸出。这种离心机也可配上刮刀机构和程序控制装置实现自动操作。三足式离心机除了可以分离悬浮液外，还可以用于成件物品（如纺织品）的脱水。人工卸渣的三足式离心机结构简单，但操作的劳动强度较大。

② 卧式自动离心机 用刮刀卸出转鼓中滤渣的卧式自动离心机见图 2-7。转鼓装在水平的主轴上，刮刀伸入转鼓内，卸渣时刮刀在液压装置作用下向转鼓壁运动刮卸滤渣，卸渣完毕刮刀退回。刮刀分宽刮刀和窄刮刀。宽刮刀的长度与转鼓长度相同，它适用于卸除较松软的滤渣；窄刮刀的长度则远小于转鼓长度，卸渣时刮刀除了向转鼓壁运动外还作轴向运动，适用于滤渣较密实的场合。这种离心机的转鼓直径为 240～2500mm，自动化程度较高，一般配有程序控制装置，但也可人工控制操作，是一种通用性较强的离心机。卸渣时因受刮刀的刮削作用，固体颗粒有一定程度的破碎。

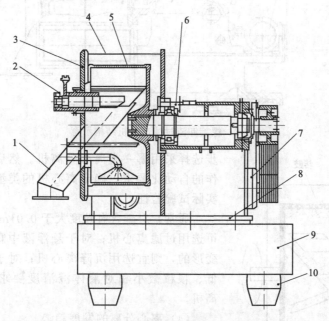

图 2-7 卧式自动离心机结构示意图

1—出料斗；2—刮刀组；3—机盖组；4—外壳体；5—转鼓；6—轴承座；
7—传动部件；8—底板；9—浮动平台；10—减震器

③ 螺旋卸渣过滤离心机 截头圆锥形转鼓内壁衬有板状滤网，转鼓内有输送滤渣的输渣螺旋以稍快或稍慢于转鼓的转速与转鼓同向旋转，见图 2-8。悬浮液在转鼓小端处加入，滤网上形成的滤渣在输渣螺旋的作用下向转鼓大端移动，最后排出转鼓。这种离心机体积小，连续操作，分离效率较高，适合分离固体颗粒大于 0.06mm、浓度为 20%～75% 的悬浮液。分离时固体颗粒有一定程度破碎，细颗粒固体易漏过滤网进入滤液，滤网较易磨损。

（2）沉降离心机 沉降离心机是一种新型的卧式螺旋卸料离心机，其工作原理是利用固-液比重差，并依靠离心力场使之扩大几千倍，固相在离心力的作用下被沉降，从而实现固液分离，并在特殊机构的作用下分别排出机体。整个进料和分离过程均是连续、封闭、自动的完成。见图 2-9。

（3）离心分离机的选择 选择离心分离机须根据悬浮液（或乳浊液）中固体颗粒的大小和浓度、固体与液体（或两种液体）的密度差、液体黏度、滤渣（或沉渣）的特性，以及分离的要求等进行综合分析，满足对滤渣（沉渣）含湿量和滤液（分离液）澄清度的要求，初

稀油润滑系统　电机机座　差速器　转鼓　螺旋　机壳　进料管

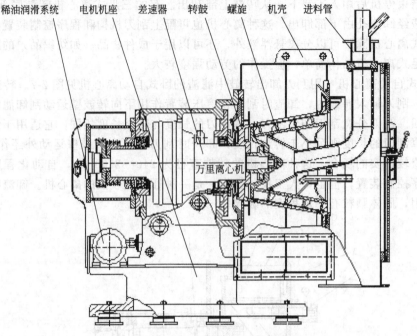

万里离心机

图 2-8　螺旋卸渣过滤离心机结构示意

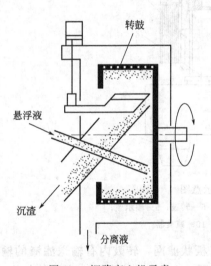

转鼓

悬浮液

沉渣

分离液

图 2-9　沉降离心机示意

步选择采用哪一类离心分离机。然后按处理量和对操作的自动化要求，确定离心机的类型和规格，最后经实际试验验证。

通常，对于含有粒度大于 0.01mm 颗粒的悬浮液，可选用过滤离心机；对于悬浮液中颗粒细小或可压缩变形的，则宜选用沉降离心机；对于悬浮液含固体量低、颗粒微小和对液体澄清度要求高时，应选用分离机。

（4）离心分离的发展趋势

① 强化分离性能　包括提高转鼓转速、在离心分离过程中增加新的推动力、加快推渣速度、增大转鼓长度使离心沉降分离的时间延长等。

② 发展大型的离心分离机　主要是加大转鼓直径和采用双面转鼓提高处理能力使处理单位体积物料的设备投资、能耗和维修费降低。或改进卸渣机构、增加专用和组合转鼓离心机。

③ 加强分离理论研究和研究离心分离过程最佳化控制技术　主要研究转鼓内流体流动状况和滤渣形成机理，研究最小分离度和处理能力的计算方法。

3. 过滤法

过滤使液固或气固混合物中的流体强制通过多孔性过滤介质，将其中的悬浮固体颗粒加以截留，从而实现混合物的分离，是一种属于流体动力过程的单元操作。液固混合物的过滤在压差（包括重力造成的压差）或离心力作用下进行。待过滤的混合物称为滤浆，穿过过滤介质的澄清液体称为滤液，被截留的固体颗粒层称为滤饼。过滤操作的目的有时是为得到澄清的流体，如润滑油或空气的过滤；有时是为得到悬浮的固体颗粒，如结晶时从母液中分离晶体产品；有时则两者兼有。

化工废水中含有悬浮物和漂浮物会破坏水泵、堵塞管道及阀门等。所以作为废水处理的预处理，常采用机械过滤的方法来加以去除这些悬浮物和漂浮物。过滤法也常用在废水的最终处理中，使滤出的水可以进行循环使用。常用的过滤有格栅过滤、筛网过滤和颗粒介质过滤。

(1) 格栅过滤　格栅过滤是一种可以连续自动拦截并清除流体中各种形状杂物的水处理专用过程。回转式格栅除污机是一种可以连续自动拦截并清除流体中各种形状杂物的水处理专用设备，可广泛地应用于城市污水处理。自来水行业、电厂进水口，同时也可以作为纺织、食品加工、造纸、皮革等行业废水处理工艺中的前级筛分设备，是目前我国最先进的固液筛分设备之一。

回转式格栅除污机是由一种独特的耙齿装配成一组回转格栅链。在电机减速器的驱动下，耙齿链进行逆水流方向回转运动。耙齿链运转到设备的上部时，由于槽轮和弯轨的导向，使每组耙齿之间产生相对自清运动，绝大部分固体物质靠重力落下。另一部分则依靠清扫器的反向运动把粘在耙齿上的杂物清扫干净。

按水流方向耙齿链类同于格栅，在耙齿链轴上装配的耙齿间隙可以根据使用条件进行选择。当耙齿把流体中的固态悬浮物分离后可以保证水流畅通流过。整个工作过程是连续的，也可以是间歇的。

该设备的最大优点是自动化程度高、分离效率高、动力消耗小、无噪声、耐腐蚀性能好，在无人看管的情况下可保证连续稳定工作，设置了过载安全保护装置，在设备发生故障时，会自动停机，可以避免设备超负荷工作。本设备可以根据用户需要任意调节设备运行间隔，实现周期性运转；可以根据格栅前后液位差自动控制；并且有手动控制功能，以方便检修。用户可根据不同的工作需要任意选用。

(2) 筛网过滤　筛网过滤是选用不同尺寸筛网固定在过滤设备上，通过截留水体中固体颗粒，实现固液分离的净化装置。

筛网过滤装置较多，有振动筛网、水力筛网、转鼓式筛网、转盘筛网、微滤机等。本节介绍转鼓式筛网。

转鼓式筛网工作时，被处理的废水沿轴向进入鼓内，以径向辐射状经筛网流出，水中杂质（细小的悬浮物、纤维、纸浆等）即被截留于鼓筒上滤网内面。当截留在滤网上的杂质被转鼓带到上部时，被压力冲洗水反冲到排渣槽内流出。使筛网得到及时的清洁。使设备始终保持良好的工作状态。运行时，转鼓 2/5 的直径部分露出水面，转速为 $1 \sim 4r/min$，滤网过滤速度可采用 $30 \sim 120m/h$，冲洗水压力 $0.5 \sim 1.5kg/cm^2$，冲洗水量为生产水量的 $0.5\% \sim 1.0\%$，用于水库水处理时，除藻效率达 $40\% \sim 70\%$，除浮游生物效率达 $97\% \sim 100\%$。筛网过滤机占地面积小，生产能力大（$250 \sim 36000m^3/d$），操作管理方便，适用于化工行业中的石油化工、印染、精细化工、制药和电镀等给水及废水的处理。

(3) 颗粒介质过滤（简称过滤）

① 过滤方法及特性　根据过程的推动力，过滤可分为：a. 重力过滤，操作推动力是悬浮液本身的液柱静压，一般不超过 50kPa，此法仅适用于处理颗粒粒度大、含量少的滤浆；b. 加压过滤，用泵或其他方式将滤浆加压，可产生较高的操作压力，一般可达 500kPa 以上，能有效处理难分离的滤浆；c. 真空过滤，在过滤介质底侧抽真空，所产生的压力差通常不超过 85kPa，适用于含有矿粒或晶体颗粒的滤浆，且便于洗涤滤饼；d. 离心过滤，操作压力是滤浆层产生的离心力，便于洗涤滤饼，所得滤饼的含液量少，适用于晶体物料和纤维物料的过滤。过滤设备的种类很多。通常将实施重力过滤、加压过滤和真空过滤的机器称

过滤机；将实施离心过滤的机器，称离心过滤机。

② 颗粒状介质过滤用途 废水中微粒物质和胶状物质的去除，常用于离子交换和活性炭处理前的预处理；去除二级处理出水中的生物絮绒体或深度处理过程中经化学凝聚后生成的固体悬浮物；废水的三级处理；在小规模废水处理厂中，通过砂滤脱除消化污泥中的水分；在大型废水处理厂中，使用回转真空过滤机脱除污泥中的水分。

③ 过滤机理 过滤除去悬浮粒子的机理较为复杂，包括吸附、絮凝、沉降和粗滤等。其中包含物理过程和化学过程。其中，悬浮粒子在滤料颗粒表面的吸附是滤料的重要性能之一。吸附与滤池和悬浮物的物理性质有关，还与滤料粒子尺寸、悬浮物粒子尺寸、附着性能与抗剪强度有关。吸附作用还受悬浮粒子、滤料粒子和水的化学性能影响，如电化学作用和范德瓦耳斯作用力。

在过滤初期，滤料洁净，选择性地吸附悬浮粒子，但随着过程的继续，已附着一些悬浮粒子的滤料颗粒的选择性吸附能力就大大降低。在过滤过程中，滞留在滤层内的沉淀物颗粒的附着力必须与水力剪力保持平衡，否则就会被水流带入滤层内部，甚至带出滤层，随着沉积物增厚，滤料上层会被堵塞，若提高流速，则滤层的截留能力就大大降低。滤层中纯净层厚度降低，逐渐无法保证出水水质，从而结束过滤周期。对于沉积物很厚的滤池，如果突然提高滤速，水与沉积颗粒之间的平衡就会遭到破坏，一部分颗粒就会剥落并随水流走，故设计中应避免滤速突变。

过滤按过滤介质拦截固体颗粒机理分为滤饼过滤和深层过滤两大类。

a. 滤饼过滤：利用过滤介质表面或过滤过程中所生成的滤饼表面，来拦截固体颗粒，使固体与液体分离。这种过滤只能除去粒径大于滤饼孔道直径的颗粒。在一般情况下，过滤开始阶段会有少量小于介质通道直径的颗粒穿过介质混入滤液中，但颗粒很快在介质通道入口发生架桥现象。如图 2-10 所示。使小颗粒受到阻拦且在介质表面沉积形成滤饼。此时，真正对颗粒起拦截作用的是滤饼，而过滤介质仅起着支承滤饼的作用。不过当悬浮液的颗粒含量极少而不能形成滤饼时，固体颗粒只能依靠过滤介质的拦截而与液体分离；此时只有大于介质孔道直径的颗粒方能从液体中除去。

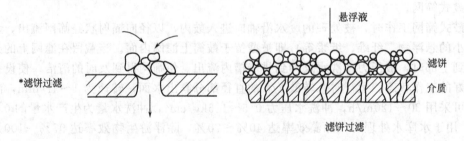

图 2-10 架桥现象

b. 深层过滤：当颗粒尺寸小于介质孔道直径时，不能在过滤介质表面形成滤饼，这些颗粒便进入介质内部。如图 2-11 所示。借惯性和扩散作用趋近孔道壁面，并在静电和表面力的作用下沉积下来，从而与流体分离。深层过滤会使过滤介质内部的孔道逐渐缩小，所以过滤介质必须定期更换或再生。

④ 过滤种类

a. 按滤速可分为慢滤池、快滤池和高速滤池。

b. 按水流流经滤床的方向可分为上向流、下向流、双向流、辐射流、水平流和从"粗到细"和从"细到粗"等。

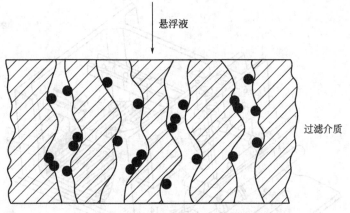

图 2-11　深层过滤中颗粒进入介质内部

c. 按滤料可分为砂、煤（或无烟煤）、煤-砂、多层混合滤料和陶粒滤料、纤维球滤料、硅藻土、漂浮滤料等。

d. 按水流性质可分为压力流和重力流等。

e. 按过滤时间可分为间歇过滤和连续过滤。

⑤ 过滤介质的选取　过滤介质的粒度及材料，取决于所需滤出的微粒物粒子的大小、废水性质、过滤速度等因素。在废水处理中常用的滤料有石英砂、无烟煤粒、石榴石粒、磁铁矿粒、白云石粒、花岗岩粒以及聚苯乙烯发泡塑料球等。其中以石英砂使用最广。石英砂的机械强度大，相对密度在 2.65 左右，在 pH＝2.1～6.5 的酸性废水环境中化学稳定性好，但废水呈碱性时，有溶出现象，此时一般常用大理石和石灰石。无烟煤的化学稳定性较石英砂好，在酸性、中性及碱性环境中都不溶出，但机械强度稍差，其相对密度因产地不同而有所不同，一般为 1.4～1.9。大密度滤料常用于多层滤料滤池，其中石榴石和磁铁矿的相对密度大于 4.2，莫氏硬度大于 6。对含胶状物质废水则可用粗粒骨炭、焦炭、木炭、无烟煤等，在此情况下，过滤介质兼有吸附作用。

⑥ 颗粒介质过滤设备

a. 普通快滤池。常用的颗粒介质过滤设备。一般用钢筋混凝土建造，池内有排水槽、滤料层、垫料层和配水系统；池外有集中管廊，配有进水管、出水管、冲洗水管、冲洗水排出管等管道及附件。如图 2-12 所示。滤料一般为单层细砂级配滤料或煤、砂双层滤料，冲洗采用单水冲洗，冲洗水由水塔（箱）或水泵供给。

过滤时，滤池进水和清水支管的阀门开启，原水自上而下经过滤料层、承托层，经过配水系统的配水支管收集，最后经由配水干管、清水支管及干管后进入清水池。当出水水质不满足要求或滤层水头损失达到最大值时，滤料需要进行反冲洗。为使滤料层处于悬浮状态，反冲洗水经配水系统干管及支管自下而上穿过滤料层，均匀分布在滤池平面，冲洗废水流入排水槽、浑水渠排走。

b. 综合滤料过滤器。广泛用于水处理的工艺中。能去除水中的泥砂、悬浮物、胶体等杂质和藻类等生物，降低对反渗透膜元件的机械损伤及污染。

在综合滤料过滤器中，滤床采用不同的过滤介质，一般是以格栅或筛网及滤布等作为底层的介质，然后在其上再堆积颗粒介质。采用的一种综合滤料的组成是：无烟煤（相对密度 1.55）占 50%～60%，硅砂（相对密度 2.6）占 25%～30%，钛铁矿石榴石（相对密度 4 以上）占 10%～15% 以上。滤床上层是相对密度较小的无烟煤颗粒，一般粒径为 2mm；底层是相对密度较大的细粒材料，粒径为 0.25mm；最下面是砾石承托层。三种滤料之间适当

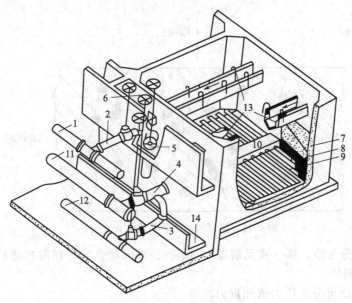

图 2-12　普通快滤池

1—进水总管；2—进水支管；3—清水支管；4—冲洗水支管；5—排水阀；

6—浑水渠；7—滤料层；8—承托层；9—配水支管；10—配水干管；

11—冲洗水总管；12—清水总管；13—冲洗排水槽；14—废水渠

的粒径和相对密度的比例是决定因素，而两种较重的滤料中应包括严格控制的各种细粒径滤料，这样，在反冲洗后，滤床的每一水平断面都有各种滤料，形成混合滤料而无明显的交界面。综合滤料滤池接近理想滤池，沿水流方向有由粗至细的级配滤料和逐渐均匀减少的空隙，以提供最大截污能力，从而延长过滤周期，增加滤速，接受较大的进水负荷。滤池的滤速可达 15～30m/h，为普通滤池的 3～6 倍。图 2-13 列出了多层滤料床层的粒径分布。

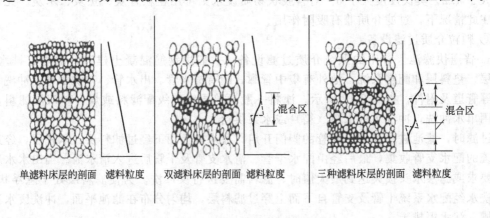

图 2-13　多层滤料床层的粒径分布

三、化学处理法

化学处理法是通过化学反应和传质作用来分离、去除废水中呈溶解、胶体状态的污染物或将其转化为无害物质的废水处理法。以投加药剂产生化学反应为基础的处理单元有混凝、中和、氧化还原等；以传质作用为基础的处理单元有萃取、汽提、吹脱、吸附、离子交换以及电渗吸和反渗透等。

化学处理法与生物处理法相比，能较迅速、有效地去除更多的污染物，包括废水中多种剧毒和高毒污染物。可作为生物处理后的三级处理措施。此法还具有设备容易操作、容易实现自动检测和控制、便于回收利用等优点。本节重点介绍废水臭氧化处理法、混凝沉淀法、氧化还原法、中和处理法和化学沉淀处理法等。

1. 臭氧化处理法

臭氧能够有效地氧化分解废水中的有机物和氨氮，具有接触时间短、处理效率高、不受温度影响等特点，并具有杀菌、除臭、除味、脱色、降低 COD、增加溶解氧、降低浊度等功能。臭氧之所以表现出强氧化性，是因为分子中的氧原子具有强烈的亲电子或亲质子性，臭氧分解产生的新生态氧原子也具有很高的氧化活性。但是，臭氧与有机物反应具有选择性，不易将所有有机物彻底分解为 CO_2 和 H_2O。因此，一般采用臭氧氧化与其他处理方法联用的工艺，来去除废水中有机污染物。如臭氧氧化与活性炭联合，臭氧氧化与膜联合，臭氧化与混凝或活性污泥法联合等。

将混凝或活性污泥法联合可以有效地去除色度和难降解的有机物，紫外线照射可以激活 O_3 分子和污染物分子，加快反应速率，增强氧化能力，降低其氧消耗量。

该方法主要用于：水的消毒，去除水中酚、氰等污染物质，水的脱色，水中铁、锰等金属离子的去除，异味和臭味的去除等。主要优点是反应迅速、流程简单、无二次污染。

2. 混凝沉淀法

混凝处理法是通过向废水中投加混凝剂，使其中的胶粒物质发生凝聚和絮凝而分离出来，以净化废水的方法。混凝是凝聚作用与絮凝作用的合称。前者系因投加电解质，使胶粒相互聚结；后者系由高分子物质吸附搭桥，使胶体颗粒相互聚结。

利用混凝剂治理污水，综合了混合、反应、凝聚、絮凝等九个过程。由于混凝剂投入水中，大多可以提供大量的正离子。正离子能与胶体颗粒表面所带的负电中和，使其颗粒间排斥力减小，从而容易靠近并凝聚成絮状细粒，实现了使水中细小胶体颗粒脱稳并凝聚成微小细粒的过程。微小的细粒通过吸附、卷带和架桥形成更大的絮体沉淀下来，达到了可从水中分离出来的目的。混凝剂可归纳为两类：①无机盐类，有铝盐（硫酸铝、硫酸铝钾、铝酸钾等）、铁盐（三氯化铁、硫酸亚铁、硫酸铁等）和碳酸镁等；②高分子物质，有聚合氯化铝、聚丙烯酰胺等。影响混凝效果的因素有：水温、pH、浊度、水的硬度及混凝剂的投放量等。

3. 氧化还原法

把溶解于废水中的有毒有害物质，经过氧化还原反应，转化为无毒无害的新物质，这种废水的处理方法称为废水的氧化还原法。

在氧化还原反应中，有毒有害物质有时是作为还原剂的，这时需要外加氧化剂如空气、臭氧、氯气、漂白粉、次氯酸钠等。当有毒有害物质作为氧化剂时，需要外加还原剂如硫酸亚铁、氯化亚铁、锌粉等。

（1）药剂氧化法　当废水中的有毒有害物质为还原性物质，向其中投加氧化助剂，将有毒有害物质氧化成无毒或毒性较小的新物质，此种方法称为药剂氧化法。常用氧化剂：①氯类，有气态氯、液态氯、次氯酸钠、次氯酸钙、二氧化氯等；②氧类，有空气中的氧、臭氧、过氧化氢、高锰酸钾等。氧化剂的选择应考虑：对废水中特定的污染物有良好的氧化作用，反应后的生成物应是无害的或易于从废水中分离；价格便宜，来源方便，常温下反应速度较快，反应时不需要大幅度调节 pH 等。氧化处理法几乎可处理一切工业废水，特别适用于处理废水中难以被生物降解的有机物，如绝大部分农药和杀虫剂，酚、氰化物，以及引起色度、臭味的物质等。

在废水处理中用的最多的药剂氧化法是氯氧化法，即投加液氯、漂白粉等，其基本原理都是利用产生的次氯酸根的强氧化作用。氯氧化法常用来处理含氰废水，国内外比较成熟的工艺是碱性氯氧化法。在碱性氯氧化法处理反应中，pH小于8.5则有放出剧毒物质氯化氰的危险，一般工艺条件为：废水pH大于11，当氰离子浓度高于100mg/L时，最好控制在pH＝12～13。在此情况下，反应可在10～15min内完成，实际采用20～30min。该处理方法的缺陷是虽然氰酸盐毒性低，仅为氰的千分之一。但产生的氰酸盐离子易水解生成氨气。因此，需让次氯酸将氰酸盐离子进一步氧化成氮气和二氧化碳，消除氰酸盐对环境的污染同时进一步氧化残余的氯化氰。在进一步氧化氰酸盐的过程中，pH控制是至关重要的。pH大于12，则反应停止，pH在7.5～8.0，用硫酸调节pH，反应过程适当搅拌以加速反应的完全进行。

(2) 药剂还原法　利用某些化学药剂的还原性，将废水中的有毒有害物质还原成低毒或无毒的化合物的一种水处理方法。常见的例子是用硫酸亚铁处理含铬废水。亚铁离子起还原作用，在酸性条件下（pH＝2～3），废水中六价铬主要以重铬酸根离子存在。六价铬被还原成三价铬，亚铁离子被氧化成铁离子，需再用中和沉淀法将三价铬沉淀。沉淀的污染物是铬氢氧化物和铁氢氧化物的混合物，需要妥善处理，以防二次污染。该工艺流程包括集水、还原、沉淀、固液分离和污泥脱水等工序，可连续操作，也可间歇操作。金属还原法是向废水中投加还原性较强的金属单质，将水中的金属离子还原成单质金属析出，投加的金属则被氧化成离子进入水中。此种处理方法常用来处理含重金属离子的废水，典型例子是铁屑还原处理含汞废水。其中铁屑还原效果与水中pH有关，当水中pH较低时，铁屑还会将废水中氢离子还原成氢气逸出，因而，当废水的pH较低时，应调节后再处理。反应温度一般控制在20～30℃。

4. 中和处理法

利用中和作用处理废水，使之净化的方法。其基本原理是，使酸性废水中的H^+与外加OH^-，或使碱性废水中的OH^-与外加的H^+相互作用，生成水分子，同时生成可溶解或难溶解的其他盐类，从而消除它们的有害作用。采用此法可以处理并回收利用酸性废水和碱性废水，可以调节酸性或碱性废水的pH。

选择中和方法时应考虑以下因素：①含酸或含碱废水所含酸类或碱类的性质、浓度、水量及其变化规律。②首先应寻找能就地取材的酸性或碱性废料，并尽可能地加以利用。③本地区中和药剂或材料（如石灰、石灰石等）的供应情况。④接纳废水的水体性质和城市下水管道能容纳废水的条件。此外，酸性污水还可根据排出情况及含酸浓度，对中和方法进行选择。

(1) 酸、碱废水（或废渣）中和法　酸碱废水的相互中和作用可根据酸碱反应方程式计算：强酸、强碱的中和达到化学计量点时，由于所生成的强酸强碱盐不发生水解，因此溶液的pH等于7.0。但中和的一方若为弱酸或弱碱，由于中和过程中所生成的盐在水中进行水解，溶液并非中性，pH的大小由所生成盐的水解度决定。

(2) 投药中和法　应用广泛的一种中和方法。最常用的碱性药剂是石灰，有时也选用苛性钠、碳酸钠、石灰石或白云石等。选择碱性药剂时，不仅要考虑它本身的溶解性，反应速率、成本、二次污染、使用方便等因素，而且还要考虑中和产物的性状、数量及处理费用等因素。

(3) 过滤中和法　过滤中和法一般适用于处理含酸浓度较低（硫酸＜20g/L，盐酸、硝酸＜20g/L）的少量酸性废水，对含有大量悬浮物、油、重金属盐类和其他有毒物质的酸性废水不适用。滤料可用石灰石或白云石，石灰石滤料反应速度比白云石快，但进水中硫酸允许浓度则较白云石滤料低。中和盐酸、硝酸废水，两者均可采用。中和含硫酸废水，采用白云石为宜。

5. 化学沉淀处理法

化学沉淀处理法是通过向废水中投加可溶性化学药剂，使之与污染物起化学反应，生成不溶于或难溶于水的化合物沉淀析出，从而使废水净化的方法。投入废水中的化学药剂称为沉淀剂，常用的有石灰、硫化物和钡盐等。

化学沉淀法的原理是通过化学反应使废水中呈溶解状态的重金属转变为不溶于水的重金属化合物，通过过滤和分离使沉淀物从水溶液中去除，包括中和沉淀法、硫化物沉淀法、铁氧体共沉淀法。由于受沉淀剂和环境条件的影响，沉淀法往往出水浓度达不到要求，需作进一步处理，产生的沉淀物必须很好地处理与处置，否则会造成二次污染。

根据沉淀剂的不同，可分为：①氢氧化物沉淀法，即中和沉淀法，是从废水中除去重金属有效而经济的方法；②硫化物沉淀法，能更有效地处理含金属废水，特别是经氢氧化物沉淀法处理仍不能达到排放标准的含汞、含镉废水；③钡盐沉淀法，常用于电镀含铬废水的处理。化学沉淀法是一种传统的水处理方法，广泛用于水质处理中的软化过程，也常用于工业废水处理，以去除重金属和氰化物。

四、物理化学处理法

废水物理化学处理法是运用物理和化学的综合作用使废水得到净化的方法。它是由物理方法和化学方法组成的废水处理系统，或是包括物理过程和化学过程的单项处理方法，如浮选、吹脱、结晶、吸附、萃取、电解、电渗析、离子交换、反渗透等。如为去除悬浮的和溶解的污染物而采用的化学混凝——沉淀和活性炭吸附的两级处理，是一种比较典型的物理化学处理系统。和生物处理法相比，此法优点：占地面积少；出水水质好且比较稳定；对废水水量、水温和浓度变化适应性强；可去除有害的重金属离子；除磷、脱氮、脱色效果好；管理操作易于自动检测和自动控制等。但是，处理系统的设备费和日常运转费较高。

废（污）水中的污染物在处理过程中，通过相转移作用而达到去除的目的，这种处理或变化过程称为物理化学过程。污染物在物理化学过程中可以不参与化学变化或化学反应，直接从一相转移到另一相，也可以经过化学反应后再转移。常见的物理化学处理过程有吸附、离子交换、萃取、吹脱和汽提、膜分离过程等。

1. 吸附法

废水吸附处理法是利用多孔性固体（称为吸附剂）吸附废水中某种或几种污染物（称为吸附质），以回收或去除某些污染物，从而使废水得到净化的方法。有物理吸附和化学吸附之分。前者没选择性，是放热过程，温度降低利于吸附；后者具选择性，温度升高利于吸附。

吸附法单元操作分三步：①使废水和固体吸附剂接触，废水的污染物被吸附剂吸附；②将吸附有污染物的吸附剂与废水分离；③进行吸附剂的再生或更新。

吸附法按接触和分离的方式可分为两种：

① 静态间歇吸附法，即将一定数量的吸附剂投入反应池的废水中，使吸附剂和废水充分接触，经过一定时间达到吸附平衡后，利用沉淀法或再辅以过滤将吸附剂从废水中分离出来。

该反应池有两种类型，一种是搅拌器型，利用搅拌器在整个池内进行快速搅拌，使吸附剂与废水进行接触反应；另一种为泥浆接触型，反应槽构造和循环澄清池的反应室型式相同，在池内保持一定浓度的吸附剂。为了防止吸附剂被处理水带出，影响出水水质，可投加一定量的混凝剂。如果希望通过一次吸附就把污染物的浓度降到所要求的程度，吸附剂的吸附容量就不能充分利用，因此往往采用多次吸附、分离的方法，以减少吸附剂用量。泥浆接触型反应池依流动方式有顺流一级吸附、顺流多级吸附和逆流多级吸附等工艺流程。

静态多次吸附操作复杂，一般用于实验室和小规模处理，或在采用粉末吸附剂时使用。

② 动态连续吸附法，即当废水连续通过吸附剂填料时，吸附去除其中的污染物。这种方法是在流动条件下进行吸附，相当于连续进行多次吸附，即在废水连续通过吸附剂填料层时，吸附去除其中的污染物。其吸附装置有固定床、膨胀床和移动床等型式。各种吸附装置可单独、并联或串联运行，按水流方向可分为上向流式和下向流式两种，按承受的压力可分为重力式和压力式两种。得到广泛使用的是固定床吸附系统。

固定床吸附系统构造类似快滤池。当吸附剂吸附污染物达到饱和时，把吸附柱中失效的吸附剂全部取出，更换新的或再生的吸附剂。为了充分利用吸附剂的吸附容量，可采用多级串联吸附方式。但多级串联系统会增加投资费用和电能消耗。处理水量较大时，应用两个或更多的固定床并联运行是经济的。在这种情况下，应使各吸附柱更换吸附剂的时间相互错开，从各吸附柱流出的处理水的水质虽然各不相同，但混合后仍可得到合乎要求的出水水质，从而使吸附剂的消耗率降到最低程度。

上向流式膨胀床吸附装置也可并联或串联运行。水流自下而上通过填充层，使吸附剂体积大约膨胀 10%。膨胀床不能截留悬浮固体，如果要去除悬浮固体，应当增加预处理或后处理设备。膨胀床内水流阻力增加缓慢，不需要频繁地进行反冲洗，因而具有长时间连续运转的优点。但因吸附剂底部污染严重，与下向流相比，吸附剂的冲洗却困难得多。

移动床吸附装置是逆流运行方法的一种改进装置。移动床有吸附剂连续移动和间歇移动两种型式。通常所说的移动床是指间歇移动吸附装置。废水上向流或下向流通过固定床吸附柱，运行一定时间后，停止进水，按与水流相反的方向把吸附剂移动排出，排出量一般为总量的 2%~10%；同时，把新的或再生的吸附剂补充到吸附柱内。移动频率因处理的水量、水质不同，差别甚大。在稳定的工作条件下，如使吸附剂与吸附带以相同的速度向下移动，则吸附带在吸附剂定量排出后就会停留在填充层某固定的位置上。因此，在理论上移动床的填充高度与吸附带的长度相当即可，填充的吸附剂量可较固定床的少。而在出口处处理水与新吸附剂相接触，从而提高水质，而将排出的吸附剂与进口废水相接触，使吸附剂的吸附容量接近于最大值。移动床具有装置小、占地面积少、费用低、出水水质稳定等优点，但装置复杂，运行管理不方便，须定期开启、关闭阀门，各类阀门磨损较快。此外，移动床不能频繁地反冲洗，进水应设置预处理设备，以保证进水中悬浮固体在 10mg/L 以下。

动态连续吸附法中的吸附剂有活性炭与大孔吸附树脂等。炉渣、焦炭、硅藻土、褐煤、泥煤、黏土等均为廉价吸附剂，但它们的吸收容量小，效率低。

2. 萃取处理法

萃取处理法是利用萃取剂，通过萃取作用使废水净化的方法。根据一种溶剂对不同物质具有不同溶解度这一性质，可将溶于废水中的某些污染物完全或部分分离出来。向废水中投加不溶于水或难溶于水的溶剂（萃取剂），使溶解于废水中的某些污染物（被萃取物）经萃取剂和废水两液相间界面转入萃取剂中。

萃取操作按处理物的物态可分固-液萃取、液-液萃取两类。工业废水的萃取处理属于后者，其操作流程：①混合，使废水和萃取剂最大限度地接触；②分离，使轻、重液层完全分离；③萃取剂再生，萃取后，分离出被萃取物，回收萃取剂，重复使用。

再生方法有：①蒸馏：利用萃取剂和被萃取物的沸点差别进行分离；②投加化学药剂：使被萃取物转化成不溶于萃取剂的盐类。

萃取剂的选择应满足：被萃取物的溶解度大，而对水的溶解度小；与被萃取物的比重、沸点有足够差别；具有化学稳定性，不与被萃取物起化学反应；易于回收和再生；价格低廉，来源充足。

按废水和萃取剂的接触情况，萃取操作分为间歇萃取和连续萃取两类。

（1）间歇萃取 一般采用多段逆流方式，使待萃取的废水与将近饱和的萃取剂相遇，而新的萃取剂与经过几段萃取后的稀废水相遇。这种方式采用的设备多为搅拌萃取器，容器中装有旋桨式或涡轮式搅拌器，通过搅拌，使两液相充分混合、接触，然后静置一段时间，轻重液分层，分别放出。这种方法设备简单，可节省萃取剂，但生产能力低，可用于处理间歇排出的少量废水。

（2）连续萃取 多采用塔式装置，常用的有往复筛板萃取塔、转盘萃取塔和离心萃取机等。

① 往复筛板萃取塔 分三个部分，塔上下两部分是分离室，中间是萃取段。如图 2-14 所示。废水由塔上部进入，萃取剂由塔下部进入。萃取段装有一根纵向轴，轴上装有若干块穿孔筛板，由塔顶电动机的偏心轮带动上下运动，造成两液相之间的湍流条件，使萃取剂和废水充分混合，强化传质过程。萃取后废水和萃取剂由于比重差而分离，萃取剂由塔顶流出，废水则由塔底流出。这种萃取塔用于煤气厂、焦化厂的氨水脱酚工艺，以及用于化工厂从废水中回收苯、酚和制药厂回收氨基吡啶等。

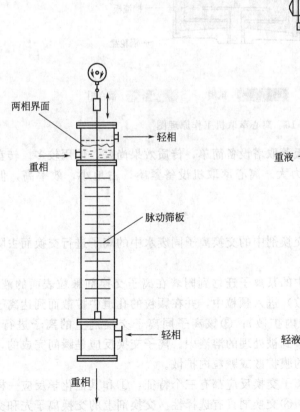

图 2-14 往复筛板萃取塔结构示意

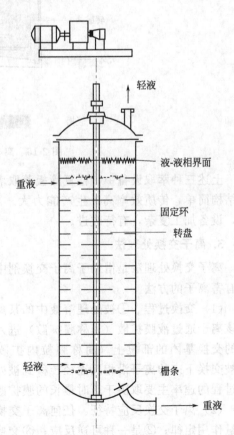

图 2-15 转盘萃取塔结构示意

② 转盘萃取塔　塔型同上述往复筛板萃取塔，也分三部分，上下两部分是分离室，中间是萃取段（图2-15）。萃取段无筛板，而在塔身上每隔一定距离有一环状隔板，中心轴上有若干块圆盘，圆盘随轴转动，通过剧烈的搅拌将萃取液分散成细小颗粒。这种塔的特点是生产能力大，如萃取要求不高，而所需处理的废水量较大，则可采用。

③ 离心萃取机　最简单的离心萃取器是将离心水泵和沉淀分离设备配合起来使用，但在萃取过程中容易产生乳化现象，因此运用离心原理研制成离心萃取机。如图2-16所示。萃取机中有一个转鼓，内有多层同心圆筒，每层都有许多孔口。萃取剂由外层的同心圆筒进入，废水液由内层的同心圆筒进入。由于转鼓高速旋转产生的离心力，废水由里向外，萃取剂由外向里流动，进行连续的对流混合和分离。在离心萃取机中产生的离心力约为重力的1000～4000倍，足以使萃取剂和水分离而实现高效的萃取。

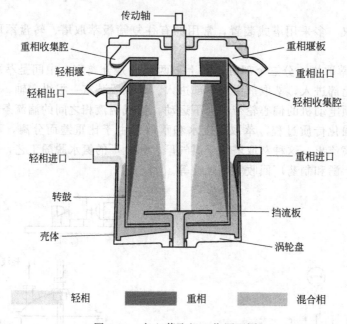

图 2-16　离心萃取机工作原理图

上述三种萃取设备中，往复筛板萃取塔设备简单，传质效果尚好，使用较多。转盘萃取塔结构简单，传质效率高，生产能力大。离心萃取机设备紧凑，占地小，效率高，但电耗大，设备加工复杂，有待改进。

3. 离子交换处理法

离子交换处理法是借助于离子交换剂中的交换离子同废水中的离子进行交换而去除废水中有害离子的方法。

（1）交换过程　①被处理溶液中的某离子迁移到附着在离子交换剂颗粒表面的液膜中；②该离子通过液膜扩散（简称膜扩散）进入颗粒中，并在颗粒的孔道中扩散而到达离子交换剂的交换基团的部位上（简称颗粒内扩散）；③该离子同离子交换剂上的离子进行交换；④被交换下来的离子沿相反途径转移到被处理的溶液中。离子交换反应是瞬间完成的，而交换过程的速率主要取决于历时最长的膜扩散或颗粒内扩散。

（2）离子交换反应特征　任何离子交换反应都有三个特征：①和其他化学反应一样遵循质量作用定律；②是一种可逆反应；③交换剂具有选择性。交换剂上的交换离子先和交换势大的离子交换。在常温和低浓度时，阳离子价数愈高，交换势就愈大；同价离子则原子序数愈大，交换势愈大。强酸阳树脂的选择性顺序为：$Fe^{3+} > Al^{3+} > Ca^{2+} > Mg^{2+} > K^+ > H^+$。

强碱阴树脂的选择性顺序为：$Cr_2O > SO > NO > CrO > Cl^- > OH^-$。

当高浓度时，上述前后顺序退居次要地位，主要依浓度的大小排列顺序。

（3）离子交换剂　离子交换剂分为有无机和有机质两类。前者如天然物质海绿砂或合成沸石；后者如磺化煤和树脂。

离子交换剂由两部分组成，一是不参加交换过程的惰性母体，如树脂的母体是由高分子物质交联而成的三维空间网络骨架；二是联结在骨架上的活性基团（带电官能团）。母体本身是电中性的。活性基团包括可离解为同母体紧密结合的惰性离子和带异号电荷的可交换离子。可交换离子为阳离子（活性基团为酸性基）时，称阳离子交换树脂；可交换离子为阴离子（活性基团为碱性基）时，称阴离子交换树脂。阳、阴离子交换树脂又可根据它们的酸碱性反应基的强度分为强酸性和弱酸性，强碱性和弱碱性等。强酸性阳离子交换树脂可用 $R-SO_3H$ 表示，R 为母体，$-SO_3H$ 为活性基团。后者在溶液中可离解为 $R-SO_3^-$ 和可交换离子 H^+。弱酸性阳离子树脂可用 $R-COOH$ 表示。强碱型阴离子交换树脂主要是含有较强的反应基如具有四面体铵盐官能基 $-N^+(CH_3)_3$，在氢氧形式下，$-N^+(CH_3)_3OH^-$ 中的氢氧离子可以迅速释出，以进行交换，强碱型阴离子交换树脂可以和所有的阴离子进行交换去除。这类树脂含有强碱性基团，如季铵基（亦称四级胺基）$-NR_3OH$，能在水中离解出 OH^- 而呈强碱性。这种树脂的正电基团能与溶液中的阴离子吸附结合，从而产生阴离子交换作用。这种树脂的离解性很强，在不同 pH 下都能正常工作。它用强碱（如 NaOH）进行再生。弱碱型阴离子交换树脂含有弱碱性基团，如伯胺基（亦称一级胺基）$-NH_2$、仲胺基（二级胺基）$-NHR$、或叔胺基（三级胺基）$-NR_2$，它们在水中能离解出 OH^- 而呈弱碱性。这种树脂在多数情况下是将溶液中的整个其他酸性分子吸附。它只能在中性或酸性条件（如 pH＝1～7）下工作。它可用 Na_2CO_3、氨水进行再生。

（4）运行方式　离子交换操作方式有静态运行和动态运行两种。静态运行是在处理水中加入适量的树脂进行混合，直至交换反应达到平衡状态。这种运行除非树脂对所需去除的同性离子有很高的选择性，否则由于反应的可逆性只能利用树脂交换容量的一部分。为了减弱交换时的逆反应，离子交换操作大都以动态运行，即置交换剂于圆柱形床中，废水连续通过床内交换。

（5）交换设备　交换设备固定床、移动床、流动床等型式。固定床是在离子交换一周期的四个过程（交换、反洗、再生、淋洗）中，树脂均固定在床内。移动床则是在交换过程中将部分饱和树脂移出床外再生，同时将再生的树脂送回床内使用。流动床则是树脂处于流动状态下完成上述四个过程。移动床称半连续装置，流动床则称全连续装置。

床内只有一种阳树脂（或阴树脂）的称为阳床（或阴床），床内装有阳、阴两种树脂的称为混合床。如床内装有一种强型和一种弱型阳树脂或阴树脂的则称为双层床。混合床可同时去除废水中的阳、阴离子，相当于无数个阳床、阴床串联，因而可制取高纯水。采用双层床进行离子交换时废水先通过弱型树脂，后通过强型树脂，再生时则相反。

（6）再生方式　再生方式目前主要有顺流再生和逆流再生。前者，再生和交换过程中的流向相同；后者，再生和交换过程中的流向相反。逆流再生由于再生时新鲜度高的再生剂首先同饱和度小的树脂接触，新鲜度低的再生剂同饱和度大的树脂接触，这样可充分利用再生剂，再生效果较好。

另外还出现了电再生和热再生工艺。电再生是在电渗析器淡水隔室内填充阳、阴树脂，利用极化产生的 H^+ 及 OH^-，使阳、阴树脂同时得到再生的一种技术。热再生是以极易再生的弱酸或弱碱树脂对温度作用的敏感性为依据：温度低（25℃）时有利于交换，温度高时

（85℃）由于水中 H^+ 和 OH^- 浓度增高而有利再生，因此，可以只调整水温而不用再生剂。

（7）操作注意事项

① 保持水分　离子交换树脂含有一定水分，不宜露天存放，储运过程中应保持湿润，以免风干脱水，使树脂破碎，如储存过程中树脂脱水了，应先用浓食盐水（25％）浸泡，再逐渐稀释，不得直接放入水中，以免树脂急剧膨胀而破碎。

② 保持温度　冬季储运和使用过程中，应保持在5～40℃的温度环境中，避免过冷或过热，影响质量，若冬季没有保温设备时，可将树脂储存在食盐水中，食盐水浓度可根据气温而定。

③ 杂质去除　离子交换树脂的工业产品中，常含有少量低聚合物和未参加反应的单体，还含有铁、铅、铜等无机杂质，当树脂与水、酸、碱或其他溶液接触时，上述物质就会转入溶液中，影响出水质量，因此，新树脂在使用前必须进行预处理，一般先用水使树脂充分膨胀，然后，对其中的无机杂质（主要是铁的化合物）可用4％～5％的稀盐酸除去，有机杂质可用2％～4％稀氢氧化钠溶液除去，洗到近中性即可。如在医药制备中使用，须用乙醇浸泡处理。

④ 定期活化处理　树脂在使用中，防止与金属（如铁、铜等）、油污、微生物、强氧化剂等接触，以免使离子交换能力降低，甚至失去功能，因此，须根据情况对树脂进行不定期的活化处理，活化方法可根据污染情况和条件而定，一般阳树脂在软化中易受 Fe 的污染可用盐酸浸泡，然后逐步稀释，阴树脂易受有机物污染，可用10％NaCl＋2％～5％NaOH 混合溶液浸泡或淋洗，必要时可用1％双氧水溶液泡数分钟，也可采用酸碱交替处理法，漂白处理法，酒精处理及各种灭菌法等等。

⑤ 新树脂预处理　离子交换树脂的工业产品中，常含有少量低聚物和未参加反应的单体，还含有铁、铅、铜等无机杂质。当树脂与水、酸、碱或其他溶液接触时，上述物质就会转入溶液中，影响出水质量。因此，新树脂在使用前必须进行预处理。一般先用水使树脂膨胀，然后，对其中的无机杂质（主要是铁的化合物）可用4％～5％的稀盐酸除去，有机杂质可用2％～4％稀氢氧化钠溶液除去，洗到近中性即可。

4. 浮选法

浮选法也称气浮法。是国内外正在深入研究与不断推广的一种水处理技术。该法是在水中通入空气或其他气体产生微细气泡，使水中的一些细小悬浮油珠及固体颗粒附着在气泡上。随气泡一起上浮到水面形成浮渣（含油泡沫层），然后使用适当的撇油器将油撇去。该法主要用于处理隔油池处理后残留于水中的粒径为 $10\sim60\mu m$ 的分散油、乳化油及细小的悬浮固体物，出水的含油质量浓度可降至 $20\sim30mg/L$。气浮法可用于沉淀法不适用的场合，以分离比重接近于水和难以沉淀的悬浮物，例如油脂、纤维、藻类等，也可用以浓缩活性污泥。

（1）气浮法的类型　根据产生气泡的方式不同，气浮法又分为电浮选、分散气体浮选、加压浮选等，其中应用最多的是加压溶气气浮法。

① 电浮选　在电解稀溶液的时候，两个电极部分有气泡产生是这个操作方法使用的前提和基础。这项方法已经广泛使用于去除胶体的领域当中，比如说从水中将乳化油去除，或者是从水中把离子、颜料以及纤维去除等等。使用这个方法处理过的水有较高的透明度，但是不足之处是处理的能力并不高，还有氢气气泡产生，电极的费用非常高以及超高的维修频率，而且会产生较多的渣体。

② 分散气体浮选　通过将高速机械搅拌器以及气体在喷射的过程当中产生的气泡结合是这项技术的基础核心。在顶部导入气体，让气体和液体能够完全融合，之后再利用叶轮出

口部位的分散器，能够制造出半径在 $350\sim750\mu m$ 之间的气泡。像矿物浮选法一样，经常用在石油化工废水的油水分离中。

③ 加压浮选 通过使用针型阀或者是一些比较特殊的孔，让气泡作用于水中，使气体在水中发生超饱和，当压力减低之后就会出现半径为 $15\sim50\mu m$ 的气泡群。这个办法在 20 世纪就已经有比较广泛的应用了，主要用于颗粒分离。

④ 加压溶气气浮法 将废水加压溶气后进行气浮法水处理的工艺过程。分为全部污水加压溶气气浮法和部分污水加压溶气气浮法两种。将被处理污水（全部和部分）在用水泵加压到 $3\sim4kg/cm^2$，送入专门装置的溶气罐，在罐内使空气充分溶于水中，然后在气浮池中经释放器突然减到常压，这时溶解于水中的过饱和空气以微细气泡在池中逸出，将水中悬浮物颗粒或油粒带到水面形成浮渣排除。工程上常采用部分污水加压溶气法，这种方法省电、设备容积小、混凝剂耗量少、运行方便、不堵塞。这种方法的处理效率可达 90% 以上，但耗电最高。

加压溶气气浮流程如图 2-17 所示。

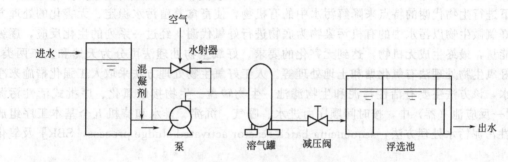

图 2-17 加压溶气气浮流程

目前加压溶气气浮法应用最广。与其他气浮设备相比，具有以下特点：在加压条件下，空气溶解度大，供气浮用的气泡数量多，能够确保气浮效果；溶入的气体经骤然减压释放，产生的气泡不仅微细、粒度均匀、密集度大，而且上浮稳定，对液体扰动小，因此特别适用于对疏松絮凝体、细小颗粒的固液分离；工艺过程及设备比较简单，便于管理、维护；特别是部分回流式，处理效果显著、稳定，并能较大地节约能耗。

（2）气浮设备的特点 结构紧凑，占地面积小；所产微气泡小而均匀；性能优越，处理效果稳定可靠；安装方便，操作简单，易于掌握；浮渣浓度高，产泥量少，易于脱水；出水效果好，投资少，见效快；技术先进，运行费用低等。

五、生化处理法

生物化学处理法简称生化处理法，是通过微生物的代谢作用，使废水中呈溶液、胶体以及微细悬浮状态的有机污染物，转化为稳定、无害的物质的废水处理法。生化处理是大多数传统污水处理工艺的核心，我国大多数市政污水处理场都采用生化处理技术处理城市居民的生活污水。

1. 生化处理的方法分类

根据作用微生物的不同，生物处理法又可分为需氧生物处理和厌氧生物处理两种类型。

废水生物处理广泛使用的是需氧生物处理法，按传统，需氧生物处理法又分为活性污泥法和生物膜法两类。活性污泥法本身就是一种处理单元，它有多种运行方式。

厌氧生物处理法又名生物还原处理法，主要用于处理高浓度有机废水和污泥。使用的处理设备主要为消化池。

废水中的污染物是多种多样的，不可能指望用一种处理单元就把所有的污染物去尽，往往需要通过由几种方法和几个处理单元组成的处理系统处理后，才能达到要求。

生化处理技术主要包括厌氧处理、好氧处理、厌氧-好氧处理等不同处理组合系统以及比较先进的速分生化处理技术。

(1) 厌氧生物处理技术　厌氧生物处理技术在养殖场粪污处理领域中较为常用。厌氧生物处理是利用厌氧微生物在无氧条件下的降解作用使污水中有机物质达到净化的处理方法。在无氧的条件下，污水中的厌氧细菌把碳水化合物、蛋白质、脂肪等有机物分解生成有机酸，然后在甲烷菌的作用下，进一步发酵形成甲烷、二氧化碳和氢等，从而使污水得到净化，又可得到以甲烷为主要成分的沼气。对于养殖场高浓度的有机废水，必须采用厌氧消化工艺，才能将可溶性有机物大量去除，而且可杀死传染病菌，有利于防疫。有试验表明，采用内循环厌氧反应器处理猪场废水，COD 去除率达 80%。

(2) 好氧生物处理技术　好氧生物处理是指利用好氧微生物（包括兼性微生物）在有氧条件下进行生物代谢的特点来降解污水中的有机物，使畜禽养殖污水稳定、无害化的处理方法。好氧微生物以污水中的有机污染物为底物进行好氧代谢，经过一系列的生化反应，逐级释放能量，最终生成无机物，达到无害化的要求。好氧生物处理法可分为天然和人工两类。天然好氧生物处理法有氧化塘和土地处理等。人工好氧生物处理方法采取人工强化措施来净化废水，该方法主要有活性污泥和生物滤池、生物转盘、生物接触氧化、序批式活性污泥 [在同一反应池（器）中，按时间顺序由进水、曝气、沉淀、排水和待机五个基本工序组成的活性污泥污水处理方法，sequencing batch reactor activated sludge process，SBR] 及氧化沟等。

(3) 厌氧-好氧生物处理技术　厌氧生物法可处理高浓度有机质的污水，自身耗能少，运行费用低，且产生能源，虽养殖污水经过厌氧处理后污染物浓度得到很大程度降低，但是氮、磷等含量仍然很大，难以达到现行的排放标准。此外，在厌氧处理过程中，有机氮转化为氨氮，硫化物转化为硫化氢，使处理后的污水仍具有一定的臭味，需要做进一步的好氧生物处理。研究指出，奶牛场养殖废水经两相厌氧后再利用好氧曝气处理，COD 去除率达到98%，BOD 去除率>98%，氨氮去除率>97%。厌氧好氧联合处理，既克服了好氧处理能耗大与土地面积紧缺的不足，又克服了厌氧处理达不到要求的缺陷，具有投资少、运行费用低、净化效果好、能源环境综合效益高等优点，特别适合产生高浓度有机废水的畜禽场的污水处理。

然而，生化处理技术具有高能耗、设备复杂、有异味且需要专业人员维护等缺陷，因此对于中等规模（万吨级以下）的污水处理需求而言显得不太适用。采用生化处理技术，必须形成规模效应，否则每吨污水的处理成本将非常高，自然也就没有可行性了。

(4) 速分生化处理技术　速分生化处理技术是将流体力学中的"流离"原理与微生物固定化的 O/A 生物膜技术相结合，形成的一种新型污水处理技术，尤其适用于中低污染程度污水的处理。

该技术已成功地应用于工业污水处理、生活污水处理、小区中水回用处理、景观环境水体综合治理等领域。

速分生化池利用特殊的固-液-气三相运动，可以在无压力、只需水体稍微流动的情况下运行。通过曝气及速分生化球这一特殊结构填料的相互作用，使水流场反复产生流速差，使污水中所携带的悬浮颗粒，由流速快的液体水流向流速慢的固液界面富集，达到固液分离的目的。

速分池内填充的速分生化球在运行过程中是以好氧、厌氧的多变环境同时存在，进入速分池的污染物集中在生化球的集合体内，经过厌氧状态使其水解酸化、流出，再被好氧分解，具有良好的脱氮除磷效果。池内的污泥通过连续不断的速分，产生分解和消化，因此该法处理出水悬浮物浓度低，无须沉淀池，无须处理污泥，流程简单，投资及运行费用低。

速分生化处理技术的核心是"速分生化球"，作为生物载体，填充在专门设计的速分生化池内，附着在其上的生物膜是生化处理系统的主体作用物质。

速分生化球采用特殊矿石，并加入诱导材料的黏合剂黏压而成，可正常使用 30 年而无需更换，比传统的生物填料节约了大量的更换、维护费用。速分工艺具有如下特点：

① 技术先进　将流离理论与生物处理技术相结合，形成新的污水处理工艺，独特的气-液-固三相运动方式及其相互配合的控制参数是形成良好流离作用的必要条件。

② 处理程度高，出水水质好　微生物被固定于载体表面，系统脱氨氮效果好，去除率可达到 90％以上，总氮去除率可达 85％以上，COD 去除率大于 85％，BOD 去除率大于 90％。

③ 启动快，速分生化球使用寿命长　采用天然无机材料特殊工艺加工而成的速分生物球，其使用寿命长达 30 年以上，为微生物的固定繁殖提供场所，同时为流离现象的形成提供条件。其表面改性技术使得微生物更宜固定在球体表面，因此，生物系统启动快，运行灵活，无需投放菌种和细菌的培养和驯化。

④ 无污泥　在速分生化池内，生物相沿着水流方向，会形成由细菌、原生动物过渡到后生动物的完整生物链，每段都自然形成独特的优势微生物，随着进水水质的变化，自然调节适应。高级生物以低级生物为食，产泥量极少，可做到基本不排泥，不需污泥回流，也无后续二沉池及污泥处置系统。

⑤ 无异味　常规的厌氧生物系统能产出难闻的气味，严重影响周围的空气环境，其原因在于厌氧分解时产出大量的沼气及硫化氢气体，封闭不严时会从水中溢出。而速分系统厌氧层处于好氧层内部，厌氧分解产生的气体在通过好氧生物层时，被好氧菌吸收利用。硫化物被固定在好氧菌体内，甲烷等有机气体被进一步分解为无味的无机气体和水，无不良气味产生。

⑥ 维护管理简单，运行费用低　系统工艺简单，设备少，易于操作管理，设备正常时可实现真正的无人值守，无需投加药剂，运行费用低。

⑦ 可模块化建设　模块化污水处理的理念是根据区域的近期、中期和远期规划，进行污水处理厂的建设，预处理设施可一次建设到位，随着污水量增大，二级生物处理设施分期建设，降低污水处理厂的初次投资压力，始终保持高负荷运行，有效利用资源，可大大节省运行费用，保证污水处理设施长期稳定运行。

速分生化池可采用模块化的建设运行管理模式，每座自成一个系统，启动灵活，可单独运行，不影响后续处理单元。适用于分期建设的污水处理工程，可根据原水水量的递增，增加处理模块，提高设备使用率，降低运行成本，可有效解决分期建设项目的污水水量不平衡的问题。

2. 微生物及生物处理

微生物是肉眼看不见的生物的总称。包括原核生物（细菌、放线菌和蓝细菌），真核生物（真菌和微型藻类），非细胞生物（病毒类）。微生物具有体积小、表面积大、繁殖力惊人等特点，能不断与周围环境快速进行物质交换。污水具备微生物生长繁殖的条件，因而微生物能从污水中获取养分，同时降解和利用有害物质，从而使污水得到净化。因此微生物可在污水净化和治理中得到广泛应用，造福人类。

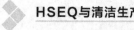

（1）微生物处理污水方法　利用微生物处理污水实际就是通过微生物的新陈代谢活动，将污水中的有机物分解，从而达到净化污水的目的。微生物能从污水中摄取糖、蛋白质、脂肪、淀粉及其他低分子化合物。微生物新陈代谢类型有需氧型和厌氧型两种，因此，净化方法分为好氧净化和厌氧净化。

① 好氧净化　在有氧存在条件下，许多好氧微生物通过分解代谢、合成代谢和物质矿物化，把有机物氧化分解成 CO_2 和 H_2O 等物质，并获得 C 源、N 源、P 源、S 源和能量。污水的微生物好氧净化就是模拟上述原理，把微生物置于一定的构筑物内通气培养，高效率净化污水的方法。

② 厌氧净化　微生物在严格厌氧条件下，可使有机物发酵或消化过程中的大部分有机物被分解生成 H_2、CO_2、H_2S 和 CH_4 等气体。在此过程中污水既得到净化又获得了生物能源 CH_4。在厌氧件下，不溶于水而难分解的大分子有机污物，被微生物的胞外酶降解为可溶性物质，再由产甲烷厌氧细菌和产氢细菌降解成低分子有机酸类和醇类、并放出 H_2 和 CO_2；有机酸类和醇类经产甲烷菌降解成 H_2、CO_2 和 CH_4。甲烷菌还可利用 H_2 还原 CO_2，形成 CH_4。

（2）微生物净化过程

① 有机污染物的浓度由高变低

② 有氧细菌迅速氧化分解有机污染物而大量繁殖，然后是以细菌为食料的原生动物数量出现高峰，再后是由于有机物矿化，利于藻类的生长，而出现藻类的生长高峰。

③ 溶解氧浓度随着有机物被微生物氧化分解而大量消耗，很快降到最低点，随后，由于有机物的无机化和藻类的光合作用及其他好氧微生物数量的下降，溶解氧又恢复到原来水平。

这样，在离开污染源相当的距离之后，水中的微生物数量，有机物，无机物的含量，也都下降到最低点。于是，水体恢复到原来的状态。

（3）污水中微生物种类变化与净化的关系　污水性质和污染程度不同，微生物种类和数量就会有很大差别。在处理系统中，好氧微生物的优势种群组成和数量也相应地发生变化。例如，当含纤维素较多的废水进入反应系统，则纤维素分解菌就会大量繁殖，当蛋白质大量进入系统，就会使微生物群落中的氨化菌种群占优势。

原生动物中有的种类及数量对水质因素（如氧溶量、pH 等）的变化较敏感，故可以作为鉴定污水污染程度的指示生物。如草履虫、小口钟虫、肾状豆形虫、板壳虫等大量出现于重度污染和含有机物很多的水中。在中度污染和有机污染物较多的水中，原生动物种类及数量最多，水清澈有机污染物又很少的则种类也少。

污水中原生动物的种类和数量与净化处理的效果有着密切关系，因此原生动物可以作为净化情况的指示生物，可由它们对净化处理效果作出预报。一般说来：游动鞭毛虫类或自由生活的纤毛虫类占较大优势时，往往说明净化效果较差，或废水处于培育活性污泥初期。当发现有固着纤毛虫类时，活性污泥已经形成。轮虫有自净作用。如活性污泥中有大量轮虫和多种纤毛虫出现，说明有机污物含量很少，净化度较高，污水处理效果好。水蚯蚓对污水也有自净作用，其种类与数量随污染的减轻而减少。在净化效果较好的污水中，还会出现线虫、颤蚯蚓等后生动物。

（4）影响微生物活性的因素及控制　在污水生化处理过程中，影响微生物活性的因素可分为基质类和环境类两大类。

① 基质类包括营养物质，如以碳元素为主的有机化合物即碳源、氮源、磷源等营养物质，以及铁、锌、锰等微量元素；另外，还包括一些有毒有害化学物质如酚类、苯类等化合

物，也包括一些重金属离子如铜、镉、铅离子等。

② 环境类影响因素主要有：

a. 温度。温度对微生物的影响是很广泛的，尽管在高温环境（50～70℃）和低温环境（-5～0℃）中也活跃着某些细菌，但污水处理中绝大部分微生物最适宜生长的温度范围是20～30℃。在适宜的温度范围内，微生物的生理活动旺盛，其活性随温度的增高而增强，处理效果也越好。超出此范围，微生物的活性变差，生物反应过程就会受影响。一般控制反应进程的最高和最低限值分别为35℃和10℃。

b. pH。活性污泥系统微生物最适宜的 pH 范围是 6.5～8.5，酸性或碱性过强的环境均不利于微生物的生存和生长，严重时会使污泥絮体遭到破坏，菌胶团解体，处理效果急剧恶化。

c. 溶解氧。对好氧生物反应来说，保持混合液中一定浓度的溶解氧至关重要。当环境中的溶解氧高于 0.3mg/L 时，兼性菌和好氧菌都进行好氧呼吸；当溶解氧低于 0.2mg/L 时，兼性菌则转入厌氧呼吸，绝大部分好氧菌基本停止呼吸，而有部分好氧菌（多数为丝状菌）还可能生长良好，在系统中占据优势后常导致污泥膨胀。一般的，曝气池出口处的溶解氧以保持 2mg/L 左右为宜，过高则增加能耗，经济上不合算。

在所有影响因素中，基质类因素和 pH 决定于进水水质，对一般城市污水而言，这些因素大都不会构成太大的影响，各参数基本能维持在适当范围内。温度的变化与气候有关，对于万吨级的城市污水处理厂，特别是采用活性污泥工艺时，对温度的控制难以实施，在经济上和工程上都不是十分可行的。因此，一般是通过设计参数的适当选取来满足不同温度变化的处理要求，以达到处理目标。因此，工艺控制的主要目标就落在活性污泥本身以及可通过调控手段来改变的环境因素上，控制的主要任务就是采取合适的措施，克服外界因素对活性污泥系统的影响，使其能持续稳定地发挥作用。

实现对生物反应系统的过程控制关键在于控制对象或控制参数的选取，而这又与处理工艺或处理目标密切相关。

溶解氧是生物反应过程中一个非常重要的指示参数，它能直观且迅速地反映出整个系统的运行状况。溶解氧检测仪器、仪表的安装及维护也较简单。所以近十年我国新建的污水处理厂基本都实现了溶解氧现场和在线监测。

(5) 微生物处理废水优点　微生物具有来源广、易培养、繁殖快、对环境适应性强、易变异的特征，在生产上较容易采集菌种进行培养繁殖，并在特定条件下进行驯化，使之适应不同的水质条件，从而通过微生物的新陈代谢使有机物无机化。加之微生物的生存条件温和，新陈代谢时不需要高温高压，不需要投加催化剂。生物法具有废水处理量大、处理范围广、运行费用相对较低，需要投入的人力、物力比其他方法要少得多。

微生物污水处理适用范围广泛。可应用于石油、石化、化工、冶金、机械、皮革、煤气化、食品、酿造、日化、印染、制药、造纸及城市污水等诸多类型的污水处理以及江河湖泊等大面积水域的污水处理。用微生物复合制剂处理的污水，其产生的固态物质大多数情况下可用作生物肥料和生物饲料，从而有效地避免了二次污染，真正做到变废为宝，为企业和社会创造了多重效益。

3. 活性污泥法

活性污泥法是一种好氧生物处理法，由英国的克拉克（Clark）和盖奇（Gage）于1912年发明。如今，活性污泥法及其衍生改良工艺是处理化工废水及城市污水中最广泛使用的方法。它能从污水中去除溶解性的和胶体状态的有机物以及能被活性污泥吸附的悬浮固体和其他一些物质，同时也能去除一部分磷和氮。活性污泥（activesludge）是微生物群体及它们所依附的有机物质和无机物质的总称。微生物群体主要包括细菌、原生动物和藻类等。因废水生物处理中各种悬浮在水中微生物（micro-organism）群体呈泥花状态（floc），故名活性污泥法。

活性污泥中栖息着以菌胶团为主的微生物群，具有很强的吸附与氧化有机物的能力。通过对污水和各种微生物群体进行连续混合培养，形成活性污泥。利用活性污泥的生物凝聚、吸附和氧化作用，以分解去除污水中的有机污染物。然后使污泥与水分离，大部分污泥再回流到曝气池，多余部分则排出活性污泥系统。

影响活性污泥工作效率（处理效率和经济效益）的主要因素是处理方法的选择与曝气池和沉淀池的设计及运行。

（1）活性污泥法的基本工艺流程　典型的活性污泥法基本工艺流程是由曝气池、沉淀池、污泥回流系统和剩余污泥排除系统组成。见图2-18。

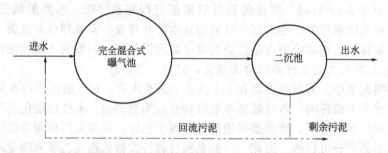

图2-18　活性污泥法的基本工艺流程

污水和回流的活性污泥一起进入曝气池形成混合液。从空气压缩机站送来的压缩空气，通过铺设在曝气池底部的空气扩散装置，以细小气泡的形式进入污水中，目的是增加污水中的溶解氧含量，还使混合液处于剧烈搅动的状态，呈悬浮状态。溶解氧、活性污泥与污水互相混合、充分接触，使活性污泥反应得以正常进行。

第一阶段，污水中的有机污染物被活性污泥颗粒吸附在菌胶团的表面上，这是由于其巨大的比表面积和多糖类黏性物质极易吸附水中的各种悬浮物质所引起，同时一些大分子有机物在细菌胞外酶作用下分解为小分子有机物。

第二阶段，微生物在氧气充足的条件下，吸收这些有机物，并氧化分解，形成二氧化碳和水，一部分供给自身的增殖繁衍。活性污泥反应进行的结果，污水中有机污染物得到降解而去除，活性污泥本身得以繁衍增长，污水则得以净化处理。

经过活性污泥净化作用后的混合液进入二次沉淀池，混合液中悬浮的活性污泥和其他固体物质在这里沉淀下来与水分离，澄清后的污水作为处理水排出系统。经过沉淀浓缩的污泥从沉淀池底部排出，其中大部分作为接种污泥回流至曝气池，以保证曝气池内的悬浮固体浓度和微生物浓度；增殖的微生物从系统中排出，称为"剩余污泥"。事实上，污染物很大程度上从污水中转移到了这些剩余污泥中。

（2）曝气池、沉淀池和各辅助系统的作用

① 曝气池：反应主体。

② 二次沉淀池：进行泥水分离，保证出水水质；保证回流污泥，维持曝气池内的污泥浓度。

③ 回流系统：维持曝气池的污泥浓度；改变回流比，改变曝气池的运行工况。

④ 剩余污泥排放系统：是去除有机物的途径之一；维持系统的稳定运行。

⑤ 供氧系统：主要由供氧曝气风机和专用曝气器构成向曝气池内提供足够的溶解氧。

（3）活性污泥法在运行中的技术要求　废水中含有足够的可溶性易降解有机物；混合液含有足够的溶解氧；活性污泥在池内呈悬浮状态；活性污泥连续回流、及时排除剩余污泥，使混合液保持一定浓度的活性污泥；无有毒有害的物质流入。

（4）影响活性污泥法运行的因素

① 进水水质：浓度、成分比例、是否含毒害的工业废水。要求曝气池中 BOD_5：N：P＝100：5：1。因为在此情况下，细菌生长、繁殖处于最佳状态。

② 处理水量：进水水量、回流水量。

③ 混合液悬浮固体浓度（MLSS）：包括活细胞、无活性又难降解的内源代谢残留物、有机物和无机物，前三类有机物约占固体的成分的 75％～85％。

④ 有机负荷：有进水负荷和去除负荷两种，前者指单位重量的活性污泥在单位时间内要保证一定的处理效果才能承受的有机物的量；后者指单位重量的活性污泥在单位时间内去除的有机物量。有时也用单位曝气池容积作为基准。

⑤ 剩余污泥排放量和污泥龄：微生物代谢有机物同时增值，剩余污泥排放量等于新净增污泥量。用新增污泥替换原有污泥所需时间称为泥龄。

⑥ 混合液溶解氧浓度

⑦ 水温：在一定范围内，随着温度升高，生化反应速率加快，增值速率也快；另一方面细胞组织入蛋白质、核酸等对温度很敏感，温度突升并超过一定的限度时，会产生不可逆的破坏。各类微生物适应的温度范围见表 2-1。

表 2-1　各类微生物适应的温度范围

类别	最低温度/℃	最适温度/℃	最高温度/℃
高温型	30	50～60	70～80
中温型	10	30～40	50
常温型	5	15～30	40
低温型	10	5～10	30

⑧ 酸碱度：进水 pH、活性污泥法处理系统 pH；一般好氧微生物的最适宜 pH＝6.5～8.05；pH＜4.5 时，真菌占优势，引起污泥膨胀；另一方面，微生物的活动也会影响混合液的 pH。

⑨ 曝气池和二沉池的水力停留时间。

⑩ 二沉池的水力表面负荷、固体表面负荷和出水溢流堰负荷。

（5）活性污泥质量衡量指标　活性污泥法的处理效果取决于活性污泥的数量和性能。衡量活性污泥质量的指标主要有：污泥浓度；污泥沉降比 SV；污泥体积指数 SVI；活性污泥的耗氧速率；污泥的沉降速度；活性污泥的生物相；粒度和颜色等。

性能良好的活性污泥外观呈黄褐色，粒径 0.02～0.2mm，比表面积 20～100cm²/mL，含水率在 99％以上，相对密度 1.002～1.006，SV＝15％～30％，SVI＝50～150。

（6）活性污泥法存在的问题

① 曝气池首端有机污染物负荷高，耗氧速率也高，为了避免由于缺氧形成厌氧状态，进水有机物负荷不宜过高。为达到一定的去污能力，需要曝气池容积大，占用的土地较多，基建费用高。

② 耗氧速率沿池长是变化的，而供氧速度难于与其相吻合、适应，在池前段可能出现耗氧速率高于供氧速率的现象，池后段又可能出现溶解氧过剩的现象，对此，采用渐减供氧方式，可一定程度上解决这些问题。

③ 对进水水质、水量变化的适应性较低，运行效果易受水质、水量变化的影响。

(7) 活性污泥法工艺的现状　随着工业生产和城市建设的发展，在普通活性污泥法的基础上发展起来了多种运行方式，像多点进水活性污泥法，吸附再生活性污泥法（又称生生吸附法或接触稳定法）。延时曝气活性泥法和完全混合性污泥法。

① 不均匀曝气法　不均匀曝气法的流程与普通活性污泥法一样，只不过是对流程的曝气方式作了改进，把供气沿池长平均分布的曝气方式改成在曝气池前段供给更多的空气，供气量沿池长逐渐减少的供气方式。

② 多点进水法　多点进水法是普通活性污泥法的简单改进，主要用来克服普通法的第二个缺点。可以在一定程度上降低反应器前段的耗氧速度。多点进水法的过程如图 2-19 所示。

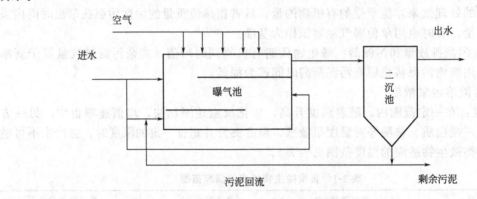

图 2-19　多点进水法流程

从图中可以看出，废水并不是集中在池端进入曝气池，而是沿池长分段投入，这样有机物的分配较均匀，因而氧的需要也较均匀。该法优点：有机物分配较均匀，因而氧的需要较均匀，提高了空气利用效率；曝气池体积更小。与普通活性污泥法比较，曝气池容积可以缩小 30％左右，生化需氧量去除率一般可达 90％；运行上有较大的灵活性，便于处理水质不均匀的状态。

③ 完全混合活性污泥法　完全混合活性污泥法常采用二种曝气方式，一种是鼓风曝气，另一种是机械曝气。完全混合活性污泥法工艺流程如图 2-20 所示。该法优点：曝气池内流体混合良好，各点水质几乎相同；进水负荷的变化对污泥的影响可降到极小程度；池内各点水质比较均匀，各处微生物的性质和数量基本上相同，池子各部分的工作情况几乎一致，供气可以恒定。

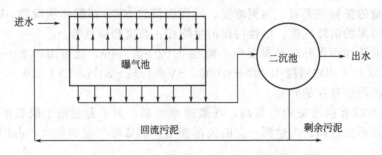

图 2-20　完全混合活性污泥法工艺流程图

该法缺点：连续进出水时，可能产生短流；在进水水质比较稳定及目前常用的负荷下出水水质往往不及普通法（可用延时曝气池的负荷，获得好的水质）。

④ 吸附再生（生物吸附或接触稳定）法　活性污泥净化水质的第一阶段主要是依靠污泥的吸附作用。良好的活性污泥同生活污水混合后在 10～30min 的时间内能够基本完成吸附作用，污水的 BOD 除去率达 90% 左右。吸附再生法就是根据这一发现而发展起来的。图 2-21 所示是吸附再生法的流程，其中（b）在构造上把吸附池和再生池合在一起。

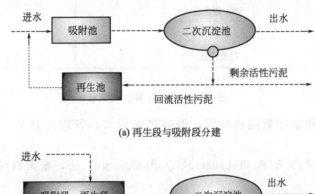

(a) 再生段与吸附段分建

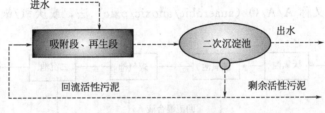

(b) 再生段与吸附段合建

图 2-21　吸附再生法流程

从图 2-21 可以看出：废水的吸附和污泥的再生是分别在两个池子里或一个池子的两部分进行；为了更好地吸附废水中的污染物质，所用回流污泥量比普通法多，回流比一般在 50%～100%。该法优点：只有回流的一部分污泥进行了再生（稳定化），所以生物吸附法的吸附池和再生池的总容积大大小于普通法曝气池的总容积，且空气用量不增加；因回流污泥较多，具有一定的调节平衡能力，适应负荷变化；最适宜处理含悬浮和胶体物质较多的废水。

该法缺点：吸附时间短，处理效率不如普通法，一般在 85%～90%。对溶解性有机物含量较高的废水，处理效果更差；回流污泥多，增加了污泥泵的容量。

⑤ 纯氧曝气法　纯氧曝气法是对曝气方式的革新。利用纯氧曝气，氧的溶解度和氧溶入水中的推动力都得到的提高。所以该方法氧传递速率快，活性污泥浓度高，因此可提高有机物去除率，使曝气池容积大大缩小；剩余污泥量少，污泥具有良好沉降性，不易发生污泥膨胀；曝气池中能保持高浓度的溶解氧，有较好的耐冲击负荷能力。

⑥ A/O 法　又称缺氧/好氧（anoxin/oxic）工艺或厌氧好氧工艺。A 是厌氧段，主要用于脱氮除磷；O 是好氧段，主要用于去除水中的有机物。它除了可去除废水中的有机污染物外，还可同时去除氮、磷，对于高浓度有机废水及难降解废水，在好氧段前设置水解酸化段，可显著提高废水可生化性。其主体工艺如图 2-22 所示。

A/O 法脱氮工艺的特点：流程简单，无需外加碳源与后曝气池，以原污水为碳源，建设和运行费用较低；反硝化在前，硝化在后，设内循环，以原污水中的有机底物作为碳源，效果好，反硝化反应充分；曝气池在后，使反硝化残留物得以进一步去除，提高了处理水水质；A 段搅拌，只起使污泥悬浮，而避免 DO 的增加。O 段的前段采用强曝气，后段减少气量，使内循环液的 DO 含量降低，以保证 A 段的缺氧状态。

这种新的组合工艺对于大型活性污泥法污水厂来说，处理效果较稳定，且实现了脱氮或

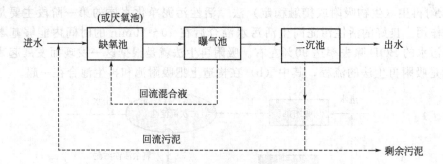

图 2-22　厌氧好氧工艺流程

除磷的目的，能耗和运行费用也较低，但处理单元多，管理较复杂，且不能同步脱氮和除磷。

⑦ A2/O 法　又称 A/A/O（anaerobic/anoxic/oxic）法，或厌氧/缺氧/好氧工艺，如图 2-23 所示。

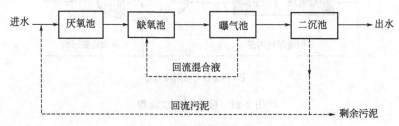

图 2-23　厌氧/缺氧/好氧工艺

从图 2-23 可见，污水与含磷回流污泥首先进入厌氧池，此时，含磷回流污泥释放磷，同时部分有机物进行氨化。污水进入缺氧池后，与回流混合液的硝态氮进行反硝化作用，还原成氮气逸出。然后污水进入曝气池，此曝气池具有去除 BOD、硝化和吸磷等功能。经过曝气池后，污水再进入二沉池进行固液分离。

20 世纪 80 年代以来，在广州、桂林、天津、北京、沈阳等地建成了多个采用 A2/O 工艺的污水处理厂。在 A2/O 工艺系统中，其生化池运行控制程序较简单，且具有去除 BOD 和脱氮除磷的同步作用，但流程较长，构筑物和回流污泥较多。

⑧ SBR 法　又称序批式活性污泥法（sequencing batch reactor activated sludge process，SBR）。SBR 法的运行方式以间歇操作为主要特征，故我国常称它为序列间歇式活性污泥法。序批式反应器由两个池或多个池所构成，在运行操作上一般按进水、反应、排放和闲置五个阶段周期性进行。工艺流程见图 2-24。

SBR 法将生化池（包括厌氧池、缺氧池、好氧池）和二沉池集于一个装置中，利用控制时间程序去完成连续流动设施所达到的去除 BOD 和脱氮除磷的目的。运行方式灵活，能适应城市污水间歇无规律排放，耐冲击负荷，脱氮除磷效果较好，由于它是合建式构筑物，其征地费和土建费一般较低。

由于 SBR 中各反应器间歇周期运行，反应器中的溶解氧和底物含量随时间不断变化，而且微生物处于富营养、贫营养、好氧、缺氧和厌氧周期性变化的环境中，故运行中需要设置溶解氧（DO）、氧化还原电位（ORP）测定仪和时间定时器，以便根据池中 DO 值、运行时间和水位变化来调节风机开启程度，达到降低能耗和保证出水水质达标排放。由此可见，SBR 工艺运行的自控程度要求较高。

近三十年来，国内外已建成了近千个 SBR 工艺的污水处理厂，在我国上海青浦污水厂，

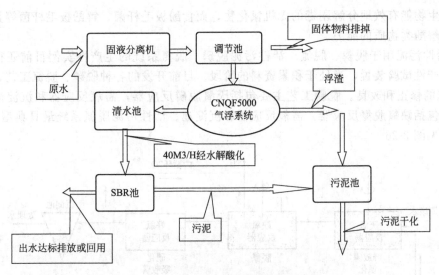

图 2-24　SBR 法污水处理工艺流程

昆明第三、第四污水厂,天津等地污水处理厂都已采用 SBR 工艺,正在建设中的四川巴中城市污水处理厂也将采用 SBR 工艺。

(8) 活性污泥法工艺研究进展　随着工业生产特别是化工工业的发展,工业废水的数量增多,性质复杂,一些人工合成的有机物往往难以被微生物所降解,有的还具有致癌、致畸、致突变的物性;另外,无机性营养物质如 N、P 等也会引起水生植物包括藻类的过量生长,进而使水中的溶解氧含量下降导致水质下降,从而促使人们对传统的活性污泥法工艺系统进行不断改进,出现了许多新工艺或新运行方式。简单介绍如下。

① 奥贝尔(Orbal)氧化沟　对曝气方式进行了改进,把冲刷曝气(brush aeration)改成透平曝气(turbine aeration),避免了产生气溶胶、飞溅和结冰等问题。

奥贝尔氧化沟又称同心圆型氧化沟,一般由三个同心椭圆形沟道组成,污水由外沟道进入,与回流污泥混合后,由外沟道进入中间沟道再进入内沟道,在各沟道循环达数百。最后经中心岛的可调堰门流出,至二次沉淀池。工艺流程见图 2-25。

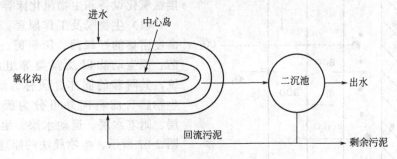

图 2-25　Orbal 氧化沟工艺流程

② 粉末炭-活性污泥法　实质上是一种以活性污泥形式的活性炭吸附、生物氧化的综合处理法。其特点是提高了活性污泥的净化能力;提高对有毒物质和重金属等冲击负荷的稳定;具有较好的脱色、除臭、消减泡沫的效果。

国外已用于合成纤维、化工、印染、炼油、炼焦等工业生产的污水处理。

③ 培养专用微生物,活性污泥法向多功能方面发展　借助于专用细菌,活性污泥法的处理对象不仅仅是一般有机物,还可以处理一些含毒有机废水及一些无机物,像镰刀菌、放

线菌等微生物能有效地分解剧毒的无机氰化物，而食酚极毛杆菌、解酚极毛杆菌等具有强大的氧化分解酚类物质的能力。

④ 活性污泥用于脱磷、脱氮　活性污泥脱磷、脱氮系统的生产性实例目前还很少，多数是半生产性试验装置，尚处于积累资料的阶段。目前开发的各种脱磷、脱氮工艺，均属于A/O系统的修正和改良。脱磷工艺主要包括厌氧脱磷反应器，需氧反应器和沉淀池；脱氮工艺主要包括缺氧脱氮反应器，需氧反应器和沉淀池。活性污泥脱氮系统最具典型是A-A/O流程，见图2-26。

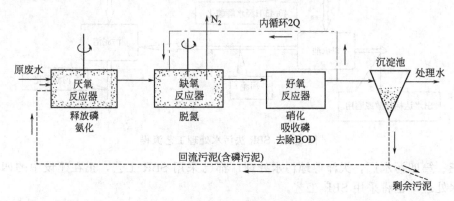

图 2-26　A-A/O 脱磷脱氮流程

⑤ 与化学法结合起来使用，提高某些难降解化合物的去除效果　活性污泥法对多氯联苯一类有机化合物以及有机磷等去除效果都比较差，但如能与化学法结合起来使用，则可提高净化效果。

4. 生物膜法

生物膜法是一种固定膜法，是污水水体自净过程的人工化和强化，主要是去除废水中溶解性的和胶体状的有机污染物。处理技术有生物滤池（普通生物滤池、高负荷生物滤池、塔式生物滤池）、生物转盘、生物接触氧化设备和生物流化床等。

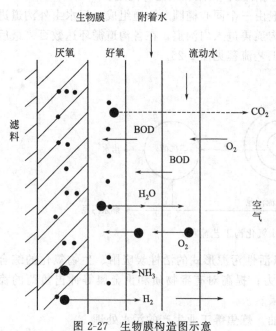

图 2-27　生物膜构造图示意

（1）生物膜及工作原理　生物膜是由高度密集的好氧菌、厌氧菌、兼性菌、真菌、原生动物以及藻类等组成的生态系统，其附着的固体介质称为滤料或载体。生物膜自滤料向外可分为厌气层、好气层、附着水层、运动水层。生物膜构造如图2-27所示。生物膜法的原理是生物膜首先吸附附着水层有机物，由好气层的好气菌将其分解，再进入厌气层进行厌气分解，流动水层则将老化的生物膜冲掉以生长新的生物膜，如此往复以达到净化污水的目的。

生物膜法的运行原则：减缓生物膜的老化进程，控制厌氧膜的厚度，加快好氧膜的更新，尽量控制使生物膜不集中脱落。

生物膜法试运行时应注意：在生物培养阶段，除氮磷等营养元素的数量必须充足外，采用小负荷进水的方法，减少对生物膜的冲刷作用，增加填料或滤料的挂膜速度；应当随时进行镜检，观察生物膜的生长情况和生物相的变化情况，注意特征微生物的种类和数量变化情况；控制生物膜的厚度，保持在 2mm 左右，不使厌氧层过分增长，通过调整水力负荷（改变回流水量）等形式使生物膜的脱落均衡进行。生物膜法的特点是：对水量、水质、水温变动适应性强；处理效果好并具良好硝化功能；污泥量小（约为活性污泥法的 3/4）且易于固液分离；动力费用省。

按生物膜与废水的接触方式分为：填充式和浸渍式两种。填充式包括生物滤池和生物转盘。浸渍式包括接触氧化法和生物流化床。

（2）生物膜法污水处理工艺　典型流程如图 2-28 所示。其中的生物器可以是生物滤池、生物转盘、曝气生物滤池或厌氧生物滤池。前三种用于需氧生物处理过程，后一种用于厌氧过程。

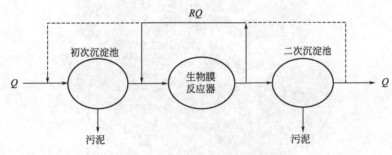

图 2-28　生物膜法的典型工艺流程

① 生物滤池　生物滤池是生物膜法中最常用的一种生物器。使用的生物载体是小块料（如碎石块、塑料填料）或塑料型块，堆放或叠放成滤床，故常称滤料。与水处理中的一般滤池不同，生物滤池的滤床暴露在空气中，废水洒到滤床上。布水器有多种形式，有固定式的，有移动式的。回转式布水器使用最广。它以两根或多根对称布置的水平穿孔管为主体，能绕池心旋转。穿孔管贴近滤床表面，水从孔中流出。布水器的工作是连续的，但对局部床面的施水是间歇的。滤床的下面有用砖或特制陶块、混凝土块铺成的集水层，再下面是池底。集水层和池外相通，既排水又通风。工作时，废水沿载体表面从上向下流过滤床，和生长在载体表面上的大量微生

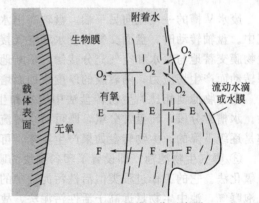

图 2-29　生物膜工作示意图
（E 为降解产物，F 为养料）

物和附着水密切接触（如图 2-29 所示），进行物质交换。污染物进入生物膜，代谢产物进入水流。出水并带有剥落的生物膜碎屑，需用沉淀池分离。生物膜所需要的溶解氧直接或通过水流从空气中取得。在普通生物滤池中，生物黏膜层较厚，贴近载体的部分常处于无氧状态。

滤床的深度和水力负荷率（滤率）、滤料有关。碎石滤床的深度在一个相当长的时间内大多采用 1.8～2m。深度如果提高，滤床表层容易堵塞积水。滤率在 1～4m³/(m²·d)，如果提高，床面也容易积水。提高到 8～10m³/(m²·d) 以上时，水流的冲刷作用使生物膜

不致堵塞滤床，而且有机物（用BOD_5衡量）负荷率可从$0.2kg/(m^3 \cdot d)$左右提高到$1kg/(m^3 \cdot d)$以上。为了满足水力负荷率的要求，来水常用回流稀释。为了稳定处理效率，可采用两级串联。这种流程革新、负荷率提高、构造不变的生物滤池称为高负荷率生物滤池。继而发现，滤床深度从2m左右提高到8m以上时，通风改善，即使水力负荷率提高，滤床也不再堵塞，滤池工作良好，同时有机物负荷率也可以提高到$1kg/(m^3 \cdot d)$左右。因为这种滤池的平面直径一般为池高的$1/8\sim1/6$，外形像塔，故称塔式滤池。自塑料型块问世后，通风、堵塞等不再成为问题，滤床深度和滤率可根据需要进行设计。

② 生物转盘　近百片塑料或玻璃钢圆盘用轴贯串，平放在一个断面呈半圆形的条形槽的槽面上。盘径一般不超过4m，槽径比盘径大几厘米。如图2-30所示。有电动机和减速装置转动盘轴，转速$1.5\sim3r/min$，决定于盘径，盘的周边线速度在15m/min左右。

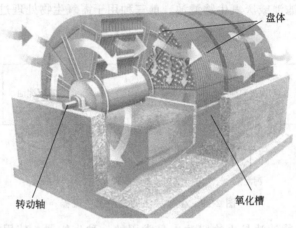

图2-30　生物转盘

废水从槽的一端流向另一端。盘轴高出水面，盘面约40%浸在水中，约60%暴露在空气中。盘轴转动时，盘面交替与废水和空气接触。盘面为微生物生长形成的膜状物所覆盖，生物膜交替地与废水和空气充分接触，不断地取得污染物和氧气，净化废水。膜和盘面之间因转动而产生切应力，随着膜的厚度增加而增大，到一定程度，膜从盘面脱落，随水流走。

同生物滤池相比，生物转盘法中废水和生物膜的接触时间比较长。而且有一定的可控性。水槽常分段，转盘常分组，既可防止短流，又有助于负荷率和出水水质的提高，因负荷率是逐级下降的。生物转盘如果产生臭味，可以加盖。生物转盘一般用于水量不大时。

③ 曝气生物滤池　即设置了塑料型块的曝气池。如图2-31所示。按其过程也称生物接触氧化法。它的工作过程类似活性污泥法中的曝气池，但是不需要回流污泥，一般采用全池气泡曝气，池中生物量远高于活性污泥法，故曝气时间可以缩短。运行较稳定，不会出现污泥膨胀问题。也有采用粒料（如砂子、活性炭）的。这时水流向上，滤床膨胀、不会堵塞。因为表面积大，生物量多，接触充分，曝气时间短，处理效率高，但目前尚处在研究阶段。

④ 厌氧生物滤池　厌氧生物滤池的构造和曝气生物滤池雷同，只是不需要曝气系统。因生物量高，和污泥消化池（停留时间一般在10天以上）相比，处理时间可以大大缩短，处理城市污水等浓度较低的废水时有可能采用。

5. 厌氧生物处理法

厌氧生物处理法是在无分子氧条件下利用兼性厌氧菌和专性厌氧菌将污水中大分子有机物降解为低分子化合物，进而转化为甲烷、二氧化碳的有机污水处理方法，分为酸性消化和碱性消化两个阶段。在酸性消化阶段，由产酸菌分泌的外酶作用，使大分子有机物变成简单

图 2-31　曝气生物滤池

的有机酸和醇类、醛类、氨、二氧化碳等；在碱性消化阶段，酸性消化的代谢产物在甲烷细菌作用下进一步分解成甲烷、二氧化碳等气体。这种处理方法主要用于对高浓度的有机废水和粪便污水的处理。

（1）厌氧生物处理过程　厌氧生物处理过程主要依靠三大类群的细菌，即水解细菌、产氢产乙酸细菌和产甲烷细菌的联合作用完成。因而划分为三个连续的阶段。即水解发酵阶段、产乙酸产氢阶段、产甲烷阶段。如图 2-32 所示

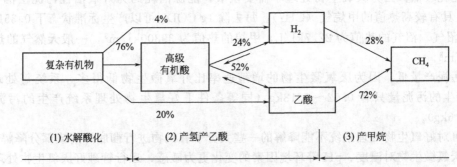

图 2-32　厌氧消化的三个阶段和 COD 转化率

水解发酵阶段和产乙酸产氢阶段又可合称为酸性发酵阶段。在这个阶段，污水中的复杂有机物，在酸性腐化菌或产酸菌的作用下，分解成简单的有机物，如有机酸，醇类等，以及 CO_2、NH_3 和 H_2S 等无机物。由于有机酸的积累，污水的 pH 下降到 6 以下。此后，由于有机酸和含氮化合物的分解，产生碳酸盐和氨等使酸性减退，pH 回升到 $6.6\sim6.8$。在产氢产酸菌的作用下，各种有机酸分解转化为乙酸、氢和二氧化碳。产甲烷菌将乙酸、氢及二氧化碳转化为甲烷。

（2）影响厌氧生物处理的因素

前述三个阶段的反应速率因废水性质的不同而异。而且厌氧生物处理对环境的要求比好氧法要严格。一般认为控制厌氧生化处理效率的基本因素有两大类，一类是基础性因素，包括微生物（污泥浓度）营养比、混合接触状况、有机负荷等；另一类是环境因素，如温度、pH、水中营养和有毒物质的含量等。

① 温度　存在两个不同的最佳温度范围（55℃左右，35℃左右）。通常所称高温厌氧消化和低温厌氧消化即对应这两个最佳温度范围。

② pH　厌氧消化最佳 pH 值范围为 6.8～7.2。

③ 有机负荷　由于厌氧生物处理几乎对污水中的所有有机物都有降解作用，厌氧处理的有机负荷通常以容积负荷和 COD_{Cr} 去除率来表示。

④ 营养物质　厌氧法中碳氮磷的比值控制在 COD_{Cr}：N：P＝（200～300）：5：1 即可。甲烷菌对硫化氢的最佳需要量为 11.5mg/L。有时需补充某些必需的特殊营养元素，甲烷菌对硫化物和磷有专性需要，而铁、镍、锌、钴、钼等对甲烷菌有激活作用。

⑤ 氧化还原电位　氧化还原电位可以表示水中的含氧浓度，非甲烷厌氧微生物可以在氧化还原电位小于＋100mV 的环境下生存，而适合产甲烷菌活动的氧化还原电位要低于－150mV，在培养甲烷菌的初期，氧化还原电位要不高于－330mV。

⑥ 碱度　废水的碳酸氢盐所形成的碱度对 pH 的变化有缓冲作用，如果碱度不足，就需要投加碳酸氢钠和石灰等碱剂来保证反应器内的碱度适中。

⑦ 有毒物质　无机有毒物质主要包括：硫化氢（H_2S）、氨及过氧化氢，有机有毒物质主要包括带有醛基、双键、氯取代基及苯环等结构的物质。

⑧ 水力停留时间　水力停留时间对于厌氧工艺的影响主要通过上流速度来表现。一方面，较高的水流速度可以提高污水系统内进水区的扰动性，从而增加生物污泥与进水有机物之间的接触，提高有机物的去除率。另一方面，为了维持系统中能拥有足够多的污泥，上流速度又不能超过一定限值。

（3）厌氧生物处理的主要特点

① 能耗较低：因为厌氧生物处理不需要供氧，能源消耗约为好氧活性污泥法的 1/10，还能产生具有较高热值的甲烷气（CH_4）。每去除 1g COD_{Cr} 可以产生标准状态下 0.35L 甲烷或 0.7L 沼气。沼气的热值为 22.7kJ/L，甲烷的热值为 39300kJ/m^3，一般天然气的热值为 34300kJ/m^3。

② 污泥产量低：因为厌氧微生物的增殖速率比好氧微生物低得多，系统每处理 1kg COD_{Cr} 产生的污泥量只有 0.02～0.18kg（同等条件下好氧生物处理系统产生的污泥量为 0.25～0.6kg）。

③ 可对好氧生物处理系统不能降解的一些大分子有机物进行彻底降解或部分降解。

④ 厌氧微生物对温度、pH 等环境因素的变化更为敏感，运行管理好厌氧生物处理系统的难度较大。

⑤ 水温适应广：好氧处理水温在 10～35℃之间，当高温时就需采取降温措施；而厌氧处理水温适应广泛，分低温厌氧（10～30℃）、中温厌氧（30～40℃）和高温厌氧（50～60℃）。

（4）厌氧生物处理设施运行管理应该注意的问题

① 当被处理污水浓度较高（COD_{Cr} 大于 5000mg/L）时，必须采取回流的运行方式，回流比根据具体情况确定，有效的回流不仅可以降低进水浓度，保证处理设施内的水流分布均匀，避免出现短流现象。回流还可以防止进水浓度和厌氧反应器内 pH 值的剧烈波动，使厌氧反应平稳进行，也就是说可以减少厌氧反应对碱度的需求量，降低运行费用。厌氧反应是产能过程，出水温度高于进水。因此冬季气温低时，反应器内的温度恒定，尽可能使厌氧微生物在其最适宜温度下活动。

② 一般的工业废水温度难以达到 35℃，需要加热（尤其在冬季）。因此，为节约能源，一方面要注意保温（包括采取加大回流量等措施），尽可能防止反应器热量散失，另一方面要充分发挥反应器内污泥浓度较大的特点，尽可能提高反应器内污泥浓度，减弱温度对厌氧

反应的影响。

③ 沼气要及时有效地排出。厌氧消化过程产生的沼气对污泥可以起到搅拌作用，促进污水与污泥的混合接触，但是沼气的存在也会起到类似浮渣的作用，沼气向上溢出时将部分污泥带到液面，导致浮渣的产生和出水中悬浮物含量增加及水质变差。因此要设置气体挡板和集气罩，将沼气从厌氧消化装置内引出，在出水堰附近留有足够的沉淀区，以保证出水水质。

④ 污泥负荷要适当。为保持厌氧消化过程三个阶段的平衡，使挥发性脂肪酸等中间产物的生成与消耗平衡，防止酸积累导致 pH 下降，进水有机负荷不宜过高，一般不超过 0.5kg COD_{Cr}/(kgMLSS·d)。可以通过提高反应器内污泥浓度，在保持相对较低的污泥负荷条件下，获得较高的容积负荷。一般来说，厌氧消化装置的容积负荷都在 5kg COD_{Cr}/(m³·d) 以上，甚至高达 50kg COD_{Cr}/(m³·d)。

⑤ 当被处理污水悬浮物浓度较大（一般指 1000mg/L 以上）时，就应当对污水进行沉淀、过滤或浮选等适当的预处理，以降低进水的悬浮物含量，防止填料层堵塞。一般要求进水悬浮物不超过 200mg/L，但如果悬浮物可以生物降解而且均匀分散在污水中，则悬浮物对处理过程几乎不产生不利影响。

⑥ 要充分创造厌氧环境。无氧是厌氧微生物正常活动的前提，甲烷菌则必须在绝对的无氧环境下才能高效率发挥作用。在污水提升进入厌氧消化装置、出水回流等环节都要尽可能避免与空气接触，如水流过程中尽量不要出现跌水、搅动等现象，调节池、回流池等要加盖封闭，污水提升不要使用气提泵。厌氧反应构筑物最好经过气密试验，确保严密无渗漏。

（5）UASB（上流式厌氧污泥床）工艺　目前常用的厌氧工艺有厌氧接触法、厌氧滤池（AF）、上流式厌氧污泥床（up-flow anaerobic sludge bed/blanket，UASB）反应器等。

UASB 是厌氧生物处理的典型工艺，在国内外有较多的成功实例。

① 工作原理　UASB 反应器中的厌氧反应过程与其他厌氧生物处理工艺一样，包括水解，酸化，产乙酸和产甲烷等。通过不同的微生物参与底物的转化过程而将底物转化为最终产物沼气、水等无机物。

UASB 由污泥反应区、气液固三相分离器（包括沉淀区）和气室三部分组成。如图 2-33 所示。在底部反应区内存留大量厌氧污泥，具有良好的沉淀性能和凝聚性能的污泥在下部形成污泥层。要处理的污水从厌氧污泥床底部流入与污泥层中污泥进行混合接触，污

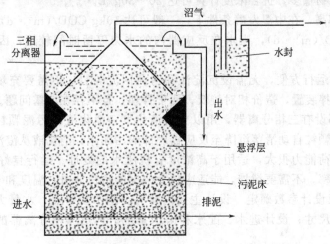

图 2-33　上流式厌氧污泥床法工艺原理

泥中的微生物分解污水中的有机物，转化为沼气。沼气以微小气泡形式不断放出，微小气泡在上升过程中，不断合并，逐渐形成较大的气泡，在污泥床上部由于沼气的搅动形成一个污泥浓度较稀薄的污泥和水一起上升进入三相分离器，沼气碰到分离器下部的反射板时，折向反射板的四周，然后穿过水层进入气室，由导管导出，固液混合液经过反射进入三相分离器的沉淀区，污水中的污泥发生絮凝，颗粒逐渐增大，并在重力作用下沉降。沉淀至斜壁上的污泥沿着斜壁滑回厌氧反应区内，使反应区内积累大量的污泥，与污泥分离后的处理出水从沉淀区溢流堰上部溢出，然后排出污泥床。

② UASB 构造　UASB 构造是集生物反应与沉淀于一体，是一种结构紧凑的厌氧反应器。如图 2-34 所示。反应器主要由下列几个部分组成。

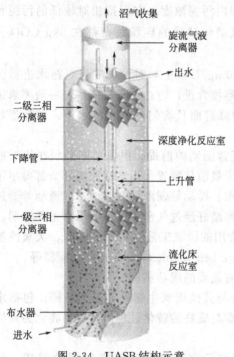

图 2-34　UASB 结构示意

a. 进水配水系统：将进入反应器的原废水均匀地分配到反应器整个横断面，并均匀上升；起到水力搅拌的作用。

b. 反应区：由沉淀区、回流缝和气封组成，其功能是将气体（沼气）、固体（污泥）和液体（废水）等三相进行分离。沼气进入气室，污泥在沉淀区进行沉淀，并经回流缝回流到反应区。经沉淀澄清后的废水作为处理水排出反应器。三相分离器的分离效果将直接影响反应器的处理效果。

c. 气室（旋流气液分离器）：也称集气罩，其功能是收集产生的沼气，并将其导出气室送往沼气柜。

d. 处理水排出系统：将沉淀区水面上的处理水均匀地加以收集，并将其排出反应器。

e. 反应器内根据需要还设置排泥系统和浮渣清除系统。

③ UASB 与其他类型的厌氧反应器相比较有下述优点

a. 污泥床内生物量多，折合浓度计算可达 20～30g/L。

b. 容积负荷率高，在中温发酵条件下，一般可达 10kg COD/（m³·d）左右，甚至能够高达 15～40kgCOD/（m³·d），废水在反应器内的水力停留时间较短，因此所需池容大大缩小。

c. 设备简单，运行方便，无需设沉淀池和污泥回流装置，不需要充填填料，也不需在反应区内设机械搅拌装置，造价相对较低，便于管理，且不存在堵塞问题。

d. 反应器上部设有三相分离器，用以分离消化气、消化液和污泥颗粒。消化气自反应器顶部导出；污泥颗粒自动滑落沉降至反应器底部的污泥床；消化液从澄清区出水。

e. UASB　负荷能力很大，适用于高浓度有机废水的处理。运行良好的 UASB 有很高的有机污染物去除率，不需要搅拌，能适应较大幅度的负荷冲击、温度和 pH 变化。

④ 设计内容及设计参数确定　设计主要内容有：据水质特点、水量大小、去除率等选定池型，确定主要尺寸；设计进水、配水和出水系统；选定三相分离器的型式，沼气回收设备。

设计参数应通过试验确定，无条件试验时可参考经验参数进行设计。

6. 化工废水处理技术进展

(1) 物理处理技术的进展

① 磁分离法　通过向化工废水中投加磁种和混凝剂，利用磁种的剩磁，在混凝剂同时作用下，使颗粒相互吸引而聚结长大，加速悬浮物的分离，然后用磁分离器除去有机污染物。国外高梯度磁分离技术已从实验室走向应用。

② 声波技术　通过控制超声波的频率和饱和气体，降解分离有机物质。

③ 非平衡等离子体技术　用高压脉冲放电、辉光放电产生的等离子体对水中的有机污染物进行氧化降解。

(2) 化学处理技术的进展

① 紫外光催化氧化处理技术　利用 TiO_2 等半导体催化剂在 $300\sim400nm$ 的紫外光照射下，产生光电子空穴和形成羟基自由基等强氧化剂的能力，将废水中的有机物氧化分解，并最终氧化为 CO_2 和 H_2O。在各种有机废水处理方面有大量的实验室研究报道，在印染废水脱色方面该技术与其他技术联用，已有工业化成功应用的实例。化工、医药等难降解工业废水处理是该技术目前研究的活跃领域。研究重点在光源、反应器设计、高效催化剂及催化剂回收等方面。

② 湿法氧化（WO）和超临界水氧化法（SCWO）　湿法氧化是在高温高压下，在水溶液中有机物发生氧化反应的处理技术。利用催化剂，用空气中的氧气和纯氧为氧化剂，可以在较低的温度和压力下，使有机物氧化。湿法氧化作为高浓度难降解有机废水的处理技术在国外已有应用，国内有湿法氧化法处理染料和有机磷废水的实验室研究，但是还没有到实际工业应用阶段。但是随着催化湿法氧化水处理技术研究的发展和日益严峻的难降解有机废水处理的需求，该技术的应用研究已经受到人们的重视，并被认为是处理化工难降解废水中应优先考虑发展的技术领域。目前湿法氧化技术的研究重点是温和反应条件下（温度106℃以下，压力 0.6MPa 以下）对高浓度（5000mg/L 以上）难降解有机废水的处理；研究适合于湿法氧化的非贵金属催化剂；选择和优化反应条件；提高反应器材料的耐腐蚀等。

超临界氧化废水处理技术是在湿法氧化基础上发展的一种有毒有机固废物和工业废水的高级氧化技术。SCWO 在水临界点（22.1MPa，374℃）以上，在极短时间内将各种有机物完全氧化为二氧化碳和水，不产生二次污染，被称为生态水处理技术。当废水中的有机物浓度在 2% 以上时，利用有机物氧化反应产生的热量维持系统的反应温度，基本不需要外界供热。超临界水氧化是最有前途的难降解有机废水处理技术。目前美国等国家已经进入中试或工业化试验阶段，我国近年来开始实验室研究。在国外超临界水氧化法已经成功地用于各类有机废水的处理，但对反应器材料要求很高，目前还未能找到一种理想的能长期耐腐蚀、耐高温和耐高压的反应器材料。

③ 微电解技术　又称为内电解、铁还原、铁碳法、零价铁法等技术，是被广泛研究与应用的一项废水处理技术。生物难降解废水，如染料、印染、农药、制药等工业废水的处理可以用微电解为预处理手段，从而实现大分子有机污染物的断链、发色与助色基团的脱色，提高废水的可生化性，便于后续生化反应的进行。目前，微电解处理技术的研究与应用主要针对某一种或某一类工业废水，尚未形成系统的理论与技术。

微电解反应器内的填料主要有两种，一种为单纯的铁刨花，另一种为铸铁屑与惰性碳颗粒（如石墨、活性炭、焦炭等）的混合填充体。两种填料均具有微电解反应所需的基本元素：Fe 和 C。低电位的 Fe 与高电位的 C 在废水中产生电位差，具有一定导电性的废水充当电解质，形成无数的原电池，产生电极反应和由此所引起的一系列作用，改变废水中污染物的性质，从而达到废水处理的目的。

④ 辐照法、脉冲电晕技术　利用高能电子发生装置或脉冲发生装置产生的电能电子束与水分子碰撞，形成激发态从而发生氧化降解作用。该技术有去除率高、设备占地小，操作简单，但对各种发生装置技术要求高，且价格昂贵，有的还需要特殊的防护措施。若要真正投入运行还需进行大量研究。

（3）生物处理技术的进展

① 好氧活性污泥法的进展　用筛选、驯化、诱导、诱变和基因育种等手段培育能分解难生物降解有机物的工程菌是改进当前活性污泥工艺重要途径之一。在厌氧工艺中除了改良菌株以外，还改进生物处理的主要流程，如 A/O，A2/O 流程，对除去难降解有机物是极为经济和有效的。生物膜法是一种耐毒性基质较强的接触生物氧化工艺，但处理的水质不如活性污泥好，将二者结合作用即可显著提高生化降解功能。

② 高效微生物优势菌种选育　国内现有二级处理设施中，生物处理占 70%～80%，生活污水生物处理占 100%。目前废水的生物处理新技术、新工艺研究活跃，对难降解污染物的高效降解菌的选育与应用研究是当前生物处理中的重要方向。国外已经工业化生产用于多种难降解工业废水处理的微生物制剂。如以色列被 200t 原油污染的海滩，采用选育的石油降解菌三个月内降解石油类污染物 80%。国内在处理有机磷农药废水优势菌种选育方面也做了许多工作，如成都生物所等选育出了有机磷优势降解菌种。

③ 固定化细胞技术（简称 IMC）　也叫固定化微生物技术，是指通过化学或物理手段，将筛选分离出的适宜于降解特定废水的高效菌株，或通过基因工程技术克隆的特异性菌株进行固定化，使其保持活性并反复利用。

在固定化酶技术上发展起来的固定化细胞技术，由于具有诸多优点：生物处理构筑物中微生物浓度高，反应速度快；固定对某种特定污染物有较强降解能力的酶或微生物，使有毒难降解物质的降解成为可能；固定化技术为生理特性不同的硝化菌、反硝化菌的生长繁殖提供了良好的微环境，使得硝化、反硝化过程可以同时进行，从而提高了生物脱氮的速度和效率；固定化微生物特别是混合菌相当于一个多酶反应器，对成分复杂的有机废水适应能力强，因而成为近年来废水生物处理领域的研究热点。而为降解废水中不同类型的难降解有机污染物所选育的可与之相抗衡的优势高效菌以及利用基因工程技术所构建的基因工程菌，为固定化细胞技术处理废水提供了极大的潜力，使废水生物处理技术将产生一次重大的技术革新。

第三节　化工废气处理技术

一、化工废气及其处理原则

化工废气是指在化工生产中由化工厂排出的有毒有害气体。化工废气往往含有污染物的种类很多，物理和化学性质复杂，毒性也不尽相同，严重污染环境和影响人体健康。不同化工生产行业产生的化工废气成分差别很大。如氯碱行业产生的废气中主要含有氯气、氯化氢、氯乙烯、汞、乙炔等，氮肥行业产生的废气中主要含有氮氧化物、尿素粉尘、一氧化碳、氨气、二氧化硫、甲烷等。

1. 化工废气的分类

按照污染物存在的形态，化工废气可分为颗粒污染物和气态污染物，颗粒污染物包括尘粒、粉尘、烟尘、雾尘、煤尘等；气态污染物包括含硫化合物、含氯化合物、碳氧化合物、碳氢化合物、卤化物等。

按照与污染源的关系可分为一次污染物和二次污染物。从化工厂污染源直接排出的原始物质，进入大气后性质没有发生变化，称为一次污染物；若一次污染物与大气中原有成分发生化学反应，形成与原污染物性质不同的新污染物，称为二次污染物。

2. 化工废气的特点

① 易燃、易爆气体较多。如低沸点的酮、醛、易聚合的不饱和烃等，大量易燃、易爆气体如不采取适当措施，容易引起火灾、爆炸事故，危害极大。

② 排放物大多都有刺激性或腐蚀性。如二氧化硫、氮氧化物、氯气、氟化氢等气体都有刺激性或腐蚀性，尤其以二氧化硫排放量最大，二氧化硫气体直接损害人体健康，腐蚀金属、建筑物和雕塑的表面，还易氧化成硫酸盐降落到地面，污染土壤、森林、河流、湖泊。

③ 废气中浮游粒子种类多、危害大。化工生产排出的浮游粒子包括粉尘、烟气、酸雾等，种类繁多，对环境的危害较大。特别当浮游粒子与有害气体同时存在时能产生协同作用，对人的危害更为严重。

④ 种类繁多。化学工业行业多，每个行业所用原料不同，工艺路线也有差异，生产过程化学反应繁杂，因此造成化工废气种类繁多。

⑤ 组成复杂。化工废气中常含有多种有毒成分。例如，农药、燃料、氯碱等行业废气中，既含有多种无机化合物，又含有多种有机化合物。此外，从原料到产品，由于经过许多复杂的化学反应，产生多种副产物，致使某些废气的组成非常复杂。

⑥ 污染物含量高。不少化工企业工艺设备陈旧，原材料流失严重，废气中污染物含量高。如国内常压吸收法生产硝酸，尾气中 NO_x 含量高达 $3000mg/m^3$ 以上，而采用先进的高压吸收法，尾气中 NO_x 含量仅为 $200mg/m^3$。涂料工业中油性涂料仍占很大比重，生产中排放大量含有机物的废气。此外，由于受生产原料限制，如硫酸生产主要采用硫铁矿为原料，个别的甚至使用含砷、氟量较多的矿石，使我国化工生产中废气排放量大，污染物含量高。

⑦ 污染面广，危害性大。我国有很多化工企业，中小型企业占相当大的比例。这些中小型企业生产每吨产品的原料、能源消耗都很高，单位产值排放的污染物大大超过大中型企业的排放量，而得到治理的很少。为减少排入大气的有害物质，可以采用先进的新工艺流程，使现有工艺设备密闭化，提高生产机组的单机生产能力，研制新型催化剂和吸附剂，设计新型传质设备等措施。

3. 化工废气的主要污染物及影响

人的一生平均要吸气 6 亿次，需要 $6 \times 10^5 m^3$ 空气。显然，空气即使稍受污染，也会使人的健康受到严重损害。大气污染对人的伤害首先是对人的呼吸器官的伤害。上呼吸道黏膜炎、肺气肿、咽喉炎、咽炎、肺炎、支气管炎、气喘、扁桃体炎、肺结核和肺癌等，都是与大气污染有关的常见疾病。

大气污染除了对人体健康有危害之外，还对植物生长有影响。污染物对植物的直接影响机制表现为有的污染物可直接作用于植物调节机能活动的器官。这类污染物能渗入植物细胞，与植物的某些组分发生化学反应。这些影响会有不同的后果——从植物稍有病变到局部或整个死亡。硫化合物、氟化合物、乙烯、臭氧、一氧化碳、氯气、烃类化合物均属于这一类污染物。在毒害植物的各种大气污染物中，危害最大的有四种，即二氧化硫、氮氧化物、含氟化合物和烟雾。见表 2-2。

表 2-2　常见污染物及其危害

污染物种类	危　　害
NO	①刺激人的眼、鼻、喉和肺,增加病毒感染的发病率;②形成城市的烟雾,影响能见度;③破坏树叶的组织,抑制植物生长;④在空气中形成硝酸,产生酸雨
SO₂	①形成工业烟雾,高浓度时使人呼吸困难;②进入大气层后,氧化为硫酸形成酸雨,对建筑、森林、湖泊、土壤危害大;③形成悬浮颗粒物,随着人的呼吸进入肺部,对肺有直接损伤
含氟化合物	①对植物有毒性,危害嫩叶、幼叶幼芽生长;②对于人和动物也具有毒性,易导致人畜中毒;③易导致人的氟斑牙、类风湿病的病痛、颈椎和腰椎疼痛及僵硬感;以后发生四肢疼痛及感觉迟钝,而后出现活动不便、关节畸形、耳鸣、恶心、厌食、便秘等症状
颗粒物/烟雾	①随呼吸进入肺,可沉积于肺,引起呼吸系统的疾病;②沉积在绿色植物叶面,干扰植物吸收阳光和二氧化碳以及放出氧气、水分的过程;③颗粒物浓度较大时影响动物的呼吸系统;④杀伤微生物,引起食物链改变,进而影响整个生态系统;⑤遮挡阳光从而可能改变气候,从而影响生态系统;⑥颗粒物中含重金属化合物时,可大大损害人体健康

4. 化工废气处理原则

（1）化工废气处理基本要求　根据"三废"治理的基本原则,化工废气处理也要:"全面规划、合理布局、综合利用、化害有利。"即:①源头减量。尽量不产生或者少产生三废是最直接的方法。采用先进的新工艺流程,使现有工艺设备密闭化,提高生产机组的单机生产能力,研制新型催化剂和吸附剂,设计新型传质设备等措施。②内部回用。可以减少对于原材料的需求,同时减少废物的产生量。③资源互补。一个地方产生的废物可能是另一个地方所需的原料,实现外部循环利用。④污染控制。对污染物进行控制排放,使得其浓度和容量都不产生大量的污染和伤害。⑤末端治理。在生产过程的末端,针对产生的污染物开发并实施有效的治理技术。⑥消除污染事件,在一定程度上减缓了生产活动对环境污染的破坏。

（2）严格实施"环评"与"三同时"制度　环评是环境影响评价的简称,是指对规划和建设项目实施后可能造成的环境影响进行分析、预测和评估,提出预防或者减轻不良环境影响的对策和措施,进行跟踪监测的方法与制度。通俗说就是分析项目建成投产后可能对环境产生的影响,并提出污染防治对策和措施。"三同时"制度是根据我国 2015 年 1 月 1 日开始施行的《环境保护法》第 41 条规定:"建设项目中防治污染的设施,应当与主体工程同时设计、同时施工、同时投产使用。防治污染的设施应当符合经批准的环境影响评价文件的要求,不得擅自拆除或者闲置。"

（3）废气净化处理的设计原则

① 有机废气通常是易燃易爆、有毒有害气体,在设计中安全要素为第一原则。其次才是达标。有机废气净化工程的安全性由两大部分组成。其一,有机废气净化装置本身的安全可靠性;其二,有机废气净化系统设计的安全可靠性。二者只要有一个存在安全性问题,那必然存在安全隐患。所以挥发性有机物的最大浓度安全指标必须在爆炸下限 1/4 值以下运行。尤其要考虑到突发性浓度挥发。如生产商工艺配方投料失误,生产线温度或压力参数异常等均要有应急控制和措施。

② 有机废气净化装置选型必须优化和可靠,这为达标排放奠定了基础。因为有机废气的成分繁多,净化装置的品质直接影响安全运行和净化效果。所以,环保达标排放是第二原则。

③ 所有有机废气净化装置功能不是万能的,净化对象的针对性极强。因此,有机废气中含有颗粒物、卤素废气、重金属等化合物,对有机废气净化装置均有干扰,甚至破坏净化

效果。所以，在进入有机废气净化装置前，必须把此类化合物进行彻底净化除去。

④ 电控及自控是有机废气治理工程系统的指挥中心，所以电控原理设计要简洁、可靠。电气元件要安全、可靠。应有良好的工作环境。

⑤ 有机废气前处理系统。在有机废气中通常会有颗粒物、漆雾、重金属、卤素化合物等混合物。因此，在有机废气净化之前应把这些混合物进行净化，以免影响后级净化效果。前处理通常选用前处理器、水帘式净化器、喷淋净化器、除尘器、高效除尘器等配套净化设备及附件。

（4）化工废气处理设备的设计原则　化工废气处理设备的设计既要保证技术先进，又要从使用者的角度做到经济实惠。工业废气处理需考虑以下几个因素。

① 废气处理设备运行条件：根据废气的性质（黏度、温度、湿度、压力、可燃性、毒性、稳定性和气体种类等）设计安全可靠的废气处理装置；

② 废气处理达标效率：根据国家颁布的排放标准及污染源排放的废气浓度，选择高效的设备类型，如果一台设备不能满足要求则需要多台设备进行多级处理；

③ 经济性：主要考虑设备的制造、安装、运行和维护费用以及废气达标处理问题，不得造成二次污染；

④ 占地面积及空间的大小：根据工程现场状况，合理布置废气处理工艺流程和设计设备类型；

⑤ 设备操作要求及使用寿命：要求设备结构简单，操作方便，便于更换吸收剂、吸附剂或催化剂等；

⑥ 其他因素：如处理有毒、易燃易爆的气体应注意废气处理设备的防泄漏、防爆等安全措施。

二、除尘技术

化工废气可分为颗粒污染物和气态污染物，颗粒污染物包括尘粒、粉尘、烟尘、雾尘、煤尘等。除尘技术是治理烟（粉）尘的有效措施，实现该技术的设备称为除尘器。

1. 粉尘的概念和性质

（1）粉尘的概念

① 全尘。全尘是指用一般敞口采样器采集到一定时间内悬浮在空气中的全部固体微粒。

② 呼吸性粉尘。呼吸性粉尘是指能被吸入人体肺部并滞留于肺泡区的浮游粉尘。空气动力直径小于 $7.07\mu m$ 的极细微粉尘，是引起尘肺病的主要粉尘。

③ 浮尘和落尘。悬浮于空气的粉尘称浮尘，沉积在巷道顶、帮、底板和物体上的粉尘称为落尘。

（2）粉尘的性质

① 粉尘中游离二氧化硅的含量。粉尘中游离二氧化硅的含量是危害人体的决定因素，含量越高，危害越大。游离二氧化硅是引起矽肺病的主要因素。

② 粉尘的粒度。粉尘粒度是指粉尘颗粒的大小。一般来说，尘粒越小，对人的危害越大。

③ 粉尘的分散度。粉尘的分散度是指粉尘整体组成中各种粒级的尘粒所占的百分比。粉尘组成中，小于 $5\mu m$ 的尘粒所占的百分数越大，对人的危害越大。

④ 粉尘的浓度。粉尘的浓度是指单位体积空气中所含浮尘的数量。粉尘浓度越高，对人体危害越大。

⑤ 粉尘的吸附性。粉尘的吸附能力与粉尘颗粒的表面积有密切关系，分散度越大，表

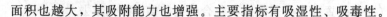

面积也越大，其吸附能力也增强。主要指标有吸湿性、吸毒性。

⑥ 粉尘的荷电性。粉尘粒子可以带有电荷，其来源是煤岩在粉碎中因摩擦而带电，或与空气中的离子碰撞而带电，尘粒的电荷量取决于尘粒的大小并与温湿度有关，温度升高时荷电量增多，湿度增高时荷电量降低。

⑦ 煤尘的燃烧和爆炸性。煤尘在空气中达到一定的浓度时，在外界明火的引燃下能发生燃烧和爆炸。

2. 除尘装置的技术性能指标

除尘器的技术性能指标主要包括除尘效率、压力损失、处理气体量与负荷适应性等几个方面。

(1) 除尘效率　在除尘工程设计中一般采用全效率作为考核指标，有时也用分级效率进行表达。

① 全效率。全效率为除尘器除下的粉尘量与进入除尘器的粉尘量之比：

$$\eta = \frac{G_2}{G_1} \times 100\%$$

式中　　η——除尘器的效率，%；

G_1——进入除尘器的粉尘量，g/s；

G_2——除尘器除下的粉尘量，g/s。

② 总效率。在除尘系统中若有除尘效率分别为 η_1、$\eta_2 \cdots \eta_n$ 的几个除尘器串联运行时．除尘系统的总效率用 $\eta_{总}$ 表示，按下式计算：

$$\eta_{总} = 1 - (1 - \eta_1)(1 - \eta_2) \cdots (1 - \eta_n)$$

③ 穿透率。穿透率ρ为除尘器出口粉尘的排出量与入口粉尘的进入量的百分比。

④ 分级效率。分级效率是指装置对某一粒径为 d，粒径变化为 Δd 范围的粉尘除去效率。具体数值用同一时间内除尘装置除下的某粒径范围内的粉尘量占进入装置的该粒径范围内的粉尘量的百分比来表示。符号通常用 η_d。

(2) 压力损失　除尘器压力损失为除尘器进、出口处气流的全压绝对值之差，表示气体流经除尘器所耗的机械能。

(3) 处理气体量　表示除尘器处理气体能力的大小，一般用体积流量（m^3/h 或 m^3/s）表示，也有用质量流量（kg/h 或 kg/s）表示的。

(4) 负荷适应性　负荷适应性良好的除尘器，当处理气体量或污染物浓度在较大范围内波动时，仍能保持稳定的除尘效率、适中的压力损失和足够高的作业效率。

3. 除尘装置的类型

除尘器主要有机械式除尘器、湿式除尘器、袋式除尘器和静电除尘器。

(1) 机械除尘器　机械除尘器包括重力沉降室、惯性除尘器和旋风除尘器等。机械除尘器用于处理密度较大、颗粒较粗的粉尘，在多级除尘工艺中作为高效除尘器的预除尘。重力沉降室适用于捕集粒径大于 $50\mu m$ 的尘粒，重力沉降室结构如图 2-35 所示。惯性除尘器适用于捕集粒径 $10\mu m$ 以上的尘粒，旋风除尘器适用于捕集粒径 $5\mu m$ 以上的尘粒，旋风除尘器结构如图 2-36 所示。

(2) 湿式除尘器　湿式除尘器包括喷淋塔、填料塔、筛板塔（又成泡沫洗涤器）、湿

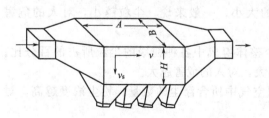

图 2-35　重力沉降室结构示意

式水膜除尘器、自激式湿式除尘器和文氏管除尘器。喷淋塔结构如图 2-37 所示。

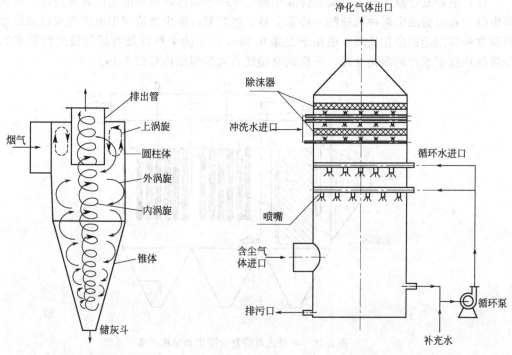

图 2-36　旋风除尘器结构　　　　　　　图 2-37　喷淋塔结构示意

（3）袋式除尘器　袋式除尘器包括机械振动袋式除尘器、逆气流反吹袋式除尘器和脉冲喷吹袋式除尘器等。袋式除尘器具有除尘器除尘效率高、能够满足及其严格排放标准的特点，广泛应用于冶金、铸造、建材、电力等行业。主要用于处理风量大、浓度范围广和波动较大的含尘气体。当粉尘具有较高的回收价值或烟气排放标准很严格时，优先采用袋式除尘器，焚烧炉除尘装置应选用袋式除尘器。与静电除尘器并联袋式除尘器工艺流程见图 2-38。

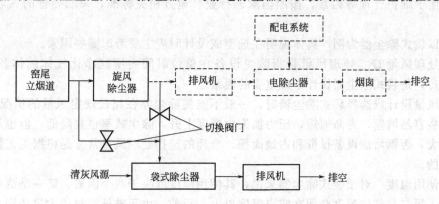

图 2-38　与静电除尘器并联袋式除尘器工艺流程

（4）静电除尘器　静电除尘器包括板式静电除尘器和管式静电除尘器。静电除尘器属高效除尘设备，用于处理大风量的高温烟气，适用于捕集电阻率在 $1 \times 10^4 \sim 5 \times 10^{10}$ Ω·cm 范围内的粉尘。我国电除尘器技术水平基本赶上国际同期先进水平，已经普遍地应用于火电发电厂、建材水泥厂、钢铁厂、有色金属冶炼厂、化工厂、轻工造纸厂、电子工业和机械工业等工业部门的各种炉窑。其中，火力发电厂是我国电除尘器的第一大用户。静电除尘器工艺流程见图 2-38。

（5）电袋复合除尘器　电袋复合除尘器是在一个箱体内安装电场区和滤袋区，有机结合静电除尘和过滤除尘两种机理的一种除尘器。电袋复合除尘器适用于电除尘难以高效收集的特殊煤种等烟尘的净化处理；适用于去除 0.1μm 以上的尘粒以及对运行稳定性要求高和粉尘排放浓度要求严的净化处理。串联式电袋复合除尘器结构见图 2-39。

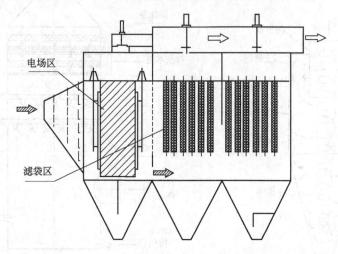

图 2-39　串联式电袋复合除尘器结构示意

4. 除尘装置选型考虑因素

选用除尘器时，应主要考虑如下因素：烟气及粉尘的物理、化学性质；烟气流量、粉尘浓度和粉尘允许排放浓度；除尘器的压力损失、除尘效率；粉尘回收、利用的价值及形式；除尘器的投资以及运行费用；除尘器占地面积以及设计使用寿命；除尘器的运行维护要求；对除尘器收集的粉尘或排出的污水，应根据生产条件、除尘器类型、粉尘的回收价值、粉尘的特征和便于维护管理等因素，按照国家、行业、地方相关标准，采取妥善的回收和处理措施。

以下以袋式除尘器为例，具体说明在选型或设计时应主要考虑哪些因素。

（1）处理风量 Q　处理风量是指除尘设备在单位时间内所能净化气体的体积，m^3/h（标准状态），是袋式除尘器设计中最重要的因素之一。

根据风量设计或选择袋式除尘器时，一般不能使除尘器在超过规定风量的情况下运行，否则，滤袋容易堵塞，寿命缩短，压力损失大幅度上升，除尘效率也要降低；但也不能将风量选的过大，否则增加设备投资和占地面积。合理的选择处理风量常常是根据工艺情况和经验来决定的。

（2）使用温度　对于袋式除尘器来说，其使用温度取决于两个因素，第一是滤料的最高承受温度，第二是气体温度必须在露点温度以上。目前，由于玻纤滤料的大量选用，其最高使用温度可达 280℃，对高于这一温度的气体必须采取降温措施，对低于露点温度的气体必须采取提温措施。对袋式除尘器来说，使用温度与除尘效率关系并不明显，这一点不同于电除尘，对电除尘器来说，温度的变化会影响到粉尘的比电阻等，影响除尘效率。

（3）入口含尘浓度　即入口粉尘浓度，这是由扬尘点的工艺所决定的，在设计或选择袋式除尘器时，它是仅次于处理风量的又一个重要因素。以 g/m^3（标准状态）。

对于袋式除尘器来说，入口含尘浓度将直接影响下列因素：

① 压力损失和清灰周期。入口浓度增大，同一过滤面积上积灰速度快，压力损失随之增加，结果是不得不增加清灰次数。

② 滤袋和箱体的磨损。在粉尘具有强磨蚀性的情况下，其磨损量可以认为与含尘浓度成正比。

③ 预收尘有无必要。预收尘就是在除尘器入口处前再增加一级除尘设备，也称前级除尘。

④ 排灰装置的排灰能力。排灰装置的排灰能力应以能排出全部收下的粉尘为准，粉尘量等于入口含尘浓度乘以处理风量。

⑤ 操作方式。袋式除尘器分为正压和负压两种操作方式，为减少风机磨损，入口浓度大的不宜采用正压操作方式。

（4）出口含尘浓度　出口含尘浓度指除尘器的排放浓度，表示方法同入口含尘浓度，出口含尘浓度的大小应以当地环保要求或用户的要求为准，袋式除尘器的排放浓度一般都能达到 $50mg/m^3$（标准状态）以下。

（5）压力损失　袋式除尘的压力损失是指气体从除尘器进口到出口的压力降，或称阻力。袋除尘的压力损失取决于三个因素：设备结构的压力损失；滤料的压力损失，与滤料的性质有关（如孔隙率等）；滤料上堆积的粉尘层压力损失。

（6）操作压力　袋式除尘器的操作压力是根据除尘器前后的装置和风机的静压值及其安装位置而定的，也是袋式除尘器的设计耐压值。

（7）过滤速度　过滤速度是设计和选择袋式除尘器的重要因素，它的定义是过滤气体通过滤料的速度，或者是通过滤料的风量和滤料面积的比。单位用 m/min 来表示。

袋除尘器过滤面积确定了，那么其处理风量的大小就取决于过滤速度的选定，公式为：

$$Q = 60vS$$

式中　Q——处理风量，m^3/h；

　　　v——过滤风速，m/min；

　　　S——总过滤面积，m^2。

注明：过滤面积（m^2）＝处理风量（m^3/h）/[过滤速度（m/min）×60]

袋式除尘器的过滤速度有毛过滤速度和净过滤速度之分，所谓毛过滤速度是指处理风量除以袋除尘器的总过滤面积，而净过滤速度则是指处理风量除以袋除尘器净过滤面积。

为了提高清灰效果和连续工作的能力，在设计中将袋除尘器分割成若干室（或区），每个室都有一个主气阀来控制该室处于过滤状态还是停滤状态（在线或离线状态）。当一个室进行清灰或维修时，必须使其主气阀关闭而处于停滤状态（离线状态），此时处理风量完全由其他室负担，其他室的总过滤面积称为净过滤面积。也就是说，净过滤面积等于总过滤面积减去运行中必须保持的清灰室数和维修室数的过滤面积总和。

（8）滤袋的长径比　滤袋的长径比是指滤袋的长度和直径之比，滤袋的长径比有如下规定：反吹风式 30～40，机械摇动式 15～35，脉冲式 18～23。

三、气态污染物的一般处理方法和净化技术

气态污染物是在常压下以气体状态存在的污染物。常见的气体污染物有：CO、SO_2、NO_2、NH_3、H_2S 等。蒸气是某些固态或液态物质受热后，引起固体升华或液体挥发而形成的气态物质。例如：汞蒸气、苯、硫酸蒸气等。蒸气遇冷，仍能逐渐恢复原有的固体或液体状态。气态污染物又可以分为一次污染物和二次污染物。一次污染物是指直接从污染源排到大气中的原始污染物质；二次污染物是指由一次污染物与大气中已有组分，或几种一次污

染物之间经过一系列化学或光化学反应而生成的与一次污染物性质不同的新污染物质。在大气污染控制中受到普遍重视的一次污染物有硫氧化物、氮氧化物、碳氧化物以及有机化合物等；二次污染物有硫酸烟雾和光化学烟雾。

气态污染物的处理方法有高空稀释排放和净化处理两种方法。净化处理气态污染物又可分为物理方法、生物方法和化学方法。物理方法包括水洗法、冷凝法和吸附法等；化学法处理包括燃烧法、氧化法、化学吸收法等；生物法是用活性污泥培养菌种，分解消化有害气体。在实际工程中，多采用化学吸收的方法治理气态污染物。气体混合物的净化方法根据不同的作用原理一般可以分为：吸收法、吸附法、催化转化法和燃烧法。

1. 吸收法

吸收法净化气态污染物是废气与选定的液体紧密接触，其中的一种或多种有害组分溶解于液体中，或者与液体中的组分发生选择性化学反应，从而将污染物从气流中分离出来的操作过程。气体吸收的必要条件是废气中的污染物在吸收液有一定的溶解度。吸收过程中所选用的液体称为吸收剂（液），或称为溶剂。被吸收的气体中可溶解的组分称为吸收质，或称为溶质，不能溶解的组分称为惰性气体。

吸收分为物理吸收和化学吸收两种。前者比较简单，可以视为单纯的物理溶解过程。例如用水吸收氯化氢或二氧化碳等。化学吸收是在吸收过程中吸收质与吸收剂之间发生化学反应，例如用碱液吸收氯化氢或二氧化硫，或者用酸液吸收氨等。

用吸收法净化气态污染物不仅效率高，而且还可以将某些污染物转化成有用的产品进行综合利用。例如用15%～20%二乙醇胺水溶液吸收石油炼制尾气中的硫化氢，可以再制取硫黄。因此，吸收法被广泛地用于气态污染物的净化。含 SO_2、H_2S、NO_x、HF 等污染物的废气都可以经过吸收法去除有害组分。由于废气量大、成分复杂、污染物浓度低而吸收效率和吸收速率一般又要求比较高，所以物理吸收往往达不到排放标准，多采用化学吸收来净化气态污染物。

吸收法净化气态污染物是使污染物从气相转移到液相的传质过程，故又称之为湿式净化法。吸收的逆过程为解吸。物理吸收过程中，吸收和解吸同时存在。在吸收过程开始时，吸收液中吸收质浓度很低，吸收速率大于解吸速率。随着吸收过程的进行，解吸速率逐渐增大，最终吸收速率与解吸速率相等，溶液达到了饱和状态。物理吸收是可逆的，降低温度、提高压力，有利于吸收；反之，则有利于解吸。化学吸收中发生的化学反应若是不可逆反应，就不能解吸，或解吸出来的不是原吸收质而是反应产物。若反应产物性质稳定，则可降低液相中吸收质浓度，有利于吸收。一般来说，化学反应的存在能提高吸收速率，并使吸收的程度更趋于完全。

吸收后的吸收液称为富液，富液需要进一步处理，以免造成二次污染。或者通过解吸，回收吸收质，并使吸收液恢复吸收能力而重复使用。

2. 吸附法

吸附是利用多孔性固体物质表面上未平衡或未饱和的分子力，把气体混合物中的一种或几种有害组分吸留在固体表面，将其从气流中分离而除去的净化操作过程。具有吸附能力的固体物质称为吸附剂，被吸附到固体表面的物质称为吸附质。

吸附净化属于干法工艺，它与湿法如吸收净化法相比，具有工艺流程简单、无腐蚀性、净化效率高、一般无二次污染等优点。吸附不仅用于废气的净化，也广泛用于污水的处理。在大气污染控制中，吸附过程能够有效地分离出废气中浓度很低的气态污染物。例如低浓度 SO_2 及 NO_x 尾气的净化，吸附净化后的尾气能够达到排放标准，分离出来的污染物还可以作为资源回收利用。因此,吸附净化法在废气治理中有着十分重要的地位。

3. 催化转化法

催化转化法是利用催化剂的催化作用,使废气中的污染物转化成无害物,甚至是有用的副产品,或者转化成更容易从气流中分离而被去除的物质。前一种催化转化操作直接完成了对污染物的净化过程,而后者则还需要附加吸收或吸附等其他操作工序,才能实现全部的净化过程,例如在处理高浓度的 SO_2 尾气时,以五氧化二钒为催化剂,在其作用下 SO_2 氧化成 SO_3,用水吸收制取硫酸,而使尾气得以净化。利用催化转化法净化气态污染物,一般是属于前一种过程,即在催化剂作用转化成无害的物质。

4. 燃烧法

燃烧法是将气体中的可燃性污染物通过高温完全氧化(燃烧)为二氧化碳和水的方法。对高浓度恶臭和有机溶剂废气常采用此法。废气中的氧含量、可凝结物质(或气溶胶物质)、无机物质和颗粒物都会影响燃烧法的适用性。燃烧温度根据可燃性污染物的热分解特性来确定。简便易行,可回收热能、控制臭味、破坏有毒有害物质。但不能回收有害气体,易造成二次污染。由于气流中可挥发分的浓度往往低于维持燃烧所必需的浓度,因此在燃烧过程中常需添加辅助燃料。

5. 气态污染物的净化技术

(1)二氧化硫净化技术　二氧化硫是主要的大气污染物,曾经在一些国家造成过多起重大的大气污染事件,因此国内外对 SO_2 控制技术进行了大量的研究,目前研究的烟气脱硫方法已有 100 多种,其中用于工业的有十几种。烟气中因 SO_2 含量不同,可分为两种:含量在 2% 以上的为高浓度烟气,主要来自金属冶炼及化工过程;而 SO_2 含量在 2% 以下的为低浓度烟气,主要来自燃料燃烧过程。高浓度 SO_2 烟气直接用来制取硫酸,因此,这里仅讨论燃烧烟气中低浓度 SO_2 的净化方法。这类烟气的特点是 SO_2 浓度低,大多数为 0.1%～0.5%,排放量大。

烟气脱硫方法通常有两种分类方法:一是根据在脱硫过程中生成物的处置分为抛弃法和回收法;二是根据脱硫剂的形态分为干法和湿法。

① 湿法脱除 SO_2 技术:

a. 石灰石-石膏法脱硫技术。烟气先经热交换器处理后,进入吸收塔,在吸收塔里 SO_2 直接与石灰浆液接触并被吸收去除。治理后烟气通过除雾器及热交换器处理后经烟囱排放。吸收产生的反应液部分循环使用,另一部分进行脱水及进一步处理后制成石膏。

b. 旋流板脱硫除尘技术。针对烟气成分组成的特点,采用碱液吸收法,经过旋流、喷淋、吸收、吸附、氧化、中和、还原等物理、化学过程,经过脱水、除雾,达到脱硫、除尘、除湿、净化烟气的目的。脱硫剂:石灰液法、双碱法、钠碱法。

② 半干法脱除 SO_2 技术:喷雾干燥脱硫技术是利用喷雾干燥的原理,在吸收剂(氧化钙或氢氧化钙)用固定喷头喷入吸收塔后,一方面吸收剂与烟气中发生化学反应,生成固体产物;另一方面烟气将热量传递给吸收剂,使硫反应产物形成干粉,反应产物在布袋除尘器(或电除尘器)处被分离,同时进一步去除 SO_2。循环流化床烟气脱硫技术是利用流化床原理,将脱硫剂流态化,烟气与脱硫剂在悬浮状态下进行脱硫反应。

③ 干法脱除 SO_2 技术:

a. 活性炭吸附法。在有氧及水蒸气存在的条件下,可用活性炭吸附 SO_2。由于活性炭表面具有的催化作用,使吸附的 SO_2 被烟气中的氧气氧化为 SO_3,SO_3 再和水反应生成硫酸被吸收;或用加热的方法使其分解,生成浓度高的 SO_2,此 SO_2 可用来制酸,设备通常是采用活性炭吸附装置。

b. 催化氧化法。在催化剂的作用下可将 SO_2 氧化为 SO_3 后进行利用。可用来处理硫酸尾气及有色金属冶炼尾气，技术成熟，已成为制酸工艺的一部分。但用此法处理电厂锅炉烟气及炼油尾气时，在技术上、经济上还存一些问题需要解决，通常采用的设备是光催化氧化废气处理设备。

目前抛弃法在技术上比较成熟，经济上也容易被接受。干法是利用固体吸附剂或催化剂脱除烟气中的 SO_2；湿法则是采用水或碱性吸收液或含触媒离子的溶液吸收烟气中的 SO_2。干法脱硫净化后烟气温度降低很少，由烟囱排入大气时利于扩散，生成物容易处理，但反应速度较慢；而湿法脱硫效率高，反应速度也快，但生成物是液体或泥浆，处理较为复杂，而且烟气在吸收过程中温度降低较多，不利于高烟囱扩散与稀释；喷雾干燥法是将吸收剂浆液喷入烟流中进行吸收，高温烟气使吸收液中水分蒸发，生成物呈干粉状，易于收集。

(2) 氮氧化物的净化技术　氮氧化物种类很多，有 NO、N_2O、NO_3、NO_2、N_2O_3、N_2O_4、N_2O_5 等，总称 NO_x。造成大气污染的主要是 NO 和 NO_2。主要来自燃料的燃烧过程、机动车排气及硝酸生产等过程。

净化烟气中的氮氧化物又简称为烟气脱氮或烟气脱硝。净化烟气和其他工业废气中氮氧化物的方法也很多。按工作介质又可分为干法和湿法两大类。而按照净化作用原理可分为吸附、催化还原、吸收和生物法等四大类。以下分别作简单介绍。

① 吸附法：活性炭吸附装置利用吸附剂对 NO_x 的吸附量随温度或压力的变化而变化的原理，通过周期性地改变反应器内的温度或压力，来控制 NO_x 的吸附和解吸反应，以达到将 NO_x 从气源中分离出来的目的。常用的吸附剂为分子筛、硅胶和活性炭等。

② 光催化氧化法：光氧化废气处理设备是利用 TiO_2 半导体的光催化效应脱除 NO_x，其机理是 TiO_2 受到超过其带隙能以上的光辐射照射时，价带上的电子被激发，超过禁带进入导带，同时在价带上产生相应的空穴。电子与空穴迁移到粒子表面的不同位置，空穴本身具有很强的得电子能力，可夺取 NO_x 体系中的电子，使其被活化而氧化。电子与水及空气中的氧反应生成氧化能力更强的·OH 及 O^{2-} 等，是将 NO_x 终氧化生成 NO_3^- 的主要氧化剂。

③ 液体吸收法：水吸收、酸吸收（如浓硫酸、稀硝酸）、碱液吸收（如氢氧化钠、氢氧化钾、氢氧化镁）和熔融金属盐吸收。还有氧化吸收法、吸收还原法及络合吸收法等。对以一氧化氮为主的氮氧化物，可先进行氧化，将废气的氧化度提高到1～1.3后，再进行吸收。

④ 吸收还原法：用亚硫酸盐、硫化物、硫代硫酸盐、尿素等水溶液吸收氮氧化物，并使其还原为 N_2。亚硫酸铵具有较强的还原能力，可将 NO_x 还原为无害的氮气，而亚硫酸铵则被氧化成硫酸铵，可作化肥使用。

⑤ 生物法：微生物净化氮氧化物有硝化和反硝化两种机理，适宜的脱氮菌在有外加碳源的情况下，利用氮氧化物为氮源，将氮氧化物同化合成为有机氮化合物，成为菌体的一部分（合成代谢），脱氮菌本身获得生长繁殖；而异化反硝化作用（分解代谢）则将 NO_x 最终还原成氮。

(3) 挥发性有机污染物控制技术　挥发性有机物（volatile organic compound，VOC），总挥发性有机物有时也用 TVOC 来表示。

VOCs 是挥发性有机物简称，是指常温下饱和蒸气压大于133Pa、常压下沸点在50～260℃的有机化合物，或在常温常压下任何能挥发的有机固体或液体。按其化学结构的不同，可以进一步分为八类：烷类、芳烃类、烯类、卤烃类、酯类、醛类、酮类和其他。

VOCs 的主要成分有：烃类、卤代烃、氧烃和氮烃，包括：苯系物，有机氯化物，氟利

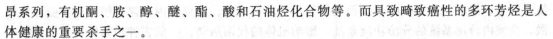

昂系列，有机酮、胺、醇、醚、酯、酸和石油烃化合物等。而具致畸致癌性的多环芳烃是人体健康的重要杀手之一。

根据我国挥发性有机物（VOCs）污染防治技术政策中"末端治理与综合利用"条款规定：

① 在工业生产过程中鼓励 VOCs 的回收利用，并优先鼓励在生产系统内回用。

② 对于含高浓度 VOCs 的废气，宜优先采用冷凝回收、吸附回收技术进行回收利用，并辅助以其他治理技术实现达标排放。

③ 对于含中等浓度 VOCs 的废气，可采用吸附技术回收有机溶剂，或采用催化燃烧和热力焚烧技术净化后达标排放。当采用催化燃烧和热力焚烧技术进行净化时，应进行余热回收利用。

④ 对于含低浓度 VOCs 的废气，有回收价值时可采用吸附技术、吸收技术对有机溶剂回收后达标排放；不宜回收时，可采用吸附浓缩燃烧技术、生物技术、吸收技术、等离子体技术或紫外光高级氧化技术等净化后达标排放。

现对上述规定中提出的净化技术作简单介绍。

① 吸收法：利用某一 VOC 易溶于特殊的溶剂（或添加化学药剂的溶液）的特性进行处理，这个过程通常都在装有填料的吸收塔中完成。

② 冷凝法：对于高浓度 VOC，可以使其通过冷凝器，气态的 VOC 降低到沸点以下，凝结成液滴，再靠重力作用落到凝结区下部的贮罐中，从贮罐中抽出液态 VOC，就可以回收再利用。

③ 吸附法：利用某些具有从气相混合物中有选择地吸附某些组分能力的多孔性固体（吸附剂）来去除 VOC 的一种方法。目前用以处理 VOC 常用的吸附剂有活性炭和活性碳纤维，所用的装置为阀门切换式两床（或多床）吸附器。

④ 生物法：利用微生物分解 VOC，一般用于处理低浓度 VOC。

⑤ 等离子体法：低温等离子废气净化器通过陡前沿、窄脉宽（ns 级）的高压脉冲电晕放电，在常温常压下获得非平衡等离子体，即产生大量的电子和 O·、OH· 等活性粒子，对 VOCs 分子进行氧化、降解反应，使 VOCs 终转化为无害物。

⑥ 燃烧法：燃烧技术适用于净化可燃组分浓度较高的废气，最理想的情况是废气中有机物燃烧所产生的热量能够维持反应器的反应温度（称之为自持燃烧）。燃烧技术又可分为催化燃烧与高温燃烧二种。

a. 催化燃烧的反应温度低（一般在 300～400℃），运行费用低，一般情况下尽量采用催化燃烧技术。但当废气中含有能够引起催化剂中毒的化合物（如含硫、卤素、氮和金属）时，则不宜采用催化燃烧技术。

b. 高温焚烧技术反应温度高（750℃以上），运行费用也高得多。医药等精细化工生产企业由于 VOCs 组成复杂，多采用蓄热式热力焚化炉（RTO）技术。

（4）恶臭控制技术　恶臭是各种气味（异味）的总称。大气、水、废弃物中的异味通过空气，作用于人的嗅觉而被感知；表征它不仅要靠分析数据，还要通过人们的感知进行分析和判断。根据国内外有关论述，恶臭定义为：凡是能损害人类生活环境、产生令人难以忍受的气味或使人产生不愉快感觉的气体。

恶臭危害主要有六个方面：①危害呼吸系统。人们突然闻到恶臭，就会产生反射性的抑制吸气，使呼吸次数减少，深度变浅，甚至完全停止吸气，即所谓"闭气"，妨碍正常呼吸功能。②危害循环系统。随着呼吸的变化，会出现脉搏和血压的变化。如氨等刺激性臭气会使血压出现先下降后上升，脉搏先减慢后加快的现象。③危害消化系统。经常接触恶臭，会使人厌食、恶心，甚至呕吐，进而发展为消化功能减退。④危害内分泌系统。经常受恶臭刺激，会使内分泌系统的分泌功能紊乱，影响机体的代谢活动。⑤危害神经系统。长期受到一种或几种低浓度恶臭物质的刺激，会引起嗅觉脱失、嗅觉疲劳等障碍。"久闻而不知其臭"，使嗅觉丧失了第一道防御功能，但脑神经仍不断受到刺激和损伤，最后导致大脑皮层兴奋和抑制的调节功能失调。⑥对精神的影响。恶臭使人精神烦躁不安，思想不集中，工作效率减低，判断力和记忆力下降，影响大脑的思考活动。

高浓度恶臭物质的突然袭击，有时会把人当场熏倒，造成事故。例如在日本川崎市，1961年8～9月就曾连续发生三次恶臭公害事件，都是由一家工厂夜间排放一种含硫醇的废油引起的。恶臭扩散到距排放源20多公里的地方，近处有人当场被熏倒；远处有人在熟睡中被熏醒。还有人恶心、呕吐、眼睛疼痛等等。

恶臭气体可采用微生物分解法、活性炭吸附、等离子法、植物喷洒液除臭法和UV光解净化法等方法加以清除。下面作简单介绍。

① 微生物分解法：利用循环水流将恶臭气体中污染物质溶于水中，再由水中培养床培养出微生物，将水中的污染物质降解为低害物质，除臭效率可达70%，但受微生物活性影响，培养出来的微生物只能处理一种或几种性质相近的气体，为提高处理效率和稳定运行，频繁添加药剂、控制pH、温度等，运行费用相对较高，投入人工也比较多，而且生物一旦死亡将需要较长时间重新培养。

② 吸附法：利用活性炭内部空隙结构发达、有巨大比表面积来吸附通过活性炭池的恶臭气体分子，初期处理效率可达65%，但极易饱和，通常数日即失效，需要经常更换，并需要寻找废弃活性炭的处理办法，运行维护成本很高，适用于低浓度、大风量气体，对醇类、脂肪类效果较明显，但湿度大的废气效果不明显，且容易造成环境二次污染。

③ 等离子法：利用高压电极发射离子及电子，轰击废气中恶臭分子，从而裂解恶臭分子，对低浓度的恶臭气体净化效果明显，在正常运行情况下可达到80%以上，能处理多种臭气成分组成的混合气体，不受湿度的影响，且无二次污染；但用电量大，且还需要清灰，运行维护成本高，对高浓度易燃易爆气体极易引起爆炸。

④ 植物喷洒液除臭法：通过向产生恶臭气体的空间喷洒植物提取液将恶臭气体进行中和、吸收，达到脱臭的目的，除臭效果低浓度可达到50%，不同的臭气选择不同的喷洒液，需经常添加植物喷洒液，且需维护设备，运行维护费用高，易造成二次污染。

⑤ UV光解净化法：光氧化废气净化设备采用UV紫外线，在光解净化设备内，裂解氧化恶臭物质分子链，改变物质结构，将高分子污染物质裂解、氧化为低分子无害物质，其脱臭效率可达99%，脱臭效果大大超过1993年颁布的恶臭物质排放标准（GB 14554—93），能处理氨、硫化氢、甲硫醇、甲硫醚、苯、苯乙烯、二硫化碳、二甲基二硫醚等高浓度混合气体，内部光源可使用三年，设备寿命在十年以上，净化技术可靠且非常稳定，净化设备无须日常维护，只需接通电源即可正常使用，且运行成本低，无二次污染。

（5）卤化物气体控制技术　大气中常见的卤素及卤化物的污染物有：氯气、氟气、氯化氢、氟化氢以及各种氟利昂等。其中，氯气、氟气、氯化氢以及氟化氢等气体主要是一些采矿业及化学工业的产物，它们对人体具有极强的刺激性和很大的毒性，对许多物质具有非常强的腐蚀性。当它们排入大气并积累后便形成对大气环境的污染，严重危害人类的健康和各种生物体的生存，对各种金属的机械设备、建筑物以及名胜古迹也会造成严重的腐蚀与危害，它们还是造成酸雨的重要成因之一。卤化物气体控制技术有：

① 首先考虑其回收利用。如氯化氢气体可回收制盐酸，含氟废气能生产无机氟化物和白炭黑等。

②　吸收和吸附等物理化学方法在资源回收利用和卤化物深度处理上工艺技术相对成熟，优先使用物理化学类方法处理卤化物气体。

③　碱液吸收含氯或氯化氢（盐酸酸雾）废气；水、碱液或硅酸钠，吸收含氟废气；石灰水洗涤低浓度氟化氢废气；水吸收氟化氢生成氢氟酸，同时有硅胶生成，应注意随时清理，防止系统堵塞。

④　电解铝行业治理含氟废气宜采用氧化铝粉吸附法。

（6）含重金属气体控制技术　重金属污染指由重金属或其化合物造成的环境污染。主要由采矿、废气排放、污水灌溉和使用重金属超标制品等人为因素所致。因人类活动导致环境中的重金属含量增加，超出正常范围，直接危害人体健康，并导致环境质量恶化。2011 年 4 月初，我国首个"十二五"专项规划《重金属污染综合防治"十二五"规划》获得国务院正式批复，防治规划力求控制 5 种重金属。

重金属污染主要表现在水污染中，还有一部分是在大气和固体废物中。

重金属污染与其他有机化合物的污染不同。不少有机化合物可以通过自然界本身物理的、化学的或生物的净化，使有害性降低或解除。而重金属具有富集性，很难在环境中降解。

重金属在人体内能和蛋白质及各种酶发生强烈的相互作用，使它们失去活性，也可能在人体的某些器官中富集，如果超过人体所能耐受的限度，会造成人体急性中毒、亚急性中毒、慢性中毒等，对人体会造成很大的危害，例如，日本发生的水俣病（汞污染）和骨痛病（镉污染）等公害病，都是由重金属污染引起的。

重金属的污染主要来源于工业污染，其次是交通污染和生活垃圾污染。工业污染大多通过废渣、废水、废气排入环境，在人和动物、植物体中富集，从而对环境和人的健康造成很大的危害，工业污染的治理可以通过一些技术方法、管理措施来降低它的污染，最终达到国家的污染物排放标准。对于含重金属的气体污染物的治理从以下两方面入手。

①　从机理方面控制：

a. 尽可能阻止（或减少）金属颗粒的形成。如在燃烧中通过改变金属化合物的形态，使它在尾部烟道中尽量按我们想要的方式冷凝下来。

b. 减少排出炉膛的金属颗粒数量。这样，进入大气的重金属元素必然会减少，如采用除尘设备。

②　从设备处于燃烧前后的位置来控制：

a. 燃烧前预处理：主要指煤炭加工技术，包括选煤、动力配煤、型煤、水煤浆等，这些技术一般是通过提高煤燃烧效率，减少烟气的排放量来达到降低重金属污染的目的。采用先进的洗选技术可使煤中重金属元素含量明显降低。

A. 浮选法：重金属元素与其他矿物质类似，主要存在于无机物中，当在煤粉浆液中加入有机浮选剂进行浮选时，有机物主要成为浮选物，无机矿物质则主要成为浮选矿渣，这样，重金属元素将会富集在浮选废渣中，从而起到除去煤中重金属的目的。

B. 化学脱硫：煤中重金属元素相当一部分存在于硫化物、硫酸盐中，如 As、Co、Hg、Se、Pb、Cr、Cd 等元素就主要存在于硫酸盐中。如果采用化学方法脱去原煤中的硫酸盐与硫化物，也就相应除去了存在于其中的重金属元素。

b. 燃烧中控制：改变燃烧工况和添加固体吸附剂。由于重金属在高温下易挥发，且挥发率随温度升高而升高。挥发后的重金属会在烟道下游发生凝结、非均相冷凝、均相结核等物理化学变化，形成亚微米颗粒继而增加排放到大气中的重金属量。

目前，燃烧中控制重金属排放的技术主要有以下几种：流化床燃烧技术、织物（布袋）

过滤技术、吸附剂吸附技术。

c. 燃烧后控制：高效除尘；湿法烟气脱硫：在烟气处理装置中加凝固剂，对于 Hg 的处理，由于它在烟气中主要以气态存在，可以在烟气处理装置中加入凝固剂，如 Na_2S 和 $NaClO_3$ 等，来减少气态 Hg 的存在。

第四节　化工固体废物处理技术

一、化工固体废物及其防治方法

化工固体废物是指化学工业生产过程中产生的固体和泥浆状废物，也称"废渣"属于工业废渣的一部分。随着社会经济的迅速发展，工业废渣日益增多，它不仅对城市环境造成巨大压力，而且限制了城市的发展。因此，从环保角度考虑，这些固体废渣的处理显得尤为重要。对固体废渣实行管理与控制是一项复杂的系统工程。

1. 化工固体废物的来源及分类

化工固体废物主要来自化工生产过程中产生的不合格的产品、不能出售的副产品、反应釜底料、滤饼渣、废催化剂、废包装物、废塑料、废橡胶、废聚合物和化学污泥等。

化工固体废物按危险程度可将化工废渣分为一般工业废渣和危险化工废渣。化学工业门类多，品种多，所以化工废渣的污染面广，治理难度较大。化工废渣主要有以下几类：①有毒有害可回收类；②无毒无害可回收类；③有毒有害不可回收类；④无毒无害不可回收类。对第①②类可回收再利用，对③类一般进行无毒处理，比如高温焚烧等等，对④类直接进行废弃处理。

2. 化工固体废物的污染特点

固体废弃物的污染性表现为固体废弃物自身的污染性和固体废弃物处理的二次污染性。固体废弃物可能含有毒性、燃烧性、爆炸性、放射性、腐蚀性、反应性、传染性与致病性的有害废弃物或污染物、甚至含有污染物富集的生物，有些物质难降解或难处理，固体废弃物排放数量与质量具有不确定性与隐蔽性，固体废弃物处理过程生成二次污染物，这些因素导致固体废弃物在其产生、排放和处理过程中对生态环境造成污染，甚至对人类身心健康造成危害。化工固体废物具有一般固体废物的污染特征。

(1) 产生和排放量大。化工固体废物的生产量一般达 0.1～3 吨固废/吨产品，甚至可达 8～12 吨/吨产品；若以产值计算，则一般为 7.16 吨/万元产值。化工固体废物生产量大；约占全国工业固体废物总排放量的 5.9%（2013 年），居各行业第五位。

(2) 危险废物种类多，有毒有害物质含量高。可能造成燃烧、爆炸、接触中毒、腐蚀等特殊损害。另外，固体废物还可能通过植物和动物间接地对人类的健康造成危害，例如重金属污染等。

(3) 直接污染土壤。存放废渣需要占用大量的场地，土壤是许多细菌、真菌等微生物聚居的场所，这些微生物与土壤本身构成了一个平衡的生态系统，而未经处理的有害固体废物，经过风化、雨淋、地表径流等作用，其有毒液体将渗入土壤，进而杀死土壤中的微生物，破坏了土壤中的生态平衡，污染严重的地方甚至寸草不生。尤其是有毒的废渣，既会使土壤受到污染，又可导致农作物等受到污染，污染物转入农作物或者转入水域后，会给人类健康带来很大的危害。

(4) 间接污染水域。化工固体废物未经无害化处理随意堆放，将随天然降水或地表径流流入河流、湖泊，长期淤积，使水面缩小，其有害成分的危害将是更大的。固体废物的有害成分，如汞（来自红塑料、霓虹灯管、电池、朱红印泥等）、镉（来自印刷、墨水、纤维、搪瓷、玻璃、镉颜料、涂料、着色陶瓷等）、铅（来自黄色聚乙烯、铅制自来水管、防锈涂料等）等微量有害元素，如处理不当，能随渗沥水进入土壤，从而污染地下水，同时也可能随雨水渗入水网，流入水井、河流以至附近海域，被植物摄入，再通过食物链进入人体，影响人体健康。我国个别城市的化工固体废物填埋场周围发现，地下水的浓度、色度、总细菌数、重金属含量等污染指标严重超标。

（5）间接污染大气。固体废弃物中的干物质或轻质随风飘扬，会对大气造成污染。焚烧法是处理固体废弃物较为流行的方式，但是焚烧将产生大量的有害气体和粉尘，一些有机固体废弃物长期堆放，在适宜的温度和湿度下会被微生物分解，同时释放出有害气体。造成大气污染。

（6）废弃物资源化可能性大。固体废弃物只是一定条件下才成为固体废弃物，当条件改变后，固体废弃物有可能重新具有使用价值，成为生产的原材料、燃料或消费物品，因而具有一定的资源价值及经济价值。化工废渣一般为未反应的原料或者是反应过程生产的副产品。未反应的原料可以通过循环使用或提高反应转化率来提高其资源化率。而反应过程生产的副产品通过分离回收，使其成为有用之物，而不是随意排放被浪费。

3. 化工固体废物的防治方法

科学的化工固体废物防治方法，首先必须是通过合理地选择适当的工艺流程、有效的操作条件、生产设备以及企业的严格管理来有效地控制污染源。同时对废弃物进行妥善处理、回收及综合利用。

在实际生产中，化工固体废物从产生到处理的各个环节都存在着环境风险，必须综合采用技术、经济、政策等多种手段，促进政府、企业、公众的广泛参与，才能规范运作，从而有效预防和减少危害，保障人体健康和环境安全。

特别是针对目前企业存在的管理制度不完善、监管能力不足、利用和处理技术水平低等问题，要实现化工固体废物的有效防治，应从以下几个方法入手：①从根本上说，应鼓励产生废料的企业开展清洁生产，促进废料预防和源头减量；②对于已经产生的废料，则需要通过政策引导、标准规范、社会参与、政府监管等模式来引导企业提高利用和处理技术水平；③还有应建立多元化、多渠道的投资运营体制，促进废料集中处理设施建设；④通过加强管理队伍和管理能力建设，加大执法和监管力度，为处理设施建设和环境安全提供保障。

二、化工固体废物的一般处理技术

化工固体废物污染防治技术政策的基本原则是化工固体废物的减量化、资源化和无害化。尽可能防止和减少化工固体废物的产生；对产生的化工固体废物尽可能通过回收利用，减少化工固体废物处理处置量；不能回收利用和资源化的化工固体废物应进行安全处置；安全填埋为化工固体废物的最终处置手段。

化工固体废弃物的处理通常是根据上述基本原则实施的。它是指用物理、化学、生物、物化及生化方法把化工固体废物转化为适于运输、储存、利用或处置的过程，化工固体废弃物处理的目标是无害化、减量化、资源化。有人认为化工固体废物是"三废"中最难处置的一种，因为它含有的成分相当复杂，其物理性状（体积、流动性、均匀性、粉碎程度、水分、热值等）也千变万化，要达到上述"无害化、减量化、资源化"目标会遇到相当大的麻烦，一般防治固体废物污染方法首先是要控制其产生量，例如，控制工厂原料的消耗定额，提高产品的使用寿命，提高废品的回收率等；其次是开展综合利用，把化工固体废物作为资源和能源对待，实在不能利用的则经压缩和无毒处理后成为终态固体废物，然后再填埋和沉海，主要采用的方法包括压实、破碎、分选、固化、焚烧、生物处理等。

1. 预处理技术

（1）压实　压实是一种通过用物理的手段提高化工固体废物的聚集程度，减少其容积，以便于运输、后续处理和延长填埋寿命的预处理技术。也是一种普遍采用的固体废弃物的预处理方法。而某些可能引起操作问题的化工废渣，如焦油、污泥或泥浆状废物，一般也不宜作压实处理。压实主要设备为压实机。

（2）破碎　为了使进入焚烧炉、填埋场、堆肥系统等化工固体废物的外形减小，必须预先对固体废弃物进行破碎处理，经过破碎处理的废物，由于消除了大的空隙，不仅尺寸大小均匀，而且质地也均匀，在填埋过程中易于压实。固体废弃物的破碎方法很多，主要用有机械方法破坏固体废物内部的聚合力，减小颗粒尺寸，有冲击破碎、剪切破碎、挤压破碎、摩擦破碎等。此外还有专有的低温破碎和混式破碎等。

（3）分选　分选是实现化工固体废物资源化、减量化的重要手段。根据固体废物不同的物质性质，在进行最终处理之前，分离出有价值的和有害的成分，实现"废物利用"。另一种是将不同粒度级别的废弃物加以分离，分选的基本原理是利用物料的某些性质方面的差异，将其分离开。例如，利用废弃物中的磁性和非磁性差别进行分离；利用粒径尺寸差别进行分离；利用比重差别进行分离等。根据不同性质，可设计制造各种机械对固体废弃物进行分选，分选包括手工拣选、筛选、重力分选、磁力分选、涡电流分选、光学分选等。

2. 填埋技术

（1）卫生土地填埋　卫生土地填埋是处置一般化工固体废物，而不会对公众健康及环境安全造成危害的一种方法。主要用来处置无害的化工固体废物。

（2）安全土地填埋　安全土地填埋是一种改进的卫生填埋方法，也称为安全化学土地填埋。安全土地填埋主要用来处置危险化工固体废物。因此，对场地的建造技术要求更为严格。如衬里的渗透系数要小于 $10^{-8}\,\mathrm{cm/s}$，浸出液要加以收集和处理，地面径流要加以控制，还要考虑对产生的气体的控制和处理等。此外，还有一种土地填埋处理方法，即浅地层埋藏法。这种方法主要用来处置低放射性废物。

土地填埋法与其他处置方法相比，其主要优点是：此法为一种完全的、最终的处置方法，是一种把危险废物放置或储存在环境中，使其与环境隔绝的处置方法。也是对其经过各种方式的处理之后所采取的最终处置措施，目的是割断废物与环境的联系，使其不再对环境和人体健康造成危害。所以，是否能阻断废物和环境的联系便是填埋处置成功与否的关键，也是安全填埋潜在风险的所在。若有合适的土地可供利用，此法投资低，操作简单，填埋费用低；它不受废物的种类限制，且适合于处理大量的废物；填埋后的土地可重新用作停车场、游乐场、高尔夫球场等。缺点是：存在很大后患，有害物质容易泄漏，造成环境污染，一旦衬层系统失效，就会对周围环境和公众造成长期持续的威胁，并且填埋场占用大量土地，带来土地资源浪费；填埋场必须远离居民区；填埋在地下的危险废物，通过分解可能会产生易燃、易爆或毒性气体，需加以控制和处理等。

3. 焚烧技术

焚烧法是高温分解和深度氧化的综合过程。通过焚烧可以使可燃性的危险化工固体废物氧化分解，达到减少体积，去除毒性，回收能量及副产品的目的。

危险废物的焚烧过程比较复杂。由于危险化工固体废物的物理性质和化学性质比较复杂，对于同一批危险废物，其组成、热值、形状和燃烧状态都会随着时间与燃烧区域的不同

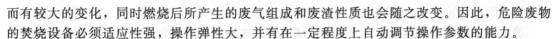

而有较大的变化，同时燃烧后所产生的废气组成和废渣性质也会随之改变。因此，危险废物的焚烧设备必须适应性强，操作弹性大，并有在一定程度上自动调节操作参数的能力。

一般来说，差不多所有的有机危险废物都可用焚烧法处理，而且最好是用焚烧法处理。而对于某些特殊的有机危险废物，只适合用焚烧法处理，如石化工业生产中某些含毒性中间副产物等。

焚烧处置的特点可以实现无害化、减量化、资源化。焚烧法的优点在于能迅速而大幅度地减少可燃性危险废物的体积。如在一些新设计的焚烧装置中，焚烧后的废物体积只是原体积的 5% 或更少。一些有害废物通过焚烧处理，可以破坏其组成结构或杀灭病原菌，达到解毒、除害的目的。此外，通过焚烧处理还可以提供热能。

焚烧法的缺点：①危险废物的焚烧会产生大量的酸性气体和未完全燃烧的有机组分如：二噁英、呋喃、重金属、烟尘等有害二次污染物及炉渣，如将其直接排入环境，必然会导致二次污染。②此法的投资及运行管理费高，为了减少二次污染，要求焚烧过程必须设有控制污染设施和复杂的测试仪表，这又进一步提高了处理费用。

4. 微波裂解法

区别于焚烧，微波裂解技术是在无氧或缺氧条件下，利用热能将大分子量的有机物裂解为分子量相对较小的易于处理的化合物或可燃烧气体、油和炭黑等有机物。微波热解法和焚烧法是两个完全不同的过程，焚烧是一个放热过程，而裂解需要吸收大量热量。焚烧的主要产物是二氧化碳和水，而裂解的主要产物是可燃的低分子化合物。微波加热裂解的优越性如下。

(1) 加热速度快 常规加热均为外部加热，是利用热传导、对流、热辐射将热量首先传递给被加热物料的表面，再通过热传导逐步使中心温度升高，需要一定的热传导时间才能使中心部位达到所需温度。微波加热则属于内部加热。电磁能直接作用于介质分子转换成热能，且透射使介质内外同时受热，不需要热传导，故可在短时间内达到均匀加热。

(2) 加热均匀 用外部加热方式加热时，为提高加热速度，需升高外部温度，加大温差梯度，容易产生外焦内生现象。微波加热是电磁场中由介质损耗引起的体积加热，在电磁场作用下，分子运动由原来杂乱无章的状态变成有序的高频振动，分子动能转变成热能，达到均匀加热的目的，因此微波加热又称为无温度梯度的"体加热"。

(3) 穿透能力强，能量利用效率高 穿透能力就是电磁波穿透到介质内部的能力。电磁波的穿透深度和波长是同一数量级，除了较大的物体外，微波可以直接穿透进入物料内部，对物料内外均衡加热。能量利用效率很高，物质升温非常快。

(4) 选择性加热 由于物质吸收微波能的能力取决于自身的介电特性，因此可对混合物料中的各个组分进行选择性加热。一般说介电常数大的介质很容易用微波加热，介电常数太小的介质就很难用微波加热。

(5) 催化性 固废的裂解是一种由高分子裂解成小分子的裂解反应，微波对高分子裂解有明显的催化作用，所以微波很适用于化工固废的裂解。

(6) 节能高效 微波加热时，被加热物料一般都是放在用金属制成的加热室内，电磁波不能外泄，只能被加热物体吸收，加热室内的空气与相应的容器都不会被加热，所以热效率高，生产环境也明显改善。

(7) 清洁卫生环保 一般工业加热设备比较大，占地多，周围环境温度也比较高，操作工人劳动条件差，强度大。而微波加热设备占地面积小，避免了环境高温，工人的劳动环境得到了大大的改善。微波本身不产生任何污染物，有利于环境保护。

(8) 易于控制 微波功率的控制是由开关、旋钮调节，即开即用，热惯性极小，可以实现温度升降的快速控制，控制精度高，有利于连续生产、自动化控制。

综上所述，微波加热技术具有加热速度快、有选择性、有催化性、加热源与加热材料不直接接触，易于自动控制、节约能源等特点。

5. 热解技术

热解是将有机物在无氧或缺氧条件下高温（1000～1200℃）加热，使之分解为气、液、固三类产物，与焚烧法相比，热解法是更有前途的处理方法，它最显著的优点是基建投资少，而且热解后产生的气体可以作燃料。

6. 微生物分解技术

生物处理技术是利用微生物对有机固体废物的分解作用使其无害化，可以使有机固体废物转化为能源、食品、饲料和肥料，还可以用来从废品和废渣中提取金属，是废物资源化的有效的技术方法，目前应用比较广泛的有：堆肥、制沼气、废纤维素制糖、废纤维生产饲料、细菌浸出等。其中与化工固体废物有关的是堆肥和细菌浸出。介绍如下。

（1）堆肥化：它是依赖自然界广泛分布的细菌、放线菌、真菌等微生物，人为地促进可生物降解的有机物向稳定的腐殖质的生物转化过程。堆肥化的产物称作堆肥，是一种具有改良土壤结构，增大土壤容水性、减少无机氮流失、促进难溶磷转化为易溶磷、增加土壤缓冲能力和化学肥料的肥效等多种功效的廉价、优质土壤改良肥料。根据堆肥化过程中微生物对氧的需求关系可分为厌氧堆肥与好氧堆肥两种方法。好氧堆肥因其具有堆肥温度高、基质分解比较彻底、堆制周期短、异味小等优点而被广泛采用。按照堆肥方法的不同，好氧堆肥又可分为露天堆肥和快速堆肥两种方法。现代化堆肥生产通常由前处理、主发酵（一次发酵）、后发酵（二次发酵）、后处理、贮藏等五个工序组成。其中主发酵是整个生产过程的关键，应控制好通风、温度、水分、碳氮比、碳磷比及 pH 等发酵条件。

（2）细菌浸出：化能自养细菌将亚铁氧化为高铁（三价铁）、将硫及还原性硫化物氧化为硫酸从而取得能源，从空气中摄取二氧化碳、氧以及水中其他微量元素（如 N、P 等）合成细胞质。这类细菌生长在简单的无机培养基中，并能耐受较高金属离子和氢离子浓度。利用化能自养菌的这种独特生理特性，从矿物料中将某些金属溶解出来，然后从浸出液中提取金属的过程，通称为细菌浸出。该法主要用于处理如铜的硫化物和一般氧化物（Cu_2O、CuO）为主的铜矿和铀矿废石，回收铜和铀。对锰、砷、镍、锌、钼及若干稀有元素也有应用前景。目前，细菌浸出在国内外得到大规模工业应用。

7. 转化利用技术

利用化工新工艺、新方法把废渣转化为新的有用产品。这是在废渣处理时应优先考虑的方法。所谓资源化是指采取管理和工艺措施从固体废物中回收物质和能源，加速物质和能量的循环，创造经济价值的技术方法。从固体废物管理的观点来说，资源化的定义包括以下三个范畴。

① 物质回收：处理废弃物并从中回收指定的二次物质如纸张、玻璃和金属等物质。

② 物质转换：利用废弃物制取新形态的物质，如利用废玻璃和废橡胶生产铺路材料，利用炉渣生产水泥和其他建筑材料，利用有机垃圾生产堆肥等。

③ 能量转换：从废物处理过程中回收能量，作为热能或电能。例如通过有机废物的焚烧处理回收热量，进一步发电。

8. 固化技术

固化技术是通过向废弃物中添加固化基材，使有害固体废物固定或包容在惰性固化基材

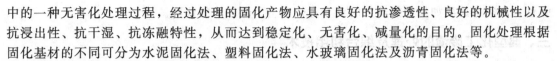

中的一种无害化处理过程，经过处理的固化产物应具有良好的抗渗透性、良好的机械性以及抗浸出性、抗干湿、抗冻融特性，从而达到稳定化、无害化、减量化的目的。固化处理根据固化基材的不同可分为水泥固化法、塑料固化法、水玻璃固化法及沥青固化法等。

(1) 水泥固化法　水泥固化法是以水泥为固化剂将危险废物进行固化的一种处理方法。水泥中加入适当比例的水混合会发生水化反应，产生凝结后失去流动性则逐渐硬化。水泥固化法是用污泥（危险固体废物和水的混合物）代替水加入水泥中，使其凝结固化的方法。

对有害污泥进行固化时，水泥与污泥中的水分发生水化反应生成凝胶，将有害污泥微粒包容，并逐步硬化形成水泥固化体。可以认为，这种固化体的结构主要是水泥的水化反应物。这种方法使得有害物质被封闭在固化体内，达到稳定化、无害化的目的。

水泥固化法由于水泥比较便宜，并且操作设备简单，固化体强度高、长期稳定性好，对受热和风化有一定的抵抗力，因而利用价值较高。

水泥固化法的缺点：水泥固化体的浸出率较高，通常为 $10^{-4} \sim 10^{-5} \text{g}/(\text{cm}^2 \cdot \text{d})$，因此需作涂覆处理；由于油类、有机酸类、金属氧化物等会妨碍水泥水化反应，为保证固化质量，必须加大水泥的配比量，结果固化体的增容比较高；有的废物需进行预处理和投加添加剂，使处理费用增高。

(2) 塑料固化法　塑料固化法是将塑料作为凝结剂，使含有重金属的污泥固化而将重金属封闭来，同时又可将固化体作为农业或建筑材料加以利用。

塑料固化技术按所用塑料（树脂）不同可分为热塑性塑料固化和热固性塑料固化两类。热塑性塑料有聚乙烯、聚氯乙烯树脂等，在常温下呈固态，高温时可变为熔融胶黏液体，将有害废物掺合包容其中，冷却后形成塑料固化体。热固性塑料有脲醛树脂和不饱和聚酯等。脲醛树脂具有使用方便、固化速度快、常温或加热固化均佳的特点，与有害废物所形成的固化体具有较好的耐水性、耐热性及耐腐蚀性。不饱和聚酯树脂在常温下有适宜的黏度，可在常温、常压下固化成型，容易保证质量，适用于对有害废物和放射性废物的固化处理。

塑料固化法的特点是：一般均可在常温下操作；为使混合物聚合凝结仅加入少量的催化剂即可；增容比和固化体的密度较小。此法既能处理干废渣，也能处理污泥浆，并且塑性固体不可燃。其主要缺点是塑料固化体耐老化性能差，固化体一旦破裂，污染物浸出会污染环境，因此，处置前都应有容器包装，因而增加了处理费用。此外，在混合过程中释放的有害烟雾，污染周围环境。

(3) 水玻璃固化法　水玻璃固化法是以水玻璃为固化剂，无机酸类（如硫酸、硝酸、盐酸等）作为辅助剂，与有害污泥按一定的配料比进行中和与缩合脱水反应，形成凝胶体，将有害污泥包容，经凝结硬化逐步形成水玻璃固化体。用水玻璃进行污泥的固化，其基础就是利用水玻璃的硬化、结合、包容及其吸附的性能。

水玻璃固化法具有工艺操作简便，原料价廉易得，处理费用低，固化体耐酸性强，抗透水性好，重金属浸出率低等特点。但目前此法尚处于试验阶段。

(4) 沥青固化法　沥青固化法是以沥青为固化剂与危险废物在一定的温度、配料比、碱度和搅拌作用下产生皂化反应，使危险废物均匀地包容在沥青中，形成固化体。

经沥青固化处理所生成的固化体空隙小、密度高，难于被水渗透，同水泥固化体相比较，有害物质的沥滤率更低。并且采用沥青固化，无论污泥的种类和性质如何，均可得到性能稳定的固化体。此外，沥青固化处理后随即就能硬化，不需像水泥那样经过 $20 \sim 30$ 天的养护。但是，由于沥青的导热性不好，加热蒸发的效率不高，倘若污泥中所含水分较大，蒸发时会有起泡现象和雾沫夹带现象，容易排出废气发生污染。对于水分含量大的污泥，在进行沥青固化之前，要通过分离脱水的方法使水分降到 $50\% \sim 80\%$ 左右。再有，沥青具有可燃性，必须考虑到如果加热蒸发时沥青过热就会引起较大的危险。

三、典型化工废渣的处理及综合利用技术

化工废渣中 Fe、S、As 含量较高，同时含有一定量的 Zn、Pb、Ag 等金属元素，是一种很有综合利用价值的工业废渣。长期以来这类废渣大多采用就地掩埋或囤积储存的方法处理，不仅对周围环境造成污染，而且大量有价值的金属得不到充分利用。

1. 含砷固体废物处理及综合利用技术

砷在农业、电子、医药、冶金、化工等领域具有特殊用途，可用于制取杀虫剂、木材防腐剂、玻璃脱色剂等。我国《工业企业卫生标准》规定：地面水中砷的最高允许质量浓度为 0.04mg/L，居民区大气中砷化合物（按砷计）日平均最高允许质量浓度为 0.003mg/m³。工业"三废"排放试行标准规定：砷及其无机化合物最高允许质量浓度为 0.5mg/L。采用现代废水处理技术，含砷废水可以较易实现达标排放。然而，化工和冶炼过程产生的固体含砷废渣以及处理废水、废酸产生的含砷沉渣等对环境的污染和危害目前还没有得到根治，大量有价金属没有得到充分利用，含砷废物的排放现状与环保部门的要求仍相距甚远。针对砷害问题早在 20 世纪 70 年代初便开始了研究。日本、苏联、瑞典及我国等在除砷方面做了大量研究工作，形成了不少治理砷害的有效方法。

（1）含砷固体废物的稳定性评价 通过浸出实验来检测有害化合物的稳定性已经成为一种习惯做法，目前各国大都采用美国环保局的"毒性特征程序实验"（TCLP 实验）来检测。该实验将有害固体废物与 pH＝5 的醋酸缓冲溶液按 20：1 的液固质量比混合，在搅拌强度为 30r/min 的条件下反应 20h，液固分离后，分析浸出液中有害元素的浓度。当含砷固体物料通过 TCLP 实验后浸出液中砷含量高于 5mg/L 时，该含砷废弃物必须加以处理而不能直接排放。TCLP 实验是在特定条件下的短期实验方法，无法从根本上评价有害物料的长期稳定性。模拟自然风化条件下含砷矿石的长期实验已经被提出并应用于一些含砷固体废物的稳定性评价。实际上，含砷废物的长期稳定性受到多种因素的影响，如含砷物料本身的特性，环境中存在的氧、硫化物以及氯化物和有机络合剂的影响等。

（2）含砷固体废物的处理技术 处理含砷固体废物的方法大体可分为两种：一种是用氧化焙烧、还原焙烧和真空焙烧等火法进行处理，砷直接以白砷形式回收；另一种是采用酸浸、碱浸或盐浸等湿法流程，先把砷从废渣中分离出来，然后再进一步采用硫化法处理或进行其他无害化处理，湿法脱砷包括物理脱砷法和化学脱砷法。火法脱砷成本较低，处理量大，但若生产过程控制不好极易造成环境的二次污染；湿法脱砷能满足环保要求，具有低能耗、少污染、效率高等优点，但流程较为复杂，处理成本相对较高。目前，化学沉淀法的湿法脱砷工艺使用较为普遍，脱砷效果也最好，近年来利用该法来处理含砷固体废物有较多研究。

① 传统固砷法 固砷法是防止砷污染简便而有效的方法，但各种砷渣的利用率较低，深埋和堆放造成资源的极大浪费，而且砷渣在某些条件下会被细菌氧化而溶于水体，导致砷的二次污染。20 世纪 80 年代的一些研究结果和 TCLP 浸出实验表明：砷酸钙渣的稳定性较差，具有较高的溶解度，但经高温煅烧，砷酸钙和亚砷酸钙的溶解度降低，且煅烧温度越高，其溶解度越小。石灰沉砷法处理含砷废水加上砷酸钙煅烧技术曾在智利几个铜冶炼厂得到应用，并取得了较好的结果。砷铁共沉淀形成含砷水铁矿，这是目前世界上广泛应用的固砷方法。

利用含砷水铁矿沉淀物相当稳定，大多生产厂直接把这种含砷沉淀物排入尾坝或就地堆放、掩埋。臭葱石的稳定性与含砷水铁矿相当，但其沉淀物中砷质量分数高（＞30%），体

积小，具有晶体结构，易澄清、过滤和分离。因此利用臭葱石沉淀固定砷将成为固砷法处理含砷废物的发展趋势。电子工业的含砷废物中，砷以单质砷、砷酸、亚砷酸及其盐类等多种形式存在。处理这类含砷废物时，先用 H_2O_2 将各种形态的砷氧化成砷酸，使其与钙离子结合形成难溶性砷酸钙固体沉淀后，采用自然沉降方式固液分离后，进行包封固化处理，使浆状砷酸钙与环境隔绝，防止产生二次污染。

②焙烧法　火法炼砷是一种传统的提砷工艺。该法将高砷废物通过氧化焙烧制取粗白砷，或将粗白砷进行还原精炼以制取单质砷。含砷渣在 $600\sim850℃$ 下氧化焙烧可使其中 $40\%\sim70\%$ 的砷得以挥发，加入硫化剂（黄铁矿）可挥发 $90\%\sim95\%$ 的砷，在适度真空中对磨碎后的砷渣进行焙烧，脱砷率可达 98%。火法工艺的含砷物料处理量大，适用于含砷大于 10% 的含砷废物，但该法存在环境污染严重、投资较大等不足。目前采用火法回收砷的生产厂家有日本足尾冶炼厂、瑞典波利顿公司、我国云锡公司及赣州冶炼厂等。我国湖南水口山矿务局第二冶炼厂，以回收的 As_2O_3 为原料，用碳还原法制备砷。应用的主设备是 $\phi500mm$ 的电炉，分两段加热。置于坩埚底部的 As_2O_3 受热挥发与上部的木炭相遇被还原为单质砷，经冷凝得到砷块，废气经布袋除尘后排空。该法每年可生产单质砷 $80\sim100t$，纯度达 $99.0\%\sim99.5\%$。

③硫酸浸出法　湿法提砷是消除生产过程中砷对环境污染的根本途径。湖南大学陈维平等在传统的湿法提砷 $[As(Ⅲ)\rightarrow As(Ⅳ)\rightarrow As(Ⅵ)\rightarrow As]$ 基础上，提出了一种技术途径更短 $[As(Ⅲ)\rightarrow As(Ⅲ)\rightarrow As]$ 的湿法提砷新方法，消耗大大降低，经济效益得到提高。该法将硫化沉淀得到的含砷废渣（As_2S_3）在密闭反应器内用硫酸（$\geqslant80\%$）处理，反应温度为 $140\sim210℃$，反应时间 $2\sim3h$。As_2S_3 经分解、氧化、转化，形成单质硫黄和 As_2S_3。在一定温度下，As_2S_3 溶解在硫酸溶液中形成母液，固液分离出硫黄后，将母液冷却结晶析出固体 As_2S_3，砷的总回收率达 95.3%。

④碱浸法　利用 NaOH 并通入空气对含砷废物进行碱性氧化浸出，将砷转化成砷酸钠，然后经苛化、酸分解、还原结晶过程，制得粗产品 As_2S_3，日本住友公司和苏联有色矿冶研究院曾采用此法处理含砷废物。用 $225g/L$ 的 NaOH 溶液浸出含砷废物，浸出条件为：$t=180℃$，$p_{O_2}=2MPa$，液固质量比为 $10:1$。一段浸出 4h，溶液中砷回收率为 90%。另外可用氨浸溶液或氨与硫酸铵的混合物作为砷渣浸出试剂，浸出条件为：$t=80℃$，$p_{O_2}=400kPa$。

日本今井贞美、杉本诚人等在 $80℃$ 的浸出温度下对含砷 21.0% 的脱铜阳极泥进行处理，$60min$ 即有 90% 以上的砷浸出，砷呈五价进入溶液，质量浓度达 $20g/L$，浸出液经进一步处理，得到的产品中 As_2O_3 质量分数达 99%。

⑤盐浸法　硫酸铜置换法是处理硫化砷渣比较成熟的方法。日本住友公司东予冶炼厂是采用该法生产白砷的代表性厂家。采用非氧化浸出法，硫化砷滤饼中的砷经硫酸铜中的 Cu^{2+} 置换后，用 6% 以上的 SO_2 还原制得 As_2O_3，实现与其他重金属离子的分离，得到高纯度的 As_2O_3。

整个生产过程在常温常压下进行，安全可靠，同时可回收砷、铜和硫。我国江西铜业公司贵溪冶炼厂用此方法，处理硫化砷渣，取得良好的环境效益，但此法存在工艺流程复杂、铜耗量大等不足。美国专利技术利用硫酸亚铁在高压下浸出硫化砷渣，使各种金属离子得以分离。由于高压操作，设备复杂，操作费用及造价也较高。针对砷渣中砷含量低、成分复杂等特点，我国白银公司探索出了一条硫酸铁常压处理砷渣的新方法。采用两段浸出工艺，一次浸出时基本实现砷、铋的分离，二次浸出时提高砷、铋的浸出率和铋的转形率。二段浸出后的滤液用 SO_2 烟道气还原，还原液精制后可得品位较高的精白砷；二段浸出后的滤渣，用盐酸使铋转形，浸铋后的滤渣（铅硫渣），可返回铅冶炼。该法在消除砷害的同时，回收了白砷和金属铋，在综合利用程度、环境保护、经济效益方面都比较优越。

⑥ 其他方法　含砷固体废物的处理除以上主要方法外，还有细菌浸出法、硝酸浸出法、有机溶剂萃取法和三氧化二砷饱和溶解度法等。这些方法的缺点是浸出率低、工业化生产不易实现，故推广价值不高。

（3）含砷固体废物的综合利用技术　解决我国的砷污染问题，在积极开发含砷废物的处理新技术的同时，开展含砷物料的综合利用，也为砷污染的治理开辟了新的途径。含砷固体废物的处理逐渐从"固砷"被砷的开发利用所代替。目前很多厂家开始简化含砷废物的回收工艺，提高综合回收率，如 As_2O_3 含量较高的高砷烟尘可直接出售给木材防腐工业，而含砷低的烟尘可返回冶炼工艺的配料系统。含砷烟尘直接出售给玻璃制品厂作为玻璃澄清剂在国内也得到了研究和应用。利用有效的除砷技术，探索适宜的处理新工艺，对含砷废物进行综合治理与利用，目前已有不少报道。如选择性硫化沉淀法处理含砷废酸，砷、锑、铋等在一定条件下单独沉淀，简化了含砷滤饼的处理方法，得到的硫化铜等沉淀可送至各车间进行再熔炼，降砷成本较低；加压氧化浸出法处理硫化砷渣，工艺流程简单、设备规模小，有价金属回收率高。这些新工艺已经完成实验室研究，有待于在工业生产中推广应用。

2. 含硫固体废物综合利用技术

含硫固体废物主要来自硫铁矿烧渣、含硫尾矿以及某些以含硫矿物为原料进行生产的化工行业。目前我国硫铁矿烧渣的排放量每年达 1200 万吨，约 10% 的烧渣供水泥及其他工业作为辅助添加剂，大部分尚未利用。2002 年，我国 5 家重要的金属冶炼企业堆存的尾矿合计为 24647 万吨，其中硫的总量高达 535.75 万吨。据估算，如将含硫 20% 的硫铁矿经过选矿使硫含量提高到 45%，则每生产 1t 硫酸可多回收含铁 61% 的铁精矿 0.45t，可多发电 67kW·h，具有明显的经济效益。国内外对硫铁矿烧渣的综合利用研究较多，主要有稀酸直接浸出、磁化焙烧-磁选、硫酸化焙烧-浸出、氯化焙烧等技术，渣中的有价成分再度资源化，此外硫铁矿烧渣还可用来制作水泥、矿渣砖等。

（1）以单质硫形态回收含硫固体废物中的硫　软锰矿和黄铁矿在硫酸介质中浸出制备硫酸锰的工艺中，受浸出过程动力学等因素影响，浸出反应较为复杂。硫铁矿中的硫除部分反应生成离子外，大部分以单质硫形态存在，有关反应如下：

$$3MnO_2 + 2FeS_2 + 6H_2SO_4 \longrightarrow 3MnSO_4 + Fe_2(SO_4)_3 + 4S + 6H_2O$$

$$15MnO_2 + 2FeS_2 + 14H_2SO_4 \longrightarrow 15MnSO_4 + Fe_2(SO_4)_3 + 14H_2O$$

（2）利用浮选、重选等方法回收硫精矿　这是从含硫固体废物中回收硫的主要方向，回收的硫精矿可用于制取硫酸，同时可回收铁和其他贵金属。目前该技术及工艺均比较成熟。我国白银有色金属公司采用硫精矿回收工艺综合利用含硫大于 9% 的含硫尾矿，效果良好，浮选作业添加的捕收剂为丁基黄药，起泡剂为 2 号浮选油，其用量分别为 150g/t 和 50g/t。

（3）利用软锰矿回收含硫固体废物中的硫

① 两矿焙烧法　利用含硫固体废物和软锰矿共焙烧生产硫酸锰不需使用硫酸，能同时实现两矿的有效利用，但该法存在生产成本较高，渣量大等不足。

② 氧化焙烧-软锰矿浆吸收　利用软锰矿浆脱除模拟烟气中的 SO_2，该技术理论研究较为成熟，并已成功应用于工业生产扩大试验。但到目前为止，利用软锰矿浆直接吸收含硫固体废物氧化焙烧时产生的 SO_2 却未见报道。人们对软锰矿浆吸收 SO_2 的反应机理进行过不少研究，观点不尽一致，但普遍认为吸收过程的主反应如下：

$$SO_2 + H_2O \longrightarrow H_2SO_3$$

$$MnO_2 + H_2SO_3 \longrightarrow MnSO_4 + H_2O$$

副反应为
$$MnO_2 + 2H_2SO_3 \longrightarrow MnS_2O_6 + 2H_2O$$

MnS_2O_6 的生成量随吸收过程 pH 的减小、搅拌速度的增大而下降。当温度升高时，发生如下分解：

$$MnS_2O_6 \longrightarrow MnSO_4 + SO_2$$

经热力学计算，主反应在 25℃ 的标准摩尔吉布斯自由能 $\Delta_\gamma G_m^\ominus = -192.15kJ/mol$，平衡常数 $K^\ominus = 4.62 \times 10^{33}$，这说明室温下浸出反应不仅能自发进行，而且反应趋势很大，可进行得相当彻底。

3. 含铁固体废物的综合利用技术

含铁固体废物主要来自硫酸工业的硫铁矿烧渣、钢铁冶金渣、含铁尾矿、赤泥等。据统计，我国目前每年排出高炉渣 3000 万吨，各种铁合金渣 100 多万吨，硫铁矿渣 1200 万吨。随着我国钢铁工业的快速发展，对铁矿资源的需求日益增大，有效开发利用各种铁资源已成为一种迫切需求。各种含铁固体废物开始成为人类开发利用的二次铁矿资源。

（1）用作建筑原料 低铁、高硅酸盐的含铁固体废渣适宜于作建筑生产原料，用于生产水泥、制砖等。

① 生产水泥 Fe_2O_3 是制造水泥的助熔剂。利用含铁的固体废渣代替铁矿粉做水泥烧制的助熔剂，能降低水泥的烧成温度，提高水泥的强度和抗侵蚀能力。水泥工业一般要求铁矿粉含铁品位为 35%～40%。硫对水泥质量是有害的，但由于水泥烧成温度较高，因而脱硫率较好，故对含铁废渣的硫含量要求并不严格。我国许多厂家广泛利用含铁的烧渣代替铁矿粉生产水泥，以降低水泥成本。水泥生料中烧渣掺入量约为 3%～5%，每年用于水泥工业的含铁烧渣约占其全年产量的 20%～25%。铁酸盐水泥以含铁废渣、石灰、钢渣为原料，掺入适量石膏粉而成，其中含铁渣、石灰、钢渣三者的配比范围分别为：7%～16%、42%～53%、17%～26%。铁酸盐水泥早期强度高、水化热低。若掺入石膏，可生成大量硫铁酸盐，能有效减少水泥石干缩，提高其抗海水腐蚀的性能，适于水工建筑。

② 制砖 铁含量低而硅、铝含量高的含铁烧渣可代替黏土，掺和适量石灰，经湿碾、加压成型、自然养护制成渣砖。该法生产工艺简单，不需焙烧或蒸汽养护，砖的物理性能良好，成本低于黏土砖。年产 1 万吨硫酸厂每年将产生含铁废渣（0.7～1）万吨，若将这些废渣全部制成渣砖，将制砖 600 万块，减少占地 5 亩以上，与普通黏土砖相比，可节约标煤 600t。

（2）回收铁精矿 铁精矿可广泛用作炼铁的原料，也可用于电磁、无线电行业等。回收铁精矿，这是含铁固体废物资源化的重要途径之一。一般的含铁固体废物，铁含量不高，而 SiO_2、S 及有色金属杂质较高，直接用于炼铁达不到理想效果。因此必须进行预处理，以提高废物中铁的品位、降低有害杂质含量。利用含铁的固体废渣提取铁精矿，选矿的方法应用广泛，也取得了显著的成效。常用的有磁化焙烧-磁选、重选-磁选、重选-浮选等联合工艺。

① 磁化焙烧-磁选 磁化焙烧-磁选方法在回收含铁废物方面有极好的适应性，分选效果好，铁回收率高，同时具有较好的脱硫效果，目前这方面的研究报道较多。

② 重选-磁选 含铁的废渣中硫含量较低时，采用磨矿-磁选-重选联合工艺，能生产出质量较高的铁精矿。

③ 提取铜、锌、金等有价金属 含铁固体废物虽然铁含量较高，但直接送去炼铁会由于其中含铜、锌、硫、砷而影响生铁质量，同时对铜、锌等有色金属也是一种资源的浪费，因此，渣中的有价金属应予综合回收。综合回收烧渣中有价金属的方法有稀酸直接浸出、磁

化焙烧-磁选、硫酸化焙烧-浸出、氯化焙烧等。其中，氯化焙烧是目前工业上综合利用程度较好、工艺较为完善的方法。中温氯化焙烧将含铁废渣与固体 NaCl 在 500～600℃下焙烧，生成的金属氯化物呈固态留在焙砂中，用水或酸浸出后，金属氯化物便呈可溶性物质与渣分离，从浸出液中可回收有色金属和稀贵金属。中温氯化焙烧工艺比较成熟，操作简单，但浸出作业复杂，浸出量大。浸渣需经造球后才能炼铁，烧结时易污染环境，因此，近年来氯化焙烧的方向趋于高温氯化焙烧。高温氯化焙烧将含铁渣与氯化剂（$CaCl_2$ 或废 $FeCl_3$ 溶液）混合制球后干燥，焙烧温度为 1000～1200℃，高温下铁渣中的有价金属氯化挥发而与氧化铁、脉石分离，氯化挥发物收集后用湿法提取有价金属，焙烧球团可直接作为炼铁原料。与中温氯化焙烧相比，高温氯化焙烧湿法处理量少，后续处理成本低，金属回收率高，烧结球团适于直接炼铁，因而发展迅速。

④ 制备铁系产品

a. 生产聚合硫酸铁（PFS）　聚合硫酸铁是一种新型无机高分子絮凝剂。PFS 具有较强的除浊、去除 COD 及重金属离子的能力，并有脱色、脱臭、脱油等功效。在水处理工程及废水净化回用技术领域，PFS 以其良好的絮凝性能和无毒无害的优点备受人们的关注。因此利用高铁的废物资源开发无机水处理剂 PFS，具有重要的现实意义及良好的应用前景。

b. 生产硫酸亚铁　高温煅烧产生的硫铁废渣组织结构致密、化学活性低，直接酸溶一般难以得到高的铁提取率。陈吉春等研究了硫铁矿烧渣还原酸浸制取硫酸亚铁溶液的工艺过程。适宜的工艺条件为：还原剂（褐煤），烧渣 80%（质量分数），焙烧温度为 800℃，还原时间为 20min；酸浸时硫酸过量系数为 1.20，在 70℃温度下浸出 20min，烧渣的还原浸出率达 99.2%。研究表明，还原酸浸法过程简单、浸出时间短、铁的回收率高，且制取的硫酸亚铁可进一步用于生产多种铁系化工产品，实现硫铁矿烧渣的多用途开发利用。

c. 生产铁系颜料　铁系颜料主要有铁红、铁黄、铁黑等。铁系颜料具有颜色多、色谱广、无毒、价廉等优点，广泛应用于涂料、油墨、皮革等行业，且用量极大。铁系颜料的广阔市场为含铁废渣的利用提供了一个良好的机遇。

4. 含锌固体废物的综合利用技术

含锌固体废物主要来自含锌矿的冶炼渣、钢铁厂热镀锌生产线的废渣、城市固体废物的焚烧渣、含锌的废弃电池等。据统计，我国每年约产生 32 万吨的工业含锌废弃物，到目前为止，我国的含锌固体废物累计量达 1000 多万吨。含锌固体废物中，常含有许多有价金属，如 Cu、Pb、Ag、Ga 等，因此，回收锌或其他有价金属元素，均是含锌固体废弃物资源化的研究方向。为综合回收含锌固体废物，国内外均进行了大量的研究。这些方法在工艺类型上可分为湿法、火法及湿法-火法联合三大类型。

（1）湿法回收利用含锌固体废物

① 酸浸法　Abdel-Aal E A 研究了硫酸浸出低品位硅酸锌矿的动力学过程，认为矿物粒径、反应温度、硫酸浓度是影响锌浸出率的重要因素。适宜的浸出条件为：矿渣粒径 $74\mu m$，温度为 70℃，浸出时间 180min，硫酸质量浓度 10%，固液比为 1:20，此时锌的浸出率达 94%。锌的浸出受扩散速率的控制，应用热力学计算，求得反应活化能为 13.4kJ/mol，这与报道的扩散控制反应活化能的大小基本一致。

② 碱浸法　重庆钢铁研究所利用陕西金属回收公司提供的白铜废料进行回收钢、镍、锌的研究。针对传统火法-湿法联合流程回收白铜废料能耗高、主金属回收困难等不足，采用了全湿法处理白铜废料的流程。扩大试验运用氨浸-蒸煮-电解提铜-镍锌分离-硫酸镍的研究路线。经过一年多的运行，得到一级电铜 7.232t，硫酸镍 5t。扩大试验获得了分离过程的各项工艺参数，为其他中小企业组织生产提供了重要的参考。

③ 盐浸法 该法浸出反应速度快，金属浸出率较高，且浸出试剂可再生循环使用，废水处理量小，但反应设备需耐腐蚀。

（2）火法回收利用含锌固体废物 湿法处理含锌废弃物存在原料条件要求高、浸出剂消耗大等不足，目前火法处理仍是主要的处理工艺，其中 Waelz 回转窑类处理工艺和 IN-METCO 环形炉类处理工艺最具代表性。国外许多钢铁厂已经对含锌铅的冶金粉尘实现工业化处理，有条件地回收其中的 Fe、Zn、Pb 等有价元素；我国对该类粉尘的回收利用仍处于实验室研究或半工业阶段。Waelz 法直接加焦炭粉处理锌浸出渣，有不少优点，但挥发窑处理能力低、能耗大，挥发窑内易结圈，挥发后的残渣和焦炭粉不易分选，回收的产品质量差。中南大学研究了采用复合球团矿取代粉渣入炉的新工艺，强化了还原挥发过程。

（3）湿法-火法联合回收利用含锌固体废物 Deniz Turan M 和 Soner Altundogan H 等提出了利用硫酸化焙烧-水浸出-NaCl 浸出的火法-湿法联合流程回收锌废渣中的锌和铅。废渣与硫酸混合进行焙烧后，用水浸出可提出大部分的锌，浸渣继续用 NaCl 浸出，可实现铅的回收。试验同时得到了各项适宜的操作条件，焙烧过程为：废渣与硫酸等质量比混合，焙烧温度 200℃，反应时间 30min；水浸出段为：浸出温度 25℃，浸出时间 60min，废渣制浆浓度 20%；NaCl 浸出段为：NaCl 溶液质量浓度 200g/L，浸出温度 25℃，浸出时间 10min，渣浓度 20g/L。

5. 塑料废弃物的回收处理方法

目前，塑料废弃物引起的"白色污染"已给我国经济发展和生态环境带来了不良影响。为了解决"白色污染"问题，政府、企业和广大科技工作者都做了许多工作。主张少用、限用、禁用的有之；提倡并制定地方法规强制推行降解塑料的有之；提出利用经济手段（收税、收费）引导消费的也有之，遗憾的是诸多措施收效甚微。限用、禁用让老百姓感到不便；收费则给市民增加负担。

事实证明，现代社会已离不开塑料，截堵不如疏导，用性能价格比更好的材料，用更符合时代特征的技术与方法进行可降解塑料的开发，加大对塑料废弃物的回收再利用，才是解决"白色污染"的出路。

目前，塑料包装材料废弃物的回收处理方法很多，首先是回收再利用，其次是重获原料或焚烧获取能量，第三是实行填埋。

（1）塑料废弃物的回收再利用 塑料废弃物回收再利用是一种最积极的促进材料再循环使用的方式，即不再有加工处理的过程，而是通过清洁后直接重复再用。这是一种回收循环利用技术，它是有效节约原料资源和能源、减少包装废弃物产生量的重要手段。许多塑料包装容器，如托盘、周转箱、大包装盒、塑料桶等用于运输包装的硬质、光滑、干净、易清洁的较大容器，经一次使用甚至多次使用仍然完好，只需稍作修整和清洁消毒就可以重复使用。其复用技术处理工艺一般为：分类→挑选（刚用后丢弃的，基本无污染、无划痕、透明、光滑）→水洗→酸洗→碱洗→消毒→水洗→亚硫酸氢钠浸泡→水洗→蒸馏水洗→50℃烘干→再使用。

为使瓶装容器能多次重复使用，必须重视开发灭菌洗涤技术和重灌装技术。如瑞典等国由于采用了先进的灭菌洗涤技术，可使聚酯（PET）瓶重复使用达到 20 次，一家最大的乳品厂可使聚碳酸酯树脂塑料瓶反复使用 75 次；德国近年重视开发灭酶洗涤技术，聚碳酸酯瓶罐回收复用高达 100 次；美国大力发展浓缩洗涤用品和重灌装技术，其织物洗涤品重灌装已可达到 40%。

（2）塑料废弃物的机械处理和改性再生 机械处理再利用包括直接再生和改性再生两大类。直接再生工艺比较简单，操作方便、易行，所以应用较为广泛。但是由于制品在使用过程中的老化和再生加工中的老化，其再生制品的力学性能比新树脂制品低，所以一般用于档次不高的塑料制品，如农用、工业用、建筑业用等。

① 直接再生利用。直接再生主要是指废旧塑料经前处理破碎后直接塑化，再进行成型加工或造颗粒，有些情况需添加一定量的新树脂或适当的配合剂（如防老剂、润滑剂、稳定剂、增塑剂、着色剂等），制成再生塑料制品的过程。它可采用现有技术、设备，既经济又高效。直接再生利用的一般过程为：

预处理（分拣、清洗、脱泡等）→粉碎→冲洗搅拌→混炼均化→塑化→造粒或再制品成型。

② 改性再生利用。改性再生的目的是提高再生料的基本力学性能，以满足再生专用制品质量的需要。改性的方法有多种，可分为两类：

a. 物理改性。即通过混炼工艺制备复合材料和多元共聚物。通常包括进行活化无机粒子的填充改性、废旧塑料的增韧改性、废旧塑料的纤维增强改性、回收塑料的合金化等过程，主要是在共混塑化的过程中强行加入各种活化后的无机填料、弹性体或增强纤维以增强塑料的力学特性、韧性或制成热塑性玻璃钢等。

b. 化学改性。即通过化学交联、接枝嵌段等手段来改变材料的性能。近些年又发展起一种兼顾化学与物理共同改性的新方法。它的工艺过程和特点是在特定的螺杆挤出机中使多种组分的材料，一边进行物理共混改性，一边进行化学接枝改性，而且在两者改性完毕后又进一步加强共混，然后在特定的温度下造粒或直接成型。这是一种集接枝、交联、共混为一体的综合体系，这种技术方式既可以缩短改性过程的时间和生产周期，生产连续化，又能得到更有效的改性效果。

目前无机粉体改性塑料材料作为全新的环境友好材料已脱颖而出，成为能有效治理白色污染又能为生产者、消费者和监管者三方所接受的新型材料。

无机粉体改性塑料材料有其显著的经济性、功能性和环保性。无机粉体材料与合成树脂价格上的巨大差异使改性塑料的原材料成本显著下降，而且无机粉体的合理使用可以改善基体塑料某些方面的性能或被赋予新的功能。无机粉体填充的塑料使用后易于被环境消纳。少用合成树脂就是对石油资源的节约，在塑料材料中使用 20％～30％ 的无机矿物是对社会的重大贡献。经过实际测算，若在全国生产的 300 万吨左右的包装塑料袋中使用无机粉体，至少可以节省 70 万吨的合成树脂，这意味着少建一座投资上百亿元的大型石油化工企业，也符合治理"白色污染"的减量化原则。从另一方面看，用源于自然又可无害地回归自然的无机矿物代替以石油为原料的合成树脂，本身就是对环境保护的贡献。

（3）塑料废弃物的化学降解再生　化学降解再生的基本原理是将废旧塑料制品中原树脂高聚物进行较彻底的大分子链分解，使其回到低分子状态，有的组分就是其单体，其他组分是基本有机原料、不同聚合度的小分子、化合物、燃料等高价值的化工产品。这种回收处理方式可以说使自然资源的使用真正形成了一个封闭的循环圈。

此种方法再生有如下优点：其一，分解生成的化工原料在质量上与新的原料不分上下，可以与新料同等使用，达到了再资源化；其二，具有相当大的处理潜力，能达到真正治理塑料所形成的白色污染。所以说此法具有更高的经济效益和社会效益，是必然的发展趋势。它可分为解聚、水解和醇解、热裂解、氢解、气化。其中，水解是一种既方便又经济的塑料回收手段；热裂解也属于比较有发展前景的技术，国内外对此都极为重视。热裂解按照所得产物的不同可分为油化工艺、气化工艺及炭化工艺。

（4）焚烧法回收热能和填埋处理

① 焚烧法。焚烧法是将不能用于回收的混杂塑料及其他垃圾的混合物作为燃料，将其

置于焚烧炉中焚化，然后充分利用燃烧产生的热量。此法最大的特点是将确实成为废物的东西转化成为能源，同时具有明显的减容效果。燃烧后的残渣体积小、密度大，填埋时占地极小，也很方便，同时又稳定，易于解体溶于土壤之中。

但焚烧方法存在以下不足之处：焚烧设备建设的一次性投资大，费用高；若不加以区分地焚烧处理，有些塑料在焚烧过程中不可避免地产生二次污染的有害物质，如 SO_2、HCl、HCN 等，剩余灰烬中残存有重金属及有害物质，它们都会对生态环境和人体健康造成危害。

② 填埋法。填埋法是一种消极简单的处理方法，是将废弃包装塑料填埋于郊区的荒地或凹地里使其自行消亡。土壤中的水与二氧化碳对填埋的高分子材料几乎不起作用，但对塑料制品中的无机矿物粉末有迅速的侵蚀作用，生成物有一定的水溶性，脱离塑料制品后留下微孔，可以大大增加塑料制品的触氧面积，有利于制品的老化和崩解。而在塑料被填埋后，碳酸钙、白云石、滑石粉等无机矿物回归自然时不会给生态环境带来危害。但是普通塑料要好几百年才会分解消失，所以此种处理方法虽经济简单，但对于减轻环境负荷来说是最不理想的。

第三章

化工生产质量保证体系

随着全球贸易竞争的加剧，企业的管理者已清醒地认识到，高质量的产品和服务才是取信顾客、立足市场的根本保证。企业为了占领和扩大市场，并获得更大利润，必须建立健全质量管理体系，不断改进产品和服务的质量，将"以质量求生存，以质量求发展"作为企业健康发展的经营之道。然而，十多年来，我国的企业虽然抓了质量管理，但是仍没有完全摆脱高投入、高消耗、高污染、低质量、低效益的通病。这里面有方法不对头的原因，也有措施不到位、组织不落实的原因。综观起来，因素是多方面的。但最突出的还是对质量管理的重要性认识不足，以及企业管理者素质与能力低下所致。

第二次世界大战以前的日本产品质量低劣，当时东洋货是质量低劣的同义词，战后的日本经过 30 多年的努力，使产品质量跃居世界前列。日本的经济振兴就是从抓质量开始的。20 世纪 50 年代，日本从美国引进了质量管理。日本青出于蓝而胜于蓝，后来超过了美国，创建了日本式的全面质量管理。早在 20 世纪 80 年代，我国企业试图从传统的质量管理阶段，跨过统计质量控制阶段，直接进入全面质量管理阶段，30 多年过去了，许多企业质量管理基本上还处在传统的质量管理阶段，许多企业将统计报表看成统计技术的应用。因此可以说全面质量管理在我国并没有达到预期的目的，必须认真总结经验教训，扎实做好全面质量管理中各个环节的工作，让高质量的中国产品走向世界。

一、质量与质量管理的基本概念

1. 质量的含义

广义是指：产品、体系或过程的一组固有特性满足规定要求的程度。

狭义是指：实物产品的质量，包括实物产品内在质量的特性，如产品的性能、精度、纯度、成分等；以及外部质量特性，如产品的外观、形状、色泽、手感、气味、光洁度等。

2. 质量管理的意义

企业质量管理是指导、控制企业的与质量有关的相互协调的管理活动。

质量管理的最终目标是能够用最经济最有效的手段进行设计、生产和服务，生产出用户满意的产品。

二、质量管理的演变

1. 工业革命以前的产品质量管理

随着社会的发展，在早期的集市上，人们相互交换产品（主要为天然产品和天然材料的制成品）。产品制造者直接面对顾客，产品的质量由人的感官来判定。随着村庄逐渐发展有了商品交换。买卖双方不再直接接触了，而是通过商人来进行交换和交易。在村庄、集市上通行的确认质量的方法便行不通了。于是就产生了质量担保，从口头行式的质量担保逐渐演变成质量担保书。但是商业的发展要使彼此相隔遥远的连锁性厂商和经销商之间能够有效地沟通，必须有新的质量确认方法，即质量规范及产品规格。质量规范及产品规格使买卖双方不管在什么地方都能对各种复杂结构产品的有关质量信息进行直接沟通。同时相继产生的简易的质量检验方法和测量手段与质量规范及产品规格一起构成了手工业时期的原始质量管理。由于这时期的质量主要靠手工操作者本人依据自己的手艺和经验把关，因而又称为"操作者的质量管理"。

18世纪中叶，欧洲爆发了工业革命，大批手工业者和小作坊被工厂取代，产品由工厂实行批量性生产。当然在批量的生产过程中，也带来了许多新的技术质量问题，如部件的互换性、标准化、工装和测量的精度等。这些问题的提出和解决，催生了质量管理的研究并由此在20世纪逐步形成为了一门科学。

2. 工业革命后质量管理的发展

质量管理发展到今天已经到了第五个阶段。

第一个阶段是20世纪初到30年代的质量检验阶段。以质量检验把关为主，从半成品或者中间产品中挑出废品和次品，是一种事后把关式的管理，它依靠的是检查人员的经验和责任心。

第二个阶段是20世纪30~60年代之间的统计质量控制阶段。适应生产力大发展的要求，利用数理统计的原理对生产过程进行分析，及时发现异常情况，从而采取处理措施，把质量检验发展到由事后把关变成事前控制。

第三个阶段是20世纪60年代进入的全面质量管理阶段，开始叫TQC，后来发展到TQM。最主要特点是：抓质量不仅仅是抓生产制造的质量，更是从源头抓起，贯穿于从设计开始一直到售后服务的全过程，要动员全体员工、全体人员来参与这项活动，要以顾客为关注的中心来开展活动。因此全面质量管理意味着是全攻全守型的阶段。

第四个阶段也是20世纪60年代开始的质量保证阶段。就是我们所说的QA，以军工企业为代表，它把企业一切应该做的事情订立成质量手册，通过程序文件以及一系列的质量表格文件来控制，它的观点是想到的就要写到，写到的就要做到。用严密的程序手册来保证过程的进行。一直延续到20世纪80年代后期到90年代。其中最典型的就是ISO 900族系列标准。

第五个阶段是21世纪以后以美国克劳斯比为代表的零缺陷的质量管理，进入质量哲学时代。他主张抓质量，主要是抓住根本，就是人。人的素质提高了，才能真正使质量获得进步。它的目标是第一次就把事情做对，而且把每次做对作为奋斗方向。

回顾质量管理发展的五个阶段，可以看到，我国的企业还处于一个混合阶段。有的企业在申报ISO 900系列标准，有的在采用全面质量管理的手法和办法，但是另外一方面检验、把关又都没有到位。所以从这个意义上讲，不少企业的质量管理是混合性的管理。

三、全面质量管理及特点

全面质量管理是随着现代化工业生产的发展而逐步形成、发展和完善起来的，美国在20世纪初开始搞质量管理，具有一定的代表性。日本在20世纪50年代逐步引进美国的质量管理，并且结合自己的国情又有所发展。质量管理是一门现代化管理科学。它建立在经济管理原理、系统科学、数理统计、专门技术、行为科学和法学基础上，阐述产品质量的产生、形成和实现的运动规律的学科，是介于自然科学与社会科学之间的交叉学科，是企业为了保证最经济地生产出满足用户要求的产品而形成并运用的一套完整的质量活动体系、制度、手段和方法。

全面质量管理就是以质量为中心，全体员工和有关部门积极参与，综合运用管理技术、专业技术和科学方法，建立起产品的研究、设计、生产、服务等全过程的质量管理体系，从而有效地利用人力、物力、财力和信息等资源，以最经济的手段生产出顾客满意、组织及其全体成员以及社会都得到好处的产品，从而使组织获得长期成功和发展。

ISO 9000：2000 中明确定义，质量管理是在质量方面指挥和控制组织协调的活动。在质量方面指挥和控制活动，通常包括制定质量方针和质量目标、质量策划、质量控制、质量保证和质量改进。

ISO 8402 把全面质量管理定义为：一个组织以质量为中心，以全员参与为基础，目的在于通过让顾客满意和本组织所有成员及社会受益而达到长期成功的管理途径。

全面质量管理与传统的质量管理相比较，其特点是：把过去以事后检验为主转变为以预防为主，即从管理结果转变为管理因素；把过去就事论事、分散管理转变为以系统的观点为指导进行全面综合治理；把以产量、产值为中心转变为以质量为中心，围绕质量开展组织的经营管理活动；由单纯符合标准转变为满足顾客需要，强调不断改进过程质量来达到不断改进产品质量。

全面质量管理的特征可概括为"三全一多"。

(1) 全员的质量管理　即企业全体人员包括领导人员、工程技术人员、管理人员和工人等都参加质量管理，并对产品质量各负其责。

(2) 全过程的质量管理　即对市场调查、研究开发、设计、生产准备、采购、生产制造、包装、检验、储存、运输、销售、为用户服务等全过程都进行质量管理。

(3) 全企业的质量管理　要保证和提高产品质量必须使企业的研制、维持和质量改进的所有活动构成一个有效的整体。

(4) 多方法的质量管理　不仅要着眼于产品的质量，而且要注重形成产品的工作质量。注重采用多种方法和技术，包括科学的组织管理工作、各种专业技术、数理统计方法、成本分析、售后服务等。

全面质量管理并不等同于质量管理，它是质量管理的更高境界。

四、全面质量管理的内容

全面质量管理过程的全面性，决定了全面质量管理的内容应当包括设计和开发过程、生产和制造过程、辅助过程、使用过程等四个过程的质量管理。

1. 设计和开发过程的质量管理

产品设计过程的质量管理是全面质量管理的首要环节。这里所指设计过程，包括市场调查、产品设计、工艺准备、试制和鉴定等过程（即产品正式投产前的全部技术准备过程）。主要工作内容如下。

① 研究、掌握顾客对产品的适用性要求，做好技术经济分析，确保产品具有竞争力，对其各个环节实行有效控制。

通过市场调查研究，根据用户要求、科技情报与企业的经营目标，制定产品质量目标。

② 认真按照产品质量计划所规定的内容和要求开展工作。组织有销售、使用、科研、设计、工艺、制度和质管等多部门参加的审查和验证，确定适合的设计方案。

③ 运用预警手段，加强早期管理，防患于未然，确保设计质量。规范编写各类技术文件，确保产品质量。

④ 组织好与保证设计质量有关的其他活动。做好标准化的审查工作；督促遵守设计试制的工作程序等等。

2. 生产和制造过程的质量管理

生产和制造过程，是指对产品直接进行加工的过程。它是产品质量形成的基础，是企业质量管理的基本环节。它的基本任务是保证产品的制造质量，建立一个能够稳定生产合格品和优质品的生产系统。

① 严格贯彻执行制造质量控制计划，按质量控制计划建立各级责任制，对影响工序质量的因素进行有效控制。

② 用先进的控制手段，找出造成质量问题的原因，采取纠正措施，保证工序质量处于控制状态。

③ 有效控制生产节拍，及时处理质量问题，确保均衡生产。

具体的质量管理活动有：组织质量检验工作；组织和促进文明生产；组织质量分析，掌握质量动态；组织工序的质量控制，建立管理点；等等。

3. 辅助过程的质量管理

辅助生产过程的质量管理包括辅助材料的质量控制；生产工具的质量控制、生产设备的质量控制；动力、水、暖、风、气等的质量控制；运输、保管中的质量控制。

辅助生产过程的质量管理容易被忽视，而事实上，这一过程对产品质量的影响仍然非常大。食品因保管不善而变质，家用电器因粗暴运输而损坏等，都是因为辅助生产过程的质量管理不善而造成的。

4. 使用过程的质量管理

使用过程是考验产品实际质量的过程，它是企业内部质量管理的继续，也是全面质量管理的出发点和落脚点。这一过程质量管理的基本任务是提高服务质量（包括售前服务和售后服务），保证产品的实际使用效果，不断促使企业研究和改进产品质量。它主要的工作内容有：积极开展技术服务，包括编写产品使用说明书，帮助用户培训操作维修人员，指导用户安装和调试，建立维修服务网点，提供用户所需备品配件等等；进行使用效果和使用要求的调查；完善售后服务，实行"三包"等等。

第二节 全面质量管理的基本方法

全面质量管理的基本方法可以概况为四句话十八字：一个过程，四个阶段，八个步骤，数理统计方法。

一个过程，即企业管理是一个过程。企业在不同时间内，应完成不同的工作任务。企业的每项生产经营活动，都有一个产生、形成、实施和验证的过程。

四个阶段，根据管理是一个过程的理论，美国的戴明博士把它运用到质量管理中来，总结出"计划（plan)-执行（do)-检查（check)-处理（act）"四阶段的循环方式，简称 PDCA 循环，又称"戴明循环"。

八个步骤，为了解决和改进质量问题，PDCA 循环中的四个阶段还可以具体划分为八个步骤。

在计划阶段　步骤1：分析现状，找出存在的质量问题；

　　　　　　步骤2：分析产生质量问题的各种原因或影响因素；

　　　　　　步骤3：找出影响质量的主要因素；

　　　　　　步骤4：针对影响质量的主要因素，提出计划，制定措施；

在执行阶段　步骤5：执行计划，落实措施；

在检查阶段　步骤6：检查计划的实施情况；

在处理阶段　步骤7：总结经验，巩固成绩，工作结果标准化；

　　　　　　步骤8：提出尚未解决的问题，转入下一个循环。

数理统计方法，在应用 PDCA 四个循环阶段、八个步骤来解决质量问题时，需要收集和整理大量的书籍资料，并用科学的方法进行系统的分析。最常用的七种统计方法，它们是排列图、因果图、直方图、分层法（也称层别法）、相关图、控制图及统计分析表。这套方法是以数理统计为理论基础，不仅科学可靠，而且比较直观。

本文介绍这七种统计方法的作用、绘制或实施步骤、应用要点及注意事项。

一、排列图

排列图也称柏拉图或 ABC 图，见图 3-1。它的使用要以分层法为前提，将分层法已确定的项目从大到小进行排列，再加上累积值的图形。它可以帮助我们找出关键的问题，抓住重要的少数及有用的多数，适用于记数值统计。

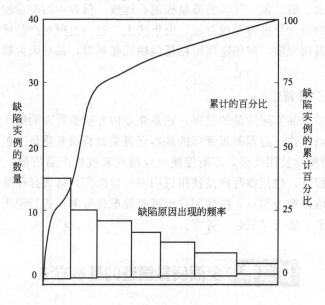

图 3-1　排列图

1. 分类

（1）用于分析现象的排列图　它与不良结果有关，用来发现以下主要问题。

① 品质：不合格、故障、顾客抱怨、退货、维修等；

② 成本：损失总数、费用等；

③ 交货期：存货短缺、付款违约、交货期拖延等；

④ 安全：发生事故、出现差错等。

（2）用于分析原因用的排列图　它与过程因素有关，用来发现以下主要问题。

① 操作者：班次、组别、年龄、经验、熟练情况等；

② 机器：设备、工具、模具、仪器等；

③ 原材料：制造商、工厂、批次、种类等；

④ 作业方法：作业环境、工序先后、作业安排等。

2. 排列图的作用

① 按重要性顺序显示出每个质量改进项目对整个质量问题的作用。

② 识别进行质量改进的机会。

③ 在工程质量统计分析方法中，寻找影响质量主次因素。

3. 实施步骤

① 收集数据，用层别法分类，计算各层别项目占整体项目的百分数；

② 把分好类的数据进行汇总，由多到少进行排列，并计算累计百分数；

③ 绘制横轴和纵轴刻度；

④ 绘制柱状图；

⑤ 绘制累积曲线；

⑥ 记录必要事项；

⑦ 分析排列图。

4. 绘图要点

① 排列图有两个纵坐标，左侧纵坐标一般表示数量或金额，右侧纵坐标一般表示数量或金额的累积百分数；

② 排列图的横坐标一般表示检查项目，按影响程度大小，从左到右依次排列；

③ 绘制排列图时，按各项目数量或金额出现的频数，对应左侧纵坐标画出直方形，将各项目出现的累计频率，对应右侧纵坐标描出点子，并将这些点子按顺序连接成线。

5. 应用要点及注意事项

① 排列图要留存，把改善前与改善后的排列图排在一起，可以评估出改善效果；

② 分析排列图只要抓住前面的2～3项就可以了；

③ 排列图的分类项目不要定得太少，5～9项较合适，如果分类项目太多，超过9项，可划入其他，如果分类项目太少，少于4项，做排列图无实际意义；

④ 做成的排列图如果发现各项目分配比例差不多时，排列图就失去意义，与排列图法则不符，应从其他角度收集数据再作分析；

⑤ 排列图是管理改善的手段而非目的，如果数据项别已经很清楚，则无需浪费时间制作柏拉图；

⑥ 其他项目如果大于前面几项，则必须加以分析层别，检讨其中是否有其他原因；

⑦ 排列图分析主要目的是从获得情报显示问题重点而采取对策，但如果第一位的项目

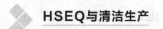
依靠现有条件很难解决时，或者即使解决但花费很大，得不偿失，那么可以避开第一位项目，而从第二位项目着手。

二、因果图

所谓因果图，见图3-2。又称特性要因图，主要用于分析品质特性与影响品质特性的可能原因之间的因果关系，通过把握现状、分析原因、寻找措施来促进问题的解决，是一种用于分析品质特性（结果）与可能影响特性的因素（原因）的一种工具。又称为鱼骨图。

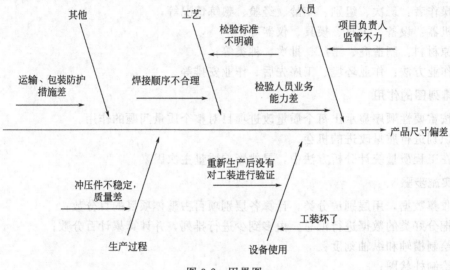

图 3-2　因果图

1. 分类

① 追求原因型。在于追求问题的原因，并寻找其影响，以因果图表示结果（特性）与原因（要因）间的关系；

② 追求对策型。追求问题点如何防止、目标如何达成，并以因果图表示期望效果与对策的关系。

2. 实施步骤

① 成立因果图分析小组，3～6人为好，最好是各部门的代表；

② 确定问题点；

③ 画出干线主骨、中骨、小骨及确定重大原因（一般从5M1E即人Man、机Machine、料Material、法Method、测Measure、环Environment六个方面全面找出原因）；

④ 与会人员热烈讨论，依据重大原因进行分析，找到中原因或小原因，绘至因果图中；

⑤ 因果图小组要形成共识，把最可能是问题根源的项目用红笔或特殊记号标出；

⑥ 记入必要事项。

3. 应用要点及注意事项

① 确定原因要集合全员的知识与经验，集思广益，以免疏漏；

② 原因解析愈细愈好，愈细则更能找出关键原因或解决问题的方法；

③ 有多少品质特性，就要绘制多少张因果图；

④ 如果分析出来的原因不能采取措施，说明问题还没有得到解决，要想改进有效果，原因必须要细分，直到能采取措施为止；

⑤ 在数据的基础上客观地评价每个因素的重要性；

⑥ 把重点放在解决问题上，并依 5W2H［Why 为何要做？（对象），What 做什么？（目的），Where 在哪里做？（场所），When 什么时候做？（顺序），Who 谁来做？（人），How 用什么方法做？（手段），How much 花费多少？（费用）］的方法逐项列出，绘制因果图时，重点先放在"为什么会发生这种原因、结果"，分析后要提出对策时则放在"如何才能解决"；

⑦ 因果图应以现场所发生的问题来考虑；

⑧ 因果图绘制后，要形成共识再决定要因，并用红笔或特殊记号标出；

⑨ 因果图使用时要不断加以改进。

三、直方图

直方图是针对某产品或过程的特性值，利用常态分布（也叫正态分布）的原理，把 50 个以上的数据进行分组，并算出每组出现的次数，再用类似的直方图形描绘在横轴上。

1. 作用

作直方图的目的是为了研究产品质量的分布状况，据此判断生产过程是否处在正常状态。直方图为 QC 七大工具之一。因此在画出直方图后要进一步对它进行观察和分析。在正常生产条件下，如果所得到的直方图不是标准形状，或者虽是标准形状，但其分布范围不合理，就要分析原因，采取相应措施。

2. 绘制方法

① 集中和记录数据，求出其最大值和最小值。数据的数量应在 100 个以上，在数量不多的情况下，至少也应在 50 个以上。我们把分成组的个数称为组数，每一个组的两个端点的差称为组距。

② 将数据分成若干组，并做好记号。分组的数量在 5～12 之间较为适宜。

③ 计算组距的宽度。用最大值和最小值之差去除组数，求出组距的宽度。

④ 计算各组的界限位。各组的界限位可以从第一组开始依次计算，第一组的下界为最小值减去最小测定单位的一半，第一组的上界为其下界值加上组距。第二组的下界限位为第一组的上界限值，第二组的下界限值加上组距就是第二组的上界限位，依此类推。

⑤ 统计各组数据出现频数，作频数分布表。

⑥ 以组距为底长，以频数为高，作各组的矩形图，即为直方图。

3. 直方图法的应用

直方图的分布形状及分布区间宽窄是由质量特性统计数据的平均值和标准偏差所决定的。

正常直方图呈正态分布，见图 3-3。其形状特征是中间高、两边低、成对称。正常直方图反映生产过程质量处于正常、稳定状态。

异常型直方图种类则比较多，所以如果是异常型，还要进一步判断它属于哪类异常，以便分析原因、加以处理。下面介绍几种比较常见的异常型。

（1）孤岛型 在直方图旁边有孤立的小岛出现，见图 3-4。当这种情况出现时过程中有异常原因。如：原料发生变化，不熟练的新工人替人加班，测量有误等，都会造成孤岛型分布，应及时查明原因、采取措施。

（2）双峰型 当直方图中出现了两个峰（图 3-5），这是由于观测值来自两个总体、两个分布的数据混合在一起造成的。如：两种有一定差别的原料所生产的产品混合在一起，或者就是两种产品混在一起，此时应当加以分层。

（3）缺齿型　当直方图出现凹凸不平的形状（图3-6），这是由于作图时数据分组太多、测量仪器误差过大或观测数据不准确等造成的，此时应重新收集数据和整理数据。

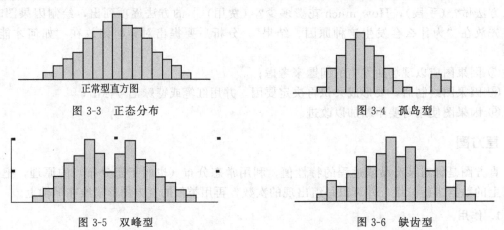

图3-3　正态分布

图3-4　孤岛型

图3-5　双峰型

图3-6　缺齿型

（4）陡壁型　当直方图像高山的陡壁向一边倾斜时（图3-7），通常表现在产品质量较差时，为了符合标准的产品，需要进行全数检查，以剔除不合格品。当用剔除了不合格品的产品数据作频数直方图时容易产生这种陡壁型，这是一种非自然形态。

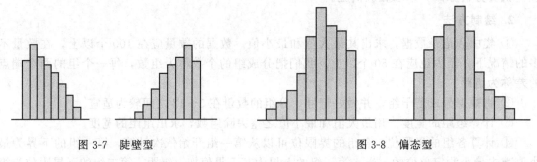

图3-7　陡壁型

图3-8　偏态型

（5）偏态型　偏态型直方图是指图的顶峰有时偏向左侧、有时偏向右侧，见图3-8。由于某种原因使下限受到限制时，容易发生偏左型。如：用标准值控制下限，摆差等形位公差，不纯成分接近于0，疵点数接近于0或由于工作习惯都会造成偏左型。由于某种原因使上限受到限制时，容易发生偏右型。如：用标准尺控制上限，精度接近100％，合格率也接近100％或由于工作习惯都会造成偏右型。

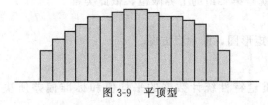

图3-9　平顶型

（6）平顶型　当直方图没有突出的顶峰，呈平顶型（图3-9），形成这种情况一般有三种原因。

① 与双峰型类似，由于多个总体、多总分布混在一起；

② 由于生产过程中某种缓慢的倾向在起作用，如工具的磨损、操作者的疲劳等；

③ 质量指标在某个区间中均匀变化。

四、分层法

分层法又称数据分层法、分类法、分组法、层别法。是将调查收集的原始数据，根据不同的目的和要求，按某一性质进行分组、整理的分析方法。分层法一般和排列图、直方图等其他七大手法结合使用，也可单独使用。例如：抽样统计表、不良类别统计表、排行榜等。

1. 作用

分层的结果使数据各层间的差异突出地显示出来，层内的数据差异减少了。在此基础上再进行层间、层内的比较分析，可以更深入地发现和认识质量问题的原因。由于产品质量是多方面因素共同作用的结果，因而对同一批数据，可以按不同性质分层，使我们能从不同角度来考虑、分析产品存在的质量问题和影响因素。

2. 实施步骤

① 确定研究的主题；

② 制作表格并收集数据；

③ 将收集的数据进行层别；

④ 比较分析，对这些数据进行分析，找出其内在的原因，确定改善项目。

3. 应用

分层法的应用，主要是一种系统概念，即在于要想把相当复杂的资料进行处理，就得懂得如何把这些资料加以有系统有目的加以分门别类地归纳及统计。

科学管理强调的是以管理的技法来弥补以往靠经验靠视觉判断管理的不足。而此管理技法，除了建立正确的理念外，更需要有数据的运用，才有办法进行工作解析及采取正确的措施。

如何建立原始的数据及将这些数据依据所需要的目的进行集计，也是诸多品管手法的最基础工作。举例如下。

我国航空市场近几年随着开放而竞争日趋激烈，航空公司为了争取市场除了加强各种措施外，也在服务品质方面下工夫。我们也可以经常在航机上看到客户满意度的调查。此调查是通过调查表来进行的。调查表的设计通常分为地面的服务品质及航机上的服务品质。地面又分为订票，候机；航机又分为空服态度、餐饮和卫生等。透过这些调查，将这些数据予以集计，就可得到从何处加强服务品质。

五、相关图

将因果关系所对应变化的数据分别描绘在 $X\text{-}Y$ 轴坐标系上，以掌握两个变量之间是否相关及相关的程度如何，这种图形叫做"相关图"，也称为"散布图"。

1. 作用

相关图是用来反映两个变量之间的相关关系。在质量管理中，常常遇到两个变量之间存在着相互依存的关系，但这种关系又不具有确定的定量关系。

2. 分类

① 正相关。当变量 X 增大时，另一个变量 Y 也增大；

② 负相关。当变量 X 增大时，另一个变量 Y 却减小；

③ 不相关。变量 X（或 Y）变化时，另一个变量并不改变；

④ 曲线相关。变量 X 开始增大时，Y 也随着增大，但达到某一值后，则当 X 值增大时，Y 反而减小。

3. 实施步骤

① 确定要调查的两个变量，收集相关的最新数据，至少 30 组以上；

② 找出两个变量的最大值与最小值，将两个变量描入 X 轴与 Y 轴；

③ 将相应的两个变量，以点的形式标在坐标系中；

④ 计入图名、制作者、制作时间等项目；

⑤ 判读散布图的相关性与相关程度。

4. 应用要点及注意事项

① 两组变量的对应数至少在 30 组以上，最好 50 组至 100 组，数据太少时，容易造成误判；

② 通常横坐标用来表示原因或自变量，纵坐标表示效果或因变量；

③ 由于数据的获得常常因为 5M1E 的变化，导致数据的相关性受到影响，在这种情况下需要对数据获得的条件进行层别，否则散布图不能真实地反映两个变量之间的关系；

④ 当有异常点出现时，应立即查找原因，而不能把异常点删除；

⑤ 当散布图的相关性与技术经验不符时，应进一步检讨是否有什么原因造成假象。

六、控制图

控制图又叫管理图，它是一种带控制界限的质量管理图表。运用控制图的目的之一就是，通过观察控制图上产品质量特性值的分布状况，分析和判断生产过程是否发生了异常，一旦发现异常就要及时采取必要的措施加以消除，使生产过程恢复稳定状态。也可以应用控制图来使生产过程达到统计控制的状态。产品质量特性值的分布是一种统计分布。因此，绘制控制图需要应用概率论的相关理论和知识。

1. 作用

影响产品质量的因素很多，有静态因素也有动态因素，有没有一种方法能够即时监控产品的生产过程、及时发现质量隐患，以便改善生产过程，减少废品和次品的产出？

控制图法就是这样一种以预防为主的质量控制方法，它利用现场收集到的质量特征值，绘制成控制图，通过观察图形来判断产品的生产过程的质量状况。控制图可以提供很多有用的信息，是质量管理的重要方法之一。

控制图是对生产过程质量的一种记录图形，图上有中心线和上下控制限，并有反映按时间顺序抽取的各样本统计量的数值点。中心线是所控制的统计量的平均值，上下控制界限与中心线相距数倍标准差。多数的制造业应用三倍标准差控制界限，如果有充分的证据也可以使用其他控制界限。

常用的控制图有计量值和记数值两大类，它们分别适用于不同的生产过程；每类又可细分为具体的控制图，如计量值控制图可具体分为均值-极差控制图、单值-移动极差控制图等。

2. 控制图的绘制步骤

控制图的基本式样如图 3-10 所示，制作控制图一般要经过以下几个步骤：

① 按规定的抽样间隔和样本大小抽取样本；

② 测量样本的质量特性值，计算其统计量数值；

③ 在控制图上描点；

④ 判断生产过程是否有并行。

控制图为管理者提供了许多有用的生产过程信息时应注意以下几个问题：

① 根据工序的质量情况，合理地选择管理点。管理点一般是指关键部位、关键尺寸、工艺本身有特殊要求、对下工序存有影响的关键点，如可以选质量不稳定、出现不良品较多

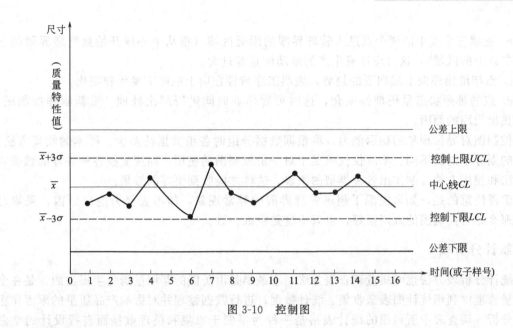

图 3-10　控制图

的部位为管理点；

② 根据管理点上的质量问题，合理选择控制图的种类；

③ 使用控制图做工序管理时，应首先确定合理的控制界限；

④ 控制图上的点有异常状态，应立即找出原因，采取措施后再进行生产，这是控制图发挥作用的首要前提；

⑤ 控制线不等于公差线，公差线是用来判断产品是否合格的，而控制线是用来判断工序质量是否发生变化的；

⑥ 控制图发生异常，要明确责任，及时解决或上报。

制作控制图时并不是每一次都计算控制界限，那么最初控制线是怎样确定的呢？如果现在的生产条件和过去的差不多，可以遵循以往的经验数据，即沿用以往稳定生产的控制界限。下面介绍一种确定控制界限的方法，即现场抽样法，其步骤如下：

① 随机抽取样品 50 件以上，测出样品的数据，计算控制界限，做控制图；

② 观察控制图是否在控制状态中，即稳定情况，如果点全部在控制界限内，而且点的排列无异常，则可以转入下一步；

③ 如果有异常状态，或虽未超出控制界限，但排列有异常，则需查明导致异常的原因，并采取妥善措施使之处在控制状态，然后再重新取数据计算控制界限，转入下一步；

④ 把上述所取数据作立方图，将立方图和标准界限（公差上限和下限）相比较，看是否在理想状态和较理想状态，如果达不到要求，就必须采取措施，使平均位移或标准偏差减少，采取措施以后再重复上述步骤重新取数据，做控制界限，直到满足标准为止。

3. 怎样利用控制图判断异常现象

用控制图识别生产过程的状态，主要是根据样本数据形成的样本点位置以及变化趋势进行分析和判断。失控状态主要表现为以下两种情况：

① 样本点超出控制界限；

② 样本点在控制界限内，但排列异常。当数据点超越管理界限时，一般认为生产过程存在异常现象，此时就应该追究原因，并采取对策。排列异常主要指出现以下几种情况：

a. 连续七个以上的点全部偏离中心线上方或下方，这时应查看生产条件是否出现了变化。

b. 连续三个点中的两个点进入管理界限的附近区域（指从中心线开始到管理界限的三分之二以上的区域），这时应注意生产的波动度是否过大。

c. 点相继出现向上或向下的趋势，表明工序特性在向上或向下发生着变化。

d. 点的排列状态呈周期性变化，这时可对作业时间进行层次处理，重新制作控制图，以便找出问题的原因。

控制图对异常现象的揭示能力，将根据数据分组时各组数据的多少、样本的收集方法、层别的划分不同而不同。不应仅仅满足于对一份控制图的使用，而应变换各种各样的数据收取方法和使用方法，制作出各种类型的图表，这样才能收到更好的效果。

值得注意的是，如果发现了超越管理界限的异常现象，却不去努力追究原因，采取对策，那么尽管控制图的效用很好，也只不过是空纸一张。

七、统计分析表

统计分析表方法也叫质量调查表方法，它最早是由美国的菲根堡姆先生提出的，是在全面质量管理中利用统计图表来收集、统计数据，进行数据整理并对影响产品质量的原因作粗略的分析。调查表中所利用的统计表格是一种为了便于收集和整理数据而自行设计的空白表。在调查产品质量时，只需在相应的栏目内填入数据和记号。

1. 作用

统计分析表是最为基本的质量原因分析方法，也是最为常用的方法。在实际工作中，经常把统计分析表和分层法结合起来使用，这样可以把可能影响质量的原因调查得更为清楚。需要注意的是，统计分析表必须针对具体的产品，设计出专用的调查表进行调查和分析。

2. 常用的统计分析表分类

（1）缺陷位置调查表　若要对产品各个部位的缺陷情况进行调查，可将产品的草图或展开图画在调查表上，当某种缺陷发生时，可采用不同的符号或颜色在发生缺陷的部位上标出。若在草图上划分缺陷分布情况区域，可进行分层研究。分区域要尽可能等分。

（2）不合格品统计调查表　所谓不合格品，是指不能满足质量标准要求的产品。不合格品统计调查表用于调查产品质量发生了哪些不良情况及其各种不良情况的比率大小。

（3）频数分布调查表　频数分布调查表是预先制好的一种频数分布空白表格。该表应用于以产品质量特性值为计量值的工序中，其目的是为了掌握这些工序产品质量的分布情况，比直方图更为简单。

（4）对策表　对策表又名措施计划表，是针对质量问题的主要原因而制定的应采取措施的计划表。可广泛适用于各种质量控制活动中，用以针对质量问题（或原因）制订对策或措施，作为实施时的依据。

3. 运用 Excel 编制统计表并做一般数据分析

随着计算机技术及各种软件技术迅速发展，过去很多由手工编制的统计表可用计算机来编制。下文介绍运用 Excel 制作百分比数据分析表图的方法。

① 数据的收集、录入、表格的设置，最终效果如图 3-11 所示（对于初学者来说，制作表格的过程中，注意不要忽略表头）。

② 如图 3-12 所示，选择要进行分析的数据范围（对于新手来说，选择范围的时候最容易把整个表格全选）。

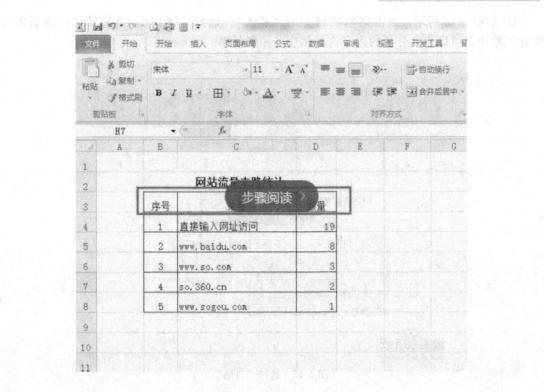

图 3-11　表格的设置

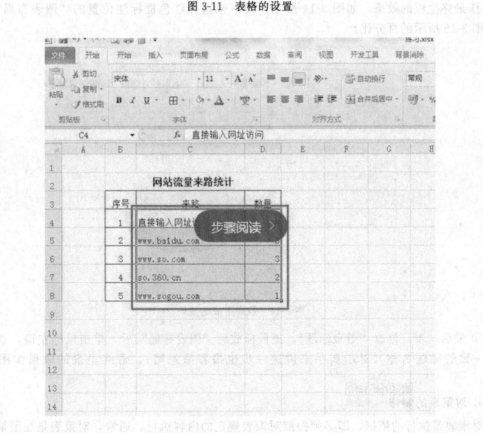

图 3-12　选择要进行分析的数据范围

③ 如图3-13所示，点击菜单栏目上的"插入"，选择"饼图"，再选择"三维饼图"，实际工作中，可以自己分析的内容选择相应的图形效果。

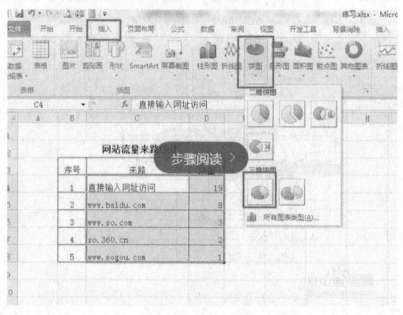

图3-13 选择"饼图"

④ 最终生成的效果，如图3-14所示。接下来选择红色框标注位置的"图表布局"，找到如图3-15所示的百分比。

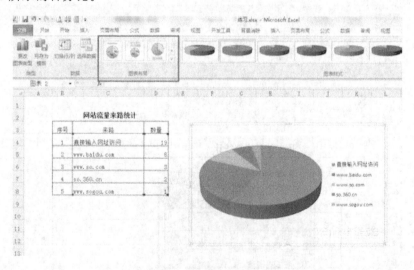

图3-14 最终生成的效果

⑤ 最后一步，修改"图表标题"，把鼠标放到"图表标题"后，单击鼠标左键，录入和表格一致的标题名称（对于新手来说这一步也最容易忽略）。最终呈现的效果如图3-16所示。

4. 对策表的制作

对策表是执行的依据，即必须按照对策表规定的内容执行。通常，对策表是在因果分析图的基础上，根据存在质量问题的原因制定适当措施、对策，以期质量问题获得解决。

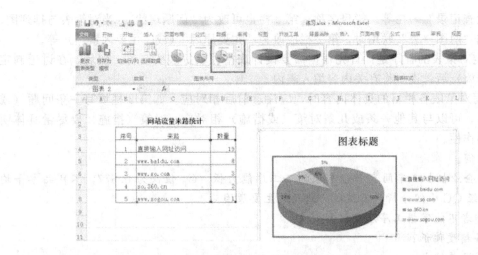

图 3-15　图表布局

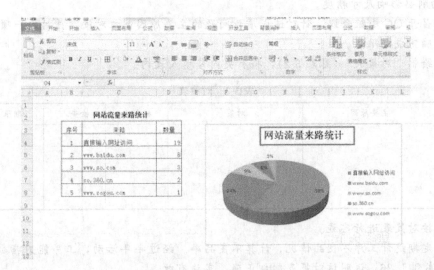

图 3-16　修改"图表标题"

基本格式是：对策表是一种矩阵式的表格。其中包括序号、问题（或原因）、对策（或措施）、执行人、检查人（或负责人）、期限、备注等栏目。基本格式见表 3-1。

表 3-1　对策表格式

序号	质量问题	对策	执行人	检查人	期限	备注
（1）	（2）	（3）	（4）	（5）	（6）	（7）
1						
2						
3						
4						

对策表使用原则如下。

① 对策表各栏目的设置，可在基本格式的基础上根据实际需要进行增删或变换。如在第 1 栏与第 3 栏之间增设"目标"一栏，在第 3 与第 4 栏之间增加"地点"一栏，第 6 栏之

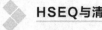

后增加"检查记录"一栏等。栏目名称，第2栏也可改为"问题现状"。当对策表与排列图、因果图构成"两图一表"联用时，第2栏应改为"主要原因"（或"主要因素"）等。

②制定对策表的程序是：首先根据需要设计表格，填好表头名称。然后，在讨论制定对策（或措施）后，逐一将有关内容填入表内。

③填写对策表各栏目的具体内容时，应注意前后相对应。如第2栏填写一条问题（或原因）之后，可以与其他一条或几条对策（或措施）相对应。对策（措施）要尽量具体明确，有可操作性。

应用示例。

（1）某企业机加工车间有一台车床加工工序能力低，C_p 值仅为 0.677，不良品率平均为 4.3%，经 QC 小组分析找出造成此问题的主要原因为：

a. 操作者不能掌握工序质量控制方法；

b. 设备精度偏低；

c. 测量误差较大；

d. 切削热影响尺寸精度。

（2）召开 QC 小组会议，针对造成质量问题的主要原因制订对策，并对每一项对策进行分工，明确完成期限等。

（3）绘制"对策表"（见表 3-2），将有关内容填入表内。

表 3-2　对策表

序号	主要原因	对策	执行人	检查人	期限	备注

（4）按对策表进行实施。

（5）定期统计工序不良品情况，计算不良品率。经过半年活动，工序能力指数 C_p 值由 0.677 提高到 1.26。说明该对策表制订正确，实施有效。

（6）遗留问题：第 8 条对策正在实施中，待得出结论制定新的对策后，进行第二个循环的工作。

第三节　全球质量管理新趋势

当今世界，随着社会的不断进步，更多的质量要求将由用户或顾客提出。今后企业只有努力增加对用户的了解，才能最大限度地满足用户对质量的要求。在企业竞争中谁最了解用户，谁就将赢得市场主动权。质量管理的发展与科技创新密不可分。随着科学技术的发展，管理方法、手段也将随之提高和发展。全球质量管理新趋势主要有以下几个方面。

1. 全面质量和质量管理的社会化趋势

由于质量是联结商品生产、交换和消费过程的纽带，而每一个社会成员都是"顾客"，都关心质量问题，因此，质量进入人类社会的所有领域是商品经济发展和消费者追求"完美"商品所导致的必然结果。质量进入人类社会的所有领域将促进质量管理的社会化。传统质量管理和初期的全面质量管理主要立足于企业，虽然早期的全面质量管理已强调全员参与管理，但仍局限在企业内部。随着生产社会化程度的提高，社会分工越来越细，质量管理问题已从企业内部向社会扩展。其主要原因如下。

（1）企业的产品质量受社会因素的影响日趋严重　由于社会化大生产分工协作的不断加强，使愈来愈多的企业感觉到，他们的产品质量受社会众多因素的影响。能源供应、原材料质量、配套件质量、商业企业的经营活动、储存、运输、社会立法等都直接或间接影响企业的产品质量。因此，生产企业在加强质量管理的同时，也希望社会其他部门都来关心质量问题，这就促使质量问题的进一步社会化。

（2）质量问题造成的资源损失日益为社会所关注　物质产品都存在着能否合理利用自然资源的问题。如落后的小生产的开采方法，不但不能保证黄金产品的质量，而且造成金矿资源的极大流失；设备、工艺落后的小型钢厂能源消耗多、产品质量低。由于地球上的自然资源是有限的，企业如果不能合理利用自然资源，将会使自然资源短缺状况更为严重。

（3）人类社会越来越重视因质量问题引起的环境污染　随着科学技术的发展和人类文明程度的提高，人的环境意识逐渐加强，对引起环境污染的质量问题十分敏感。商品生产和商品的质量缺陷都可造成环境污染。如，生产中的三废污染，机动车燃烧性能不好造成的尾气污染，质量不合格的彩电造成的放射性污染，食品的卫生性差引起的污染等。因为环境保护是整个人类的共同事业，所以，引起环境污染的质量问题必然被人类社会所重视。

（4）顾客日益群体化　消费者在长期和商品打交道的过程中，为了保护自身的利益逐渐联合起来，并寻找法律的武器来解决有关质量问题。各种类型的消费者协会、用户协会使单个顾客转变为社会群体用户，这就导致企业的商品和质量管理工作必须面对社会，并经受社会集团的评价和检验。

2. 微观质量管理和宏观质量管理同步发展的趋势

从不同角度研究问题，质量管理可分为微观管理和宏观管理。一般来说，微观质量管理主要是指生产企业或经营企业对产品或商品实施的质量管理。如，生产企业对产品的设计质量、原材料质量、工艺工序质量、工作质量等实行的管理，经营企业对商品的检验、储存、养护、售后服务等实行的质量管理。宏观质量管理主要是指国家、行业对整个国家或行业的质量问题实施的调控和管理。如，国家通过法律手段保证和提高商品质量，对生产名优产品的企业施行政策倾斜，通过调控手段改变不合理的产品结构，国家或行业对商品进行的评优奖励活动等。

在全面质量管理的发展过程中，管理者对微观质量管理的理论和应用进行了大量研究，促进了质量管理的长足进步。鉴于质量问题日趋社会化，加强宏观质量管理的任务必然更加尖锐地摆在管理者面前。在西方国家，宏观质量管理主要是通过法律手段来进行，但政府对企业的行政干预和指导也有加强的趋势。我国社会主义的市场经济体制刚刚确立，经济立法尚未健全，摆在我们面前的宏观质量管理任务十分艰巨。长期以来，我国的社会总需求大于社会总供给，政府和行业的宏观调控更侧重于商品的数量。而当今世界，质量已经成为市场竞争的焦点，只有把质量放在重要的战略地位，在搞好微观质量管理的同时，同步地提高宏观质量管理的水平，才能有效地促进质量管理的发展，以保证商品质量的稳定提高。把宏观质量管理和微观质量管理很好地结合起来，使之成为一个有机整体，不但对于我国是一个重要课题，而且也是国际上质量管理的发展方向。

3. 更加重视人的作用和素质

质量管理是全员性的管理，只有调动一切积极因素，动员社会力量和企业全体人员都积极参加管理，才能确保商品质量。随着管理科学的发展，人在管理中的作用大大加强了，对

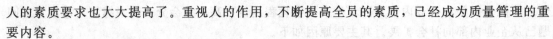

人的素质要求也大大提高了。重视人的作用，不断提高全员的素质，已经成为质量管理的重要内容。

经济发达国家在经历了国际市场的风风雨雨后，清醒地认识到："质量就是市场""人的素质最终决定着商品质量"。美国政府和工业界为了提高产品质量，制定了庞大的计划，对各层次的人员进行培训，鼓励广大职工参加质量活动，并设立国家质量奖，奖励对质量做出贡献并取得成效的企业。日本人能在短短的时间内迅速提高产品质量，成为世界上的经济大国，也正是优先发展教育，提高民族素质所取得的结果。

20世纪80年代以来，我国曾在全国范围内大力推行全面质量管理，但效果并不理想。原因固然是多方面的，其中管理者素质较低也是重要原因之一。企业在实施质量管理的过程中，一方面，应始终把职工教育和培训放在重要地位，不断提高全员的文化素质，促进质量管理的持续发展。另一方面，也应看到我国目前的教育水平还比较落后，提高全员的文化素质非朝夕之功。应根据企业的实际情况，把文化素质较高的职工安排在质量管理的重要岗位上，以保证质量管理的顺利实行。

提高人的素质，特别是提高高层管理者的素质，对发展中国家有着更为深远的意义。随着科学技术和工业化水平的提高，发展中国家将有更多的商品直接参与国际竞争，那时，质量的竞争、管理水平的竞争、人的素质的竞争将充分表现出来。所以，发展中国家在发展经济、狠抓质量的同时，要始终想到人才和教育的基础地位。只有不断提高人的素质，才能确保商品质量，扩大国际市场，更迅速地促进经济发展。

4. 重视环境对质量管理的影响

在现代市场经济条件下，企业往往处于合同和非合同两种经营环境中，因而也导致了两种环境条件下质量管理的差异。在非合同环境中，企业的质量管理主要是根据市场调研了解市场对质量的需求和期望，确定质量方针和目标，自行建立质量管理体系，在企业内部开展质量保证，以实现质量管理的目标。在合同环境下，企业必须依据用户需求的质量特点，建立质量管理体系的实行质量保证。企业提供的产品和质量管理体系也必须接受用户的评价，以实现合同规定的质量目标和要求。因此，合同环境下的质量管理不仅要在企业内部展开，还要延伸到企业外部，在供需双方之间实行质量保证，以取得用户对企业的产品质量和质量管理体系的信任，建立稳定的市场关系。

我国的一些企业习惯于用同一模式的质量管理体系处理不同环境下的质量问题，往往容易忽视用户需求的某些质量特性，使用户对企业的质量保证能力产生疑问，影响稳定市场关系的建立。在合同环境下，用户要求的质量特性可以是质量标准中内容，也可以是质量标准外的内容。企业在实施质量管理时，一方面，可运用已建立的质量管理体系，对质量标准内的项目进行管理；另一方面，还必须根据用户需求，增加相应的质量管理内容，对质量标准外的项目进行管理，以达到合同规定的要求，使用户对企业的质量保证能力充满信心。

在当代国家贸易中，合同环境占有的重要地位日趋明显。这就要求企业必须根据用户的需求增加新的质量管理内容，提高质量保证能力，通过增加用户对企业产品质量和质量管理体系的信任，不断开拓市场，提高经济效益。

5. 以高层领导为主导的质量管理

目前，欧洲和美国权威质量管理专家明确指出，质量管理已开始进入以领导为主的新时代。这一观点不仅被普遍接受，而且在实践中也得到证实。在美国专家介绍的案例中，所有重视质量的大公司，都是由总经理或总裁亲自过问质量战略和落实质量目标，并且在经营管理中时刻以质量为核心，强调全民的宏观和微观质量管理相一致的经营模式，这也是最有前途和生命力的经营理念。

成功的大公司都有明确的质量管理战略目标，并且由总经理或总裁亲自制定有关质量战略内容。他们的理念是：力争完美目标而达不到，比力争达到的非完美目标要好。

6. 迎接无缺陷挑战，使产品质量无缺陷，并达到世界最先进水平

这是发达国家质量界最推崇和广泛宣讲的概念。他们认为，经常生产无缺陷的产品实际是不可能的。但是作为质量管理，自上而下必须不断追求无缺陷的挑战，如果没有这种挑战精神严格要求，永远达不到世界先进水平。这是一种辩证的哲学观点，目前在发达国家的一些大企业里都普遍接受这一观点，并努力采取措施实施。

7. 强调参与质量管理

美国近年在质量管理方面提出两个较有影响的理论，其一是费根堡姆博士的全面质量管理，已广泛被世界各国所采纳和应用；其二是参与质量管理。全面质量管理在日本获得成功后，美国如梦初醒，发现质量问题仅在于不如日本能发动群众共同参与质量管理。因此，近年美国掀起一股参与质量管理热，把美国热衷于表现自己的个人主义用参与管理来取代。

8. 质量改进向隐蔽工厂挑战

所谓隐蔽工厂是指在实际活动中，由于运行失效而不得不为消除缺陷而客观存在着的、不被管理者所察觉的损失，这种活动或过程即称"隐蔽工厂"（hidden factory）。它提醒人们必须注意到，在每个企业和工厂中都存在着隐蔽的工厂。也就是在每个人的周围，都有一个隐蔽工厂挑战，减少和消除隐蔽工厂的负面作用，不仅是质量管理的重要任务，也是质量管理的新途径和新方向。

9. 开发软件管理，迎接新的挑战

在当今新技术迅速发展的时代，大小企业都在关心最近几年质量管理状态如何发展变化？过几年之后质量管理状态可能出现怎样的变化？对质量管理的变化采取什么对策？对待这些问题，美国质量专家认为，对未来质量管理工作的探讨，无疑会促进当前质量管理的发展。计算机辅助设计和制造机器人的大量应用，特别是新的计算机不断推出和应用，将更好地发挥人工智能，使管理方式和整个社会的经济结构发生变化并促进工业生产发展和变化，从而导致未来质量管理的根本性改变。为迎接由于新技术的应用而导致的质量管理的信息化和变革，美国质量管理专家们对软件管理的探讨和开发十分重视。所谓软件管理，是把整个质量管理看作是一个完整的过程，并通过设计一种软件进行过程和目标管理来体现这一过程。从而形成全过程的质量管理软件系统。

10. 质量文化的兴起和塑造

质量文化是随着全面质量管理的深入发展而提出的新概念。因为全面质量管理的发展，要求在一定的文化环境下，才能真正实施和发展，随之出现了质量文化的新概念。

质量文化是质量管理的基础，质量文化通过价值观和信念的确立而得到巩固和发展。比如：全面质量管理提出全员参加、面向顾客、协力配合和控制全过程，承认这些概念的正确性和可能性就是一种信念。另外，认为以质量为核心的生产和经营者管理才能产生最大效益，这种价值观和信念直接影响着企业和社会质量文化的发展和塑造，没有这些价值观和信念，也就谈不上全面质量管理，更谈不上质量文化。

质量管理科学是近代大工业的产物，而且随着工业化的推进不断发展和完善。研究质量管理新的发展趋势，不断更新质量观念，能更好地促进质量工作的开展，进而促进人类生活质量的改善。

第四章
清洁生产与绿色化工

第一节 清洁生产的概念

一、清洁生产的定义

清洁生产（cleaner production）在不同的发展阶段或者不同的国家有不同的定义，例如"废物减量化""无废工艺""污染预防"等。但其基本内涵是一致的，即对产品和产品的生产过程、产品及服务采取预防污染的策略来减少污染物的产生。

联合国环境规划署工业与环境规划中心（UNEPIE/PAC）综合了各种说法，采用了"清洁生产"这一术语，来表征从原料、生产工艺到产品使用全过程的广义的污染防治途径。对清洁生产给出了以下定义：

清洁生产是一种新的创造性的思想，该思想将整体预防的环境战略持续应用于生产过程、产品和服务中，以增加生态效率和减少人类及环境的风险。

对生产过程，要求节约原材料与能源，淘汰有毒原材料，减降所有废弃物的数量与毒性；对产品，要求减少从原材料提炼到产品最终处置的全生命周期的不利影响；对服务，要求将环境因素纳入设计与所提供的服务中。

美国环保局把清洁生产又称为"污染预防"或"废物最小量化"。废物最小量化是美国清洁生产的初期表述，后用污染预防一词所代替。美国对污染预防的定义为："污染预防是在可能的最大限度内减少生产厂地所产生的废物量，它包括通过源削减（源削减指在进行再生利用、处理和处置以前，减少流入或释放到环境中的任何有害物质、污染物或污染成分的数量；减少与这些有害物质、污染物或组分相关的对公共健康与环境的危害）、提高能源效率、在生产中重复使用投入的原料以及降低水消耗量来合理利用资源。常用的两种源削减方法是改变产品和改进工艺（包括设备与技术更新、工艺与流程更新、产品的重组与设计更新、原材料的替代以及促进生产的科学管理、维护、培训或仓储控制）。污染预防不包括废物的厂外再生利用、废物处理、废物的浓缩或稀释以及减少其体积或有害性、毒性成分从一种环境介质转移到另一种环境介质中的活动。"

《中国 21 世纪议程》对清洁生产的定义：清洁生产是指既可满足人们的需要又可合理使用自然资源和能源并保护环境的实用生产方法和措施，其实质是一种物料和能耗最少的人类生产活动的规划和管理，将废物减量化、资源化和无害化，或消灭于生产过程之中。同时对人体和环境无害的绿色产品的生产亦将随着可持续发展进程的深入而日益成为今后产品生产的主导方向。

《中华人民共和国清洁生产促进法》中清洁生产的定义：清洁生产是指不断采取改进设计、使用清洁的能源和原料、采用先进的工艺技术与设备、改善管理、综合利用等措施，从源头消减污染，提高资源利用效率，减少或者避免生产服务和产品使用过程中污染物的产生和排放，以减轻或者消除对人类健康和环境的危害。

综上所述，清洁生产的定义包含了两个全过程控制：生产全过程和产品整个生命周期全过程。对生产过程而言，清洁生产包括节约原材料与能源，尽可能不用有毒原材料并在生产过程中就减少它们的数量和毒性；对产品而言，则是从原材料获取到产品最终处置过程中，尽可能将对环境的影响减少到最低。

对生产过程与产品采取整体预防性的环境策略，以减少其对人类及环境可能的危害；对生产过程而言，清洁生产节约原材料与能源，尽可能不用有毒有害原材料并在全部排放物和废物离开生产过程以前，就减少它们的数量和毒性；对产品而言，则是由生命周期分析，使得从原材料取得至产品的最终处理过程中，竭尽可能将对环境的影响减至最低。

二、清洁生产与末端治理的区别和联系

环境污染治理简单的可以概括为三方面，源头控制、中途治理、末端控制。

可以说源头控制是从预防这个概念出发的，是减少污染效率最高，付出代价最小的方式。

末端治理则正好相反，它往往是在污染物进入水体或者大气之前收集，通过集中或者分散的处理方式进行处理，达到对环境污染最小的效果，但是这种方法成本较高，而且仪器设备和构筑物往往需要维护和运行费用。

1. 清洁生产与传统末端治理的区别

① 传统的末端治理侧重于"治"，与生产过程相脱节，先污染再治理；清洁生产侧重于"防"，从产生污染的源头抓起，注重对生产全过程进行控制，强调"源削减"，尽量将污染物消除或减少在生产过程中，减少污染物的排放量，且对最终产生的废物进行综合利用。如锅炉烟气，从末端治理的角度考虑，考虑的是上除尘器和脱硫装置，最终结果是实现烟气的达标排放；而清洁生产的方式考虑则是使用天然气等清洁的能源、使用净煤、提高锅炉热效率节煤、锅炉烟气余热利用节煤等多种工艺、技术和措施，最终减少烟气产生总量，从源头和过程中减少烟气产生量。

② 清洁生产实现了环境效益和经济效益的统一，传统的末端治理投入多，治理难度大，运行成本高，只有环境效益，没有经济效益；清洁生产则是从改进产品设计、替代有毒有害材料，通过不断加强管理和技术进步，达到"节能、降耗、减污、增效"的目的。在提高资源利用率的同时，减少污染物的排放量，实现经济效益和环境效益的统一。

③ 国内外的实践表明，清洁生产作为污染预防的环境战略，是对传统的末端治理手段的根本变革，是污染防治的最佳模式。传统的末端治理与生产过程相脱节，即"先污染，后治理"，侧重点是"治"；清洁生产从产品设计到生产过程的各个环节，通过不断地加强管理和推进技术进步。提高资源利用率，减少乃至消除污染物的产生，侧重点是"防"。

传统的末端治理不仅投入多、治理难度大、运行成本高，而且往往只有环境效益，没有经济效益，企业没有积极性；清洁生产从源头抓起，实行生产全过程控制，污染物最大限度地消除在生产过程中，不仅环境状况从根本上得到改善，而且能够提高资源能源利用效率、降低生产成本，增强企业竞争力，实现经济效益与环境效益的"双赢"。

可以说，清洁生产与传统末端治理的最大不同在于前者找到了环境效益与经济效益相统

一的结合点，能够调动企业防治工业污染的积极性。

④ 清洁生产具有科学的标准体系。

清洁生产标准体系的建立，明确了生产全过程控制的主要内容和标准，可以使企业和管理部门对清洁生产的实际效果和管理目标具体化，把清洁生产由过去笼统模糊的概念转化为直观的可操作、可检查、可对比的具体内容。

清洁生产标准体系的建立，弥补了当前环境标准侧重于末端控制、忽视全过程控制的弊端，实现全过程控制与末端控制的有机结合，极大地丰富了我国的环境标准体系。

清洁生产标准体系的建立，适应了环境管理由末端控制向过程控制的转变，环保的末端控制主要是通过环境标准的实施来实现的，生产全过程控制则需要清洁生产标准的实施来体现。

2. 清洁生产与末端治理的联系

从环境保护的角度看，末端治理与清洁生产两者并非互不相容，也就是说推行清洁生产并不排斥末端治理。这是由于工业生产无法完全避免污染的产生，最先进的生产工艺也不能避免污染物；用过的产品必须进行最终处理和处置。因此，清洁生产是工业企业发展战略的首选，末端治理是清洁生产的完善和补充，两者相辅相成。

三、清洁生产的作用和意义

根据联合国环境署对清洁生产目标表述：清洁生产是一种全新的发展战略，它借助于各种相关理论和技术，在产品的整个生命周期的各个环节采取"预防"措施，通过将生产技术、生产过程、经营管理及产品等方面与物流、能量、信息等要素有机结合起来，并优化运行方式，从而实现最小的环境影响，最少的资源、能源使用，最佳的管理模式以及最优化的经济增长水平。更重要的是，环境作为经济的载体，良好的环境可更好地支撑经济的发展，并为社会经济活动提供所必需的资源和能源，从而实现经济的可持续发展。因此，开展清洁生产意义重大。

1. 开展清洁生产是实现可持续发展战略的需要

1992 年 6 月在巴西里约热内卢召开的联合国环境与发展大会上通过了《21 世纪议程》。该议程制定了可持续发展的重大行动计划，并将清洁生产看作是实现可持续发展的关键因素，号召工业提高能效，开发更清洁的技术，更新、替代对环境有害的产品和原材料，实现环境、资源的保护和有效管理。清洁生产是可持续发展的最有意义的行动，是工业生产实现可持续发展的唯一途径。

2. 开展清洁生产是控制环境污染的有效手段

清洁生产彻底改变了过去被动的、滞后的污染控制手段，强调在污染产生之前就予以削减，即在产品及其生产过程并在服务中减少污染物的产生和对环境的不利影响。这一主动行动，经近几年国内外的许多实践证明，具有效率高、可带来经济效益、容易为企业接受等特点，因而实行清洁生产将是控制环境污染的一项有效手段。

3. 开展清洁生产可大大减轻末端治理的负担

末端治理作为目前国内外控制污染最重要的手段，为保护环境起到了极为重要的作用。然而，随着工业化发展速度的加快，末端治理这一污染控制模式的种种弊端逐渐显露出来。首先，末端治理设施投资大、运行费用高，造成企业成本上升，经济效益下降；第二，末端治理存在污染物转移等问题，不能彻底解决环境污染；第三，末端治理未涉及资源的有效利用，不能制止自然资源的浪费。据美国环保局统计，1990 年美国用于三废处理的费用高达 1200 亿美元，占 GDP 的 2.8％，成为国家的一个沉重负担。我国近几年用于三废处理的费用一直仅占 GDP 的 0.6％～0.7％左右，但已使大部分城市和企业不堪重负。

清洁生产从根本上扬弃了末端治理的弊端，它通过生产全过程控制，减少甚至消除污染物的产生和排放。这样，不仅可以减少末端治理设施的建设投资，也减少了其日常运转费用，大大减轻了工业企业的负担。

4. 清洁生产是提高企业市场竞争力的最佳途径

实现经济、社会和环境效益的统一，提高企业的市场竞争力，是企业的根本要求和最终归宿。开展清洁生产的本质在于实行污染预防和全过程控制，它将给企业带来不可估量的经济、社会和环境效益。

清洁生产是一个系统工程，一方面它提倡通过工艺改造、设备更新、废弃物回收利用等途径，实现"节能、降耗、减污、增效"，从而降低生产成本，提高企业的综合效益，另一方面它强调提高企业的管理水平，提高包括管理人员、工程技术人员、操作工人在内的所有员工在经济观念、环境意识、参与管理意识、技术水平、职业道德等方面的素质。同时，清洁生产还可有效改善操作工人的劳动环境和操作条件，减轻生产过程对员工健康的影响，为企业树立良好的社会形象，促使公众对其产品的支持，提高企业的市场竞争力。

5. 清洁生产是现代工业文明的一个重要标准

1992 年，联合国环境与发展大会制定的《21 世纪议程》明确提出，转变发展战略，实施清洁生产，建立现代工业的新文明。清洁生产带来全球发展模式的革命性变革，其意义不亚于工业革命。

6. 开展清洁生产是增加企业无形资产，提高声誉的内部需求

推行清洁生产是法规、政策的要求，是社会发展的需要，也是企业生存与发展的需要。

清洁生产的最终结果是企业管理水平、生产工艺技术水平得到提高，资源得到充分利用。而企业生产对环境的影响也从根本上得到改善。最终提高了企业形象。

第二节　清洁生产的形成和发展

一、清洁生产形成的历史背景

环境问题一直伴随着人类文明的进程而存在，但从近代开始趋于严重，尤其是 20 世纪 70 年代以来，全球经济迅猛发展，随着科技与生产力水平的不断提高，人类干预自然的能力大大增强，社会财富也迅速膨胀，而环境污染却日益严重。世界上许多国家因经济高速发展造成了严重的环境污染和生态破坏，导致了一系列举世震惊的环境公害事件。80 年代后期，环境问题已由局部性、区域性发展成为全球性的生态危机。如酸雨、臭氧层破坏、温室效应（气候变暖）、生物多样性锐减、森林破坏等，成为危及人类生存的最大隐患。如日本的水俣病事件，对人体健康造成极大危害，生态环境受到严重破坏，社会反映非常强烈。环境问题逐渐引起各国政府的极大关注，并采取了相应的环保措施和对策。例如增大环保投资、建设污染控制和处理设施、制定污染物排放标准、实行环境立法等以控制和改善环境污染问题，取得了一定的成绩。

但是通过十多年的实践发现：这种仅着眼于控制排污口（末端），使排放的污染物通过治理达标排放的办法，虽在一定时期内或在局部地区起到一定的作用，但并未从根本上解决工业污染问题。其原因如下。

第一，随着生产的发展和产品品种的不断增加，以及人们环境意识的提高，对工业生产所排污染物的种类检测越来越多，规定控制的污染物（特别是有毒有害污染物）的排放标准也越来越严格，从而对污染治理与控制的要求也越来越高，为达到排放的要求，企业要花费大量的资金，大大提高了治理费用，即使如此，一些要求还难以达到。

第二，由于污染治理技术有限，治理污染实质上很难达到彻底消除污染的目的。因为一般末端治理污染的办法是先通过必要的预处理，再进行生化处理后排放。而有些污染物是不能生物降解的污染物，只是稀释排放，不仅污染环境，甚至有的治理不当还会造成二次污染；有的治理只是将污染物转移，废气变废水，废水变废渣，废渣堆放填埋，污染土壤和地下水，形成恶性循环，破坏生态环境。

第三，只着眼于末端处理的办法不仅需要投资，而且使一些可以回收的资源（包含未反应的原料）得不到有效的回收利用而流失，致使企业原材料消耗增高，产品成本增加，经济效益下降，从而影响企业治理污染的积极性和主动性。

第四，实践证明预防优于治理。根据日本环境厅 1991 年的报告，从经济上计算，在污染前采取防治对策比在污染后采取措施治理更为节省。例如就整个日本的硫氧化物造成的大气污染而言，排放后不采取对策所产生的受害金额是预防这种危害所需费用的 10 倍。以水俣病而言，其推算结果则为 100 倍。可见两者之差极其悬殊。

据美国 EPA 统计，美国用于空气、水和土壤等环境介质污染控制总费用（包括投资和运行费），1972 年为 260 亿美元（占 GNP 的 1%），1987 年猛增至 850 亿美元，20 世纪 80 年代末达到 1200 亿美元（占 GNP 的 2.8%）。如杜邦公司每磅废物的处理费用以每年 20%～30% 的速率增加，焚烧一桶危险废物可能要花费 300～1500 美元。即使如此之高的经济代价仍未能达到预期的污染控制目标，末端处理在经济上已不堪重负。

因此，发达国家通过治理污染的实践，逐步认识到防治工业污染不能只依靠治理排污口（末端）的污染，要从根本上解决工业污染问题，必须"预防为主"，将污染物消除在生产过程之中，实行工业生产全过程控制。20 世纪 70 年代末期以来，不少发达国家的政府和各大企业集团（公司）都纷纷研究开发和采用清洁工艺，开辟污染预防的新途径，把推行清洁生产作为经济和环境协调发展的一项战略措施。

所以说清洁生产的出现是人们反思过去的经济发展模式，探索环境和经济可持续发展的一个新思路，是人类工业生产迅速发展的历史必然，是一项迅速发展中的新生事物，是人类对工业化大生产所制造出有损于自然生态人类自身污染这种负面作用逐渐认识所作出的反应和行动。

二、清洁生产的形成过程

清洁生产的起源来自于 1960 年的美国化学行业的污染预防审计。而"清洁生产"概念的出现，最早可追溯到 1976 年，当年欧共体在巴黎举行了"无废工艺和无废生产国际研讨会"，会上提出"消除造成污染的根源"的思想；1979 年 4 月欧共体理事会宣布推行清洁生产政策；1984 年、1985 年、1987 年欧共体环境事务委员会三次拨款支持建立清洁生产示范工程。

自 1989 年，联合国开始在全球范围内推行清洁生产以来，全球先后有 8 个国家建立了清洁生产中心，推动着各国清洁生产不断向深度和广度拓展。1989 年 5 月联合国环境署工业与环境规划活动中心（UNEP IE/PAC）根据 UNEP 理事会会议的决议，制定了《清洁生产计划》，在全球范围内推进清洁生产。该计划的主要内容之一为组建两类工作组：一类为制革、造纸、纺织、金属表面加工等行业清洁生产工作组；另一类则是组建清洁生产政策及战略、数据网络、教育等业务工作组。该计划还强调要面向政界、工业界、学术界人士，提高他们的清洁生产意识，教育公众，推进清洁生产的行动。1992 年 6 月通过的《21 世纪议程》，号召工业提高能效，开展清洁技术，更新替代对环境有害的产品和原料，推动实现工业可持续发展。中国政府亦积极响应，于 1994 年提出了"中国 21 世纪议程"，将清洁生产列为"重点项目"之一。

自 1990 年以来，联合国环境署已先后在坎特伯雷、巴黎、华沙、牛津、汉城、蒙特利尔等地举办了六次国际清洁生产高级研讨会。在 1998 年 10 月韩国汉城第五次国际清洁生产高级研讨会上，出台了《国际清洁生产宣言》，包括 13 个国家的部长及其他高级代表和 9 位公司领导人在内的 64 位签署者共同签署了该《宣言》，参加这次会议还有国际机构、商会、学术机构和专业协会等组织的代表。《国际清洁生产宣言》的主要目的是提高公共部门和私有部门中关键决策者对清洁生产战略的理解及该战略在他们中间的形象，它也将激励对清洁生产咨询服务的更广泛的需求。《国际清洁生产宣言》是对作为一种环境管理战略的清洁生产公开的承诺。

美国、澳大利亚、荷兰、丹麦等发达国家在清洁生产立法、组织机构建设、科学研究、信息交换、示范项目和推广等领域已取得明显成就。特别是进入 21 世纪后，发达国家清洁生产政策有两个重要的倾向：其一是着眼点从清洁生产技术逐渐转向清洁产品的整个生命周期；其二是从大型企业在获得财政支持和其他种类对工业的支持方面拥有优先权转变为更重视扶持中小企业进行清洁生产，包括提供财政补贴、项目支持、技术服务和信息等措施。

三、清洁生产的发展趋势

为了促使清洁生产的推行跨过注重于"低悬的成果"状态，目前世界范围内的清洁生产表现出以下六个方面的发展趋势。

（1）环境法规遵循长期性和可持续原则　自 20 世纪 80 年代后期以来。欧美发达国家先后进行了环境战略、政策与法律的重大调整，调整的结果是加大了清洁生产法规建设的力度，从"末端治理"为主的污染控制转向污染预防，清洁生产成为了这其间的主要特征。1990 年美国国会通过了"污染预防法"，这是从源头防止污染源的排放、实施预防技术（清洁生产）的一部重要法规。欧共体及其许多成员国把清洁生产作为一项基本国策，例如欧共体委员会在 1977 年 4 月就制订了关于"清洁工艺"的政策，在 1984 年、1987 年又制订了欧共体促进开发"清洁生产"的两个法规，明确对清洁工艺示范工程提供财政支持。丹麦于1991 年 6 月颁布了新的丹麦环境保护法（污染预防法），于 1992 年 1 月 1 日起正式执行。可以看出，环境法规的制定一方面由基于末端处理和污染控制转向污染预防和清洁生产，另一方面更多地集成到企业经营法规、财政税法以及投资和贸易体系中，越来越多地体现了环境法规遵循长期性和可持续的原则。

（2）与建立 ISO 14000 环境管理体系相结合　企业的经济和环境管理一体化已成为企业管理的必然。ISO 14000 环境管理体系作为一种操作层次的、具体的、界面很明确的管理手段，是集近年来世界环境管理领域的最新经验与实践于一体的先进体系，它主要是通过建立一套可实施的环境管理体系来达到持续改进，预防污染的目的。企业一旦建立起符合 ISO14000 环境管理体系，并经过权威部门认证，不仅可以向外界表明自己的承诺和良好的环境形象，而且从企业内部开始实现一种全过程科学管理的系统行为。与清洁生产比较，两者尽管在企业实施技术内涵和预期目标上存在着差别，但均是从经济环境协调、贯彻可持续发展战略的角度而提出的新思想和新措施，具有相近的目标，且具有很强的互补性。因此两者的结合是必然趋势。ISO 14000环境管理体系可以看作是实现清洁生产思想的手段之一，支持着清洁生产持续实施且不断地丰富着清洁生产思想的具体内容。

（3）向第三产业延伸　清洁生产最初关注的是生产过程，逐渐延伸到对有形产品的关注，后来又进一步转向对无形产品——服务的关注，亦即清洁生产已经扩展到第三产业，与运输、商业、投资、通信等行业关联起来，涵盖了社会的整个经济活动。清洁生产从生产领域扩展到消费领域，提倡可持续消费，推进污染预防的原则在非物质化进程中实施，意味着思维的创新和价值体系的重新调整。生态效率正是强调了这一非物质化进程。这就是在能满足人类需要和提高生活质量的同时，提供具有竞争力价格的商品和服务且不断减少这些商品和服务在整个生命周期中的生态影响和资源消耗强度，使之降低到与估计的地球承载能力相一致的水平。

（4）注重产品生态设计　倾向于产品领域的清洁生产，除提倡延长产品寿命、产品回收和产品的循环以及再利用外，还同时关注可持续产品设计和产品集成化管理体系。产品生态设计（绿色设计，环境友好设计，生命周期设计等都是与此类似的概念）就是致力于将创新活动真正融入产品设计的前端已实现真正意义上的污染预防。它指产品在原材料获取、生产、运销、使用和处置等整个生命周期中密切考虑到生态、人类健康和安全的产品设计原则和方法。产品生态设计的基本思想在于从产品的孕育阶段开始即遵循污染预防的原则，把改善产品的环境影响的努力灌输到产品设计之中。经过生态设计的产品对生态环境没有不良的影响，在延续使用中是安全的，对能源和自然资源的利用是高效的，并且是可以再循环、再生或易于安全处置的。

（5）走集群之路，建立生态工业园　随着清洁生产的推进，人们逐渐认识到在单个企业内实现清洁生产，资源循环利用和减排的能力是有限的。不能实现经济和环境效益的最大化。所以清洁生产的发展趋势之一是突破单个企业范围，走上集群之路，建立生态工业园，实现区域层次上的清洁生产和循环经济。建立工业系统的代谢关系和食物链。形成能源和物质的最优利用和高效产出。减少废物排放并最终建立可持续系统。

（6）循环经济理念及新的工业革命兴起　循环经济就是把清洁生产和废弃物的综合利用融为一体的经济。本质上是一种生态经济，它将彻底改变资源-产品-污染排放的直线、单向流动的传统经济模式，倡导在物资不断循环利用的基础上发展经济。建立资源-产品-再生资源的新经济模式。循环经济已经成为一股潮流和趋势。一些西方国家把发展循环经济、建立再循环社会看作是实施可持续发展战略的重要途径和实施方式。德国和日本已经制定了相应的法律加以推进。德国于1996年就颁布了《循环经济与废物管理法》。日本则在2000年颁布了《推进形成循环型社会基本法》等一系列的环保法规。

第三节　清洁生产的主要理论基础

一、可持续发展理论

可持续发展理论（sustainable development theory）是指既满足当代人的需要，又不对后代人满足其需要的能力构成危害的发展，以公平性、持续性、共同性为三大基本原则。

可持续发展理论的最终目的是达到共同、协调、公平、高效、多维的发展。

1. 可持续发展理论的形成过程

可持续发展（sustainable development）的概念最先是 1972 年在斯德哥尔摩举行的联合国人类环境研讨会上正式讨论。这次研讨会云集了全球的工业化和发展中国家的代表，共同界定人类在缔造一个健康和富有生机的环境上所享有的权利。自此以后，各国致力界定"可持续发展"的含义，现时已拟出的定义已有几百个之多，涵盖范围包括国际、区域、地方及特定界别的层面，是科学发展观的基本要求之一。1980 年国际自然保护同盟的《世界自然资源保护大纲》："必须研究自然的、社会的、生态的、经济的以及利用自然资源过程中的基本关系，以确保全球的可持续发展。"1981 年，美国布朗（Lester R. Brown）出版《建设一个可持续发展的社会》，提出以控制人口增长、保护资源基础和开发再生能源来实现可持续发展。

1987 年，世界环境与发展委员会出版《我们共同的未来》报告，将可持续发展定义为："既能满足当代人的需要，又不对后代人满足其需要的能力构成危害的发展。"作者是 Gro Harlem Brundtland，挪威首位女性首相，她对于可持续发展的定义被广泛接受并引用，这个定义系统阐述了可持续发展的思想。1992 年 6 月，联合国在里约热内卢召开的"环境与发展大会"，通过了以可持续发展为核心的《里约环境与发展宣言》《21 世纪议程》等文件。随后，中国政府编制了《中国 21 世纪人口、资源、环境与发展白皮书》，首次把可持续发展战略纳入我国经济和社会发展的长远规划。1997 年的中共十五大把可持续发展战略确定为我国"现代化建设中必须实施"的战略。可持续发展主要包括社会可持续发展、生态可持续发展、经济可持续发展。

20 世纪 60 年代末，人类开始关注环境问题，1972 年 6 月 5 日联合国召开了《人类环境会议》，提出了"人类环境"的概念，并通过了人类环境宣言成立了环境规划署。

可持续发展是人类对工业文明进程进行反思的结果，是人类为了克服一系列环境、经济和社会问题，特别是全球性的环境污染和广泛的生态破坏，以及它们之间关系失衡所做出的理性选择，"经济发展、社会发展和环境保护是可持续发展的相互依赖互为加强的组成部分"，中国政府对这一问题也极为关注。

1987 年世界环境与发展委员会在《我们共同的未来》报告中第一次阐述了可持续发展的概念，得到了国际社会的广泛共识。

1991 年，中国发起召开了"发展中国家环境与发展部长会议"，发表了《北京宣言》。

1992 年 6 月，在里约热内卢世界首脑会议上，中国政府庄严签署了环境与发展宣言。

1994 年 3 月 25 日，中华人民共和国国务院通过了《中国 21 世纪议程》。为了支持《议程》的实施，同时还制订了《中国 21 世纪议程优先项目计划》。

1995 年，中华人民共和国党中央、国务院把可持续发展作为国家的基本战略，号召全国人民积极参与这一伟大实践。

2. 可持续发展基本原则

（1）公平性原则 是指机会选择的平等性，具有三方面的含义：一是指代际公平性，二是指同代人之间的横向公平性，可持续发展不仅要实现当代人之间的公平，而且也要实现当代人与未来各代人之间的公平。三是指人与自然，与其他生物之间的公平性。这是与传统发展的根本区别之一。各代人之间的公平要求任何一代都不能处于支配地位，即各代人都有同样选择的机会空间。

（2）可持续性原则 是指生态系统受到某种干扰时能保持其生产率的能力。资源的持续利用和生态系统可持续性的保持是人类社会可持续发展的首要条件。可持续发展要求人们根据可持续性的条件调整自己的生活方式。在生态可能的范围内确定自己的消耗标准。因此，人类应做到合理开发和利用自然资源，保持适度的人口规模，处理好发展经济和保护环境的关系。

（3）和谐性原则　可持续发展的战略就是要促进人类之间及人类与自然之间的和谐，如果我们能真诚地按和谐性原则行事，那么人类与自然之间就能保持一种互惠共生的关系，也只有这样，可持续发展才能实现。

（4）需求性原则　人类需求是由社会和文化条件所确定的，是主观因素和客观因素相互作用，共同决定的结果。与人的价值观和动机有关。可持续发展立足于人的需求，强调人的需求而不是市场商品，是要满足所有人的基本需求，向所有人提供实现美好生活愿望的机会。

（5）高效性原则　高效性原则不仅是根据其经济生产率来衡量，更重要的是根据人们的基本需求得到满足的程度来衡量。是人类发展的综合和总体的高效。

（6）阶跃性原则　随着时间的推移和社会的不断发展，人类的需求内容和层次将不断增加和提高，所以可持续发展本身隐含着不断地从较低层次向较高层次的阶跃性过程。

3. 可持续发展战略意义和作用

① 实施可持续发展战略，有利于促进生态效益、经济效益和社会效益的统一。

② 有利于促进经济增长方式由粗放型向集约型转变，使经济发展与人口、资源、环境相协调。

③ 有利于国民经济持续、稳定、健康发展，提高人民的生活水平和质量。

④ 从注重眼前利益、局部利益的发展转向长期利益、整体利益的发展，从物质资源推动型的发展转向非物质资源或信息资源（科技与知识）推动型的发展。

⑤ 我国人口多、自然资源短缺、经济基础和科技水平落后，只有节约资源、保护环境，才能实现社会和经济的良性循环，使各方面的发展能够持续有后劲。

二、工业生态学理论

工业生态学（industrial ecology）是一门研究人类工业系统和自然环境之间的相互作用、相互关系的学科。它是一门新兴交叉学科，自诞生10多年来，其理论研究与实践活动已经取得了长足的进展。

工业系统也像自然生态系统那样需要在供应者、生产者、销售者和用户以及废物回收或处理之间有密切的联系。工业生态方法寻求的目标是按自然生态系统的方式来构造工业基础。

1. 发展历程

工业生态学的概念最早是在1989年的《科学美国人》（Scientific American）杂志上由通用汽车研究实验室的罗伯特·弗罗斯彻（Robert Frosch）和尼古拉斯·格罗皮乌斯（Nicholas E. Gallopoulous）提出的。他们的观点是"为什么我们的工业行为不能像生态系统一样，在自然生态系统中一个物种的废物也许就是另一个物种的资源，而为何一种工业的废物就不能成为另一种工业的资源？如果工业也能像自然生态系统一样就可以大幅减少原材料需要和环境污染并能节约废物垃圾的处理过程。"

其实弗罗斯彻和格罗皮乌斯的思想只是对更早的观点的发展，如巴克敏斯特·富勒（Buckminster Fuller）和他的学生（如 J. Baldwin）提出的节约理论，以及提出相似观点的其他同时代人，如艾莫里·洛温斯（Amory Lovins）和落矶山学院（Rocky Mountain

Institute)。

但是工业生态学这一专有名词最早是由哈利·泽维·伊万（Harry Zvi Evan）在 1973 年波兰华沙召开的一次欧洲经济理事会的小型研讨会上提出的，随后伊万在《国际劳工回顾》杂志（International Labour Review）1974 年 vol.110（3），219-233 发表了相关文章。伊万把工业生态学定义为对工业运行的系统化分析，这一分析引入了许多新的参数：技术、环境、自然资源、生物医学、机构和法律事务以及社会经济学因素。

2. 特征趋势

① 工业生态学领域开始社群化，目前已经出现了两大子群，即专注于物质流分析的 Conaccount 分会和专注于生态工业发展的 Eco-Industrial Development 分会。同时，工业生态学学会还设有学生专区。

② 发达国家占据工业生态学领域的主导地位，且欧、美、日三足鼎立的格局日益明显。其中，美国强于概念体系、理论构建和全球视野，欧洲强于大项目主导和系统实践，日本则精于刻画并着眼于亚洲视角。

③ 工业生态学的理论基础和学科体系仍然比较模糊。社会物质代谢和生态工业发展成为学科的主体构成，但前者偏于还原视角，后者理论建构不足。

④ 应用性在加强。生态工业园区、城市代谢、节能减排与气候变化等都成为了工业生态学应用的热点领域。

3. 研究领域

工业生态学是生态工业的理论基础。工业生态学把整个工业系统作为一个生态系统来看待，认为工业系统中的物质、能源和信息的流动与储存不是孤立的简单叠加关系，而是可以像在自然生态系统中那样循环运行，它们之间相互依赖、相互作用、相互影响，形成复杂的、相互连接的网络系统。工业生态学通过"供给链网"分析（类似食物链网）和物料平衡核算等方法分析系统结构变化，进行功能模拟和分析产业流（输入流、产出流）来研究工业生态系统的代谢机理和控制方法。工业生态学的思想包含了"从摇篮到坟墓"的全过程管理系统观，即在产品的整个生命周期内不应对环境和生态系统造成危害，产品生命周期包括原材料采掘、原材料生产、产品制造、产品使用以及产品用后处理。

系统分析是产业生态学的核心方法，在此基础上发展起来的工业代谢分析和生命周期评价是目前工业生态学中普遍使用的有效方法。工业生态学以生态学的理论观点考察工业代谢过程，亦即从取自环境到返回环境的物质转化全过程，研究工业活动和生态环境的相互关系，以研究调整、改进当前工业生态链结构的原则和方法，建立新的物质闭路循环，使工业生态系统与生物圈兼容并持久生存下去。

4. 研究现状

工业生态学不会孤立地把工业化系统（如一个工厂，某一产业，某个国家甚至是全球经济）从生物圈中分离出来，而是把它们当作整个系统的一个特殊案例，只不过这一案例是基于资本的环境，而不是自然环境。既然自然系统可以没有浪费，我们也可以把工业系统依照自然系统一样变得可持续发展。

与更为常规的节能或者节约资源的目标相同，工业生态要求严格按照需求经济的原则重定义了消费和生产之间的关系，它也是自然资本主义的四个目标之一。这种理论不鼓励那种源自对未来无知态度的"不涉及道德的消费"行为，它运用政治经济学的观点去评价自然资源，更依赖于指导性教育性资源去设计和维护每个单一的工业系统。

近年来工业生态学领域的科学理论发展相当迅速，1997 年的《工业生态学期刊》

(Journal of Industrial Ecology)，2001 年的《国际工业生态学学会》（International Society for Industrial Ecology）以及 2004 年的《工业生态学发展》（Progress in Industrial Ecology）杂志共同使工业生态学在国际科学界占有重要的一席之地。

三、生命周期评价理论

生命周期（life cycle）的概念应用很广泛，在心理学上主要是指人的生命周期和家庭的生命周期，是指它的出生、成长过程、衰老、生病和死亡的过程。

生命周期（life cycle）的概念应用很广泛，特别是在政治、经济、环境、技术、社会等诸多领域经常出现，其基本涵义可以通俗地理解为"从摇篮到坟墓"（cradle-to-grave）的整个过程。对于某个产品而言，就是从自然中来回到自然中去的全过程，也就是既包括制造产品所需要的原材料的采集、加工等生产过程，也包括产品储存、运输等流通过程，还包括产品的使用过程以及产品报废或处置等废弃回到自然过程，这个过程构成了一个完整的产品的生命周期。

1. 生命周期及产品生命周期评价

生命周期有广义和狭义之分。狭义是指本义——生命科学术语，即生物体从出生、成长、成熟、衰退到死亡的全部过程。广义是本义的延伸和发展，泛指自然界和人类社会各种客观事物的阶段性变化及其规律。

产品生命周期理论是由美国经济学家雷蒙德·弗农于 1966 年在《产品生命周期中的国际投资与国际贸易》中提出的。它从产品生产的技术变化出发，分析了产品的生命周期以及对贸易格局的影响。他认为，制成品和生物一样具有生命周期，会先后经历创新期、成长期、成熟期、标准化期和衰亡期五个不同的阶段。

生命周期评价（life cycle assessment，LCA）的定义较多，目前具有代表性的有以下三种。

（1）国际环境毒理学和化学学会的定义　产品生命周期评价是一个评价与产品、工艺或行动相关的环境负荷的客观过程，它通过识别和量化能源与材料使用和环境排放，评价这些能源与材料使用和环境排放的影响，并评估和实施影响环境改善的机会。该评价涉及产品、工艺或活动的整个生命周期，包括原材料提取和加工，生产、运输和分配，使用、再使用和维护，再循环以及最终处置。

（2）联合国环境规划署的定义　产品生命周期评价是评价一个产品系统生命周期整个阶段，从原材料的提取和加工，到产品生产、包装、市场营销、使用、再使用和产品维护，直至再循环和最终废物处置的环境影响的工具。

（3）国际标准化组织的定义　产品生命周期评价是对一个产品系统的生命周期中输入、输出及其潜在环境影响的汇编和评价。

上述的三种定义都是围绕着产品对环境的影响评价而作出的，这与该思想在环境领域得到广泛应用有很大关系。从更大范围来看，该定义有些学者认为还有些狭窄，为了让更多的领域接受这个概念，它的内涵应该进一步扩大。即：生命周期评价就是对某物从产生到消亡以及消亡后所产生的效应进行全过程的评价。

2. 演变历程

生命周期评价起源于 20 世纪 60 年代，由于能源危机的出现和对社会产生的巨大冲击，美国和英国相继开展了能源利用的深入研究，生命周期评价的概念和思想逐步形成。值得说明的是，生命周期评价后来在生态环境领域有着广泛的应用。

20 世纪 80 年代，"尿布事件"在美国某州引起人们的关注。所谓的"尿布事件"就是禁止和重新使用一次性尿布引发的事件。在开始，由于一次性尿布的大量使用，产生了大量的固体垃圾，填埋处理这些垃圾需要大量的土地，压力很大，于是议会颁布法律禁止使用一次性尿布而改用多次性尿布，由于多次性尿布的洗涤，增加了水资源和洗涤剂消耗量，不仅加剧了该州水资源供需矛盾，而且加大了水资源污染，该州运用生命周期的思想对使用还是禁止一次性尿布进行了重新评估，评估结果表明，使用一次性尿布更加合理，一次性尿布得以恢复使用。"尿布事件"是生命周期评价比较典型的例子之一，影响较大。

　　综观生命周期评价历程，其发展可以分为三个阶段。

　　（1）起步阶段　20 世纪 70 年代初期，该研究主要集中在包装废弃物问题上，如美国中西部研究所（Midwest Research Institute，MRI）对可口可乐公司的饮料包装瓶进行评价研究，该研究试图从原材料采掘到废弃物最终处置，进行了全过程的跟踪与定量研究，揭开了生命周期评价的序幕。

　　（2）探索阶段　20 世纪 70 年代中期，生命周期评价的研究引起重视，一些学者、科研机构和政府投入了一定的人力、物力开展研究工作。在此阶段，研究的焦点是能源问题和固体废弃物方面。欧洲、美国一些研究和咨询机构依据相关的思想，探索了有关废物管理的方法，研究污染物排放、资源消耗等潜在影响，推动了 LCA 向前发展。

　　（3）发展成熟阶段　由于环境问题的日益严重，不仅影响经济的发展，而且威胁人类的生存，人们的环境意识普遍高涨，生命周期评价获得了前所未有的发展机遇。1990 年 8 月，国际环境毒理学和化学学会（SE-TAC）举办首期有关生命周期评价的国际研讨会，提出了"生命周期评价"的概念，成立了 LCA 顾问组，负责 LCA 方法论和应用方面的研究。从 1990 年开始，SE-TAC 已在不同国家和地区举办了 20 多期有关 LCA 的研讨班，发表了一些具有重要指导意义的文献，对 LCA 方法论的发展和完善以及应用的规范化作出了巨大的贡献。与此同时，欧洲一些国家制定了一些促进 LCA 的政策和法规，如"生态标志计划""生态管理与审计法规""包装及包装废物管理准则"等，大量的案例开始涌现，如日本已完成数十种产品的 LCA。1993 年出版的《LCA 原始资料》，是当时最全面的 LCA 活动综述报告。

　　欧洲生命评价开发促进会（SPOLD）是一个工业协会，对生命周期评价也开展了系列工作，近年来致力于维护和开发 SPOLD 格式、供清单分析和 SPOLD 数据网使用。联合国环境规划署 1998 年在美国旧金山召开了"走向 LCA 的全球使用"研讨会，其宗旨是在全球范围内更多地使用 LCA，以实现可持续发展，此次会议提出了在全球范围内使用 LCA 的建议和在教育、交流、公共政策、科学研究和方法学开发等方面的行动计划。

　　国际标准化组织 1993 年 6 月成立了负责环境管理的技术委员会 TC207，负责制订生命周期评价标准。继 1997 年发布了第一个生命周期评价国际标准 ISO 14040《生命周期评价原则与框架》后，先后发布了 ISO 14041《生命周期评价目的与范围的确定，生命周期清单分析》、ISO 14042《生命周期评价生命周期影响评价》、ISO 14043《生命周期评价生命周期解释》、ISO/TR 14047《生命周期评价 ISO 14042 应用示例》和 ISO/TR 14049《生命周期评价 ISO 14041 应用示例》。

3. 评价方法

　　生命周期理论有两种主要的生命周期方法——一种是传统的、相当机械地看待市场发展的观点（产品生命周期/行业生命周期）；另外一种更富有挑战性，观察顾客需求是怎样随着时间演变而由不同的产品和技术来满足的（需求生命周期）。

　　产品生命周期/行业生命周期是一种非常有用的方法，能够帮助企业根据行业是否处于成长、成熟、衰退或其他状态来制定适当的战略。

这种方法假定，企业在生命周期中（发展、成长、成熟、衰退）每一阶段中的竞争状况是不同的。例如：发展——产品/服务由那些"早期采纳者"购买。他们对于价格不敏感，因此利润会很高。而另一方面，需要大量投资用于开发具有更好质量和大众化价格的产品，这又会侵蚀利润。

在这种方法中，由于假定事情必然会遵循一种即定的生命周期模式，这种方法可能导致可预测的而不是有创意的、革新的战略。

需求生命周期理论是生命周期概念更有建设性的应用。这个理论假定，顾客（个人、私有或公有企业）会有某种特定的需求（娱乐、教育、运输、社交、交流信息等）希望能够得到满足。则在不同的时候就会有不同的产品来满足这些需求。

当技术在不断发展，人口的统计特征随着时间而演变，政治环境则在不同的权力集团之间摇摆不定，消费者偏好也会改变。企业与其为了保卫特定的产品而战，倒不如为了确保能够继续满足顾客需求而战。否则就会出现如下现象：过去一些电视机生产商，只看到了自己处于成熟的电视机市场上，却没有看到自己还处在一个正在不断成长中的家庭娱乐市场上。最后眼睁睁地看着DVD、家庭电脑以及未来的HDTV（高清晰度电视）一起进入了爆炸式的成长中，而自己的产品却慢慢被淘汰出了这个市场。

4. 理论意义

① 产品生命周期理论揭示了任何产品都和生物有机体一样，有一个从诞生-成长-成熟-衰亡的过程，不断创新，开发新产品。

② 借助产品生命周期理论，可以分析判断产品处于生命周期的哪一阶段，推测产品今后发展的趋势，正确把握产品的市场寿命，并根据不同阶段的特点，采取相应的市场营销组合策略，增强企业竞争力，提高企业的经济效益。

③ 产品生命周期是可以延长的。

④ 产品生命周期用以解释工业制成品的动态变化具有一定现实意义，对解释国际贸易有重要参考作用。它引导人们通过产品的生命周期，了解和掌握出口的动态变化，为正确制定对外贸易的产品战略、市场战略提供了理论依据。

⑤ 它揭示出比较优势是不断在转移的，每一国在进行产品创新、或模仿引进、或扩大生产时，都要把握时机。而进行跨国经营，就可以利用不同阶段的有利条件，长久保持比较优势。

⑥ 它还反映出当代国际竞争的特点，即创新能力、模仿能力是获得企业生存能力和优越地位的重要因素。

⑦ 该理论侧重从技术创新、技术进步和技术传播的角度来分析国际贸易产生的基础，将国际贸易中的比较利益动态化，研究产品出口优势在不同国家间的传导。

四、废物与资源转化理论

1. 废物资源化利用的历史背景

随着现代工业的不断发展，一方面使人们的生活水平不断提高，另一方面由于其对环境日益严重的负面影响而导致人们的生活质量在下降。因此，人们在享受丰富多彩的物质文明的同时，又不得不牺牲生态文明。传统工业体系对环境、生态的消极甚至破坏性作用越来越引起人们广泛关注。各国政府环保部门都对防治工业污染制定了相应的法规法令，一些发达国家和发展中国家经济实力雄厚的企业开始采取措施治理工业污染。但由于人们通常把工业体系视为与生物圈相对立，从而把人类活动的影响视为仅限于对"环境的污染"问题。因此人们自然地认为：环境保护的重点应放在污染物的"末端"控制和处理上，而忽略了污染物的全程控制和预防；解决问题的办法就是在生产过程的末端采取各种方式来治理污染。虽然通过"过程末端治理"的方式对工业污染进行治理，在一些发达国家取得了一定成效，但代价巨大，且新的环境问题又不断出现。

据估计，在国民经济运行中，社会需要的最终产品仅占原材料用量的20％～30％，而70％～80％的资源最终成为进入环境的废物，造成环境污染和生态破坏。可以说现代工业引起的环境污染的主要来源是资源的浪费。然而，事实上废物具有相对性，一个行业的废物可能成为另一个行业的原料，放在这里是废物，放在那里却是财富。正是由于人们转变了对废物的认识，看到了废物的潜在经济价值，近年来，在全世界范围内才出现了废物资源化、商业化的强劲势头，与此同时，废物交换制度也应运而生。

1972年荷兰首先提出了废物交换的思想，而将这种思想最早付诸实施的是联邦德国化学工业协会。他们首先在联邦德国实施了废物交换制度，使参加废物交换的各大公司获得了很大的收益。另外，德国与邻国奥地利、卢森堡、荷兰、比利时、丹麦等国签订了废物交换和回收协议，一时间这个制度风行整个欧洲。1978年欧洲共同体成立了欧洲国家的废物交换市场，70年代末期，废物交换思想传入北美，进而扩展到全美洲，然后又传入亚洲。目前，美国已经建立了废物交换系统网络，成立了废物交换中心，服务于5000多个企业，使固体废物的综合利用率得到提高。

2. 废物与资源转化的基本原理

在竞争性市场环境下，企业生产物品的成本和销售物品的收益都是内部化的，也就是说其经济后果都是由自己承担。然而，由于公共物品的存在，必然导致外部性的存在。这样任何个人和经济组织具体的行为选择都力图将成本外部化、收益内部化，以满足自己的效用最大化。结果作为公共物品的环境必然被滥用，造成环境恶化。因此，只有将外部效应内部化，才有可能建立根治环境污染和保护生态环境的有效机制。假定：所有关于污染的外部性问题已经内部化，单个企业从本身的利润最大化角度出发，考虑的是迎合政府的政策（可持续发展战略），在交纳排污税和治理污染之间进行选择，并进一步假设：企业交纳的排污费用大于治理污染的成本，则企业的选择是采用可行的措施治理污染，其中很重要的一个方面就是废物的资源化利用。

（1）经济发展与能量流动的关系原理　为了理解发展的生态含义，有必要从宏观上理解能量投入与发展的关系。对此，怀特（White）在研究古罗马发展案例后提出：一种文化的进步、停滞或衰退，或者是人均能源消耗的增加、持平或减少，或者是能源开发利用手段效率的上升、持平或下降，或者是两者的综合作用。这一将文化作为能源消耗和能源效益函数的论述，被称为怀特定律。怀特定律所讲的，实际上是人类文明的发展对能源的依赖。这一点至少从资源与发展的关系而不是从文明发展的其他动力（生产关系和政治制度对发展的作用）来看，是符合客观实际的，也可以说，该定律解释了发展的自然方面的原因。即使直观地看，怀特定律的解释力度也是较强的。任何国家的经济增长，与其能源消耗的增长都有着近乎平行的关系。换言之，一个国家的工业化过程，从其自然性质上来讲，可以说是由能源的投入增加推动的。经济增长与能量投入的关系可用图4-1加以说明。

经济的发展是由能量投入驱动的，初始总能量EW经过耗散（EW_1）、沉积（EW_2）及治理中的耗散（EW_3）等几个过程，最终变成人类的净福利NW。真正对人类经济发展起推动作用的是人类的净福利。图4-1中将能量流动的浪费分为3种：EW_1是散失而无法利

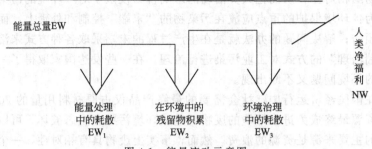

图 4-1　能量流动示意图

用的能量，谁试图利用它或者重新捕捉它，就得耗费更多的能量；EW_2 是超出环境净化能力的那部分污染，这部分不仅造成能量流动的浪费，而且还造成负面作用；EW_3 是对 EW_2 造成污染进行治理所消耗的能量。

在作了这样的划分后，宏观来看，废物资源化利用应从减少能量的耗散 EW_2 着手，EW_2 不但可以直接减少污染的排放量，降低能耗，还可减少 EW_3，同时，废物本身又变成二次利用的资源，增加了初始能量投入 EW。这些都可以增加人类净福利。

（2）废物资源化利用的有效途径——清洁生产　废物资源化利用的前提是按照工业园区设想的要求提高资源利用率，减少资源在环境中的耗费，只有是真正的废物，再考虑它的重新利用。因为废物的利用是要耗费成本的，如果仅认为废物可以重新得到利用，而在产品的生产过程中不注意减少资源的损耗，势必增加主导产品的生产成本，使主导产品在市场上缺乏竞争力，企业将很难在激烈的市场环境中生存，更谈不上企业的持续发展。这就要求企业在产品生产过程中要利用绿色原料，采用清洁生产的技术，提高资源利用率，减少废物排放量，并将废物最大限度地资源化。

清洁生产是通过产品的设计、原料的选择、工艺的改革、技术管理及生产过程内部循环利用等环节的科学化和合理化，使工业生产最终产生的污染物最小化。它体现了工业可持续发展的战略，保障了环境和经济的协调发展。因此，推行清洁生产，实现废物资源化已成为世界各国工业界、经济界、科学界的共识。

3. 废物资源化及相关技术

废物资源化是采用各种工程技术方法和管理措施，从废弃物中回收有用的物质和能源，也是废物利用的宏观称谓。近三十多年来，随着人类社会的发展，废弃物不断增加，资源不断减少，废弃物的资源化已经为人们所关注。在发达国家，这方面的研究和生产取得了明显的经济和环境效益，已研发多种废物资源化技术。废物资源化技术工艺是近三十年来的研究成果，还很不成熟。技术复杂和投资较大是废物资源化发展的两大障碍。

（1）固体废物的资源化利用及技术

① 工业固体废弃物　工业固体废物是工业过程中排入环境的各种废渣、粉尘及其他废物，且数量巨大。但是工业固体废弃物，往往可以作为其他产业的原材料加以利用，例如：钢铁废渣中的其他金属和非金属元素，可二次利用。有色金属废渣中，可回收提炼出其他金属或有用成分进行再次利用。化工废渣中，未反应的原料及副产品占比不小，经过处理后可作为建筑材料的原材料。此外，化工废渣中的贵重金属，如金、银、铂等，可分离提炼，创造经济价值。废旧混凝土将其破碎、筛分、清洗和干燥等工艺处理后，可以用作粗、细骨料，作为天然粗、细骨料替代品生产再生混凝土。

a. 粉煤灰综合利用技术　我国有关粉煤灰的综合利用是从 20 世纪五六十年代开始的。

1979 年的综合利用量为 270 万吨，利用率约为 10％，"八五"期间粉煤灰的利用率和利用量都有了明显的增加，利用量已居世界前列。以 1995 年为例，全国有 51 个电厂粉煤灰的综合利用量超过 30 万吨，总计利用量 2960 万吨，利用率超过 70％。

粉煤灰的综合利用途径有 100 多种，目前正在推广的技术有粉煤灰黏土烧结砖技术、粉煤灰筑路新技术、粉煤灰在工程回填中的应用技术、粉煤灰混凝土施工技术、粉煤灰砂浆材料应用技术、粉煤灰加气混凝土生产技术、粉煤灰改土技术等。我国目前灰土占地面积每年以 2000hm² 的速度增加，到 2000 年灰场占地面积将超 40000hm²，排灰量将达到 115 亿吨。因此，加快粉煤灰的综合利用意义重大，刻不容缓。

b. 废渣综合利用技术　工业废渣大体上可分为钢铁废渣、有色金属废渣、化工废渣等。钢铁废渣中含有各种不同的有价元素，如铁、锰、钒、铬、铜、铌、稀土、铝、镁、钙、硅等金属和非金属元素，因此是一项可再利用的二次资源。

目前，世界上发达国家采用的多为少渣和无渣工艺，而我国由于技术和原材料质量的关系，炼钢出渣较多。每吨钢排渣 150～200kg。到 2000 年我国钢产量达到 1 亿吨，年排钢渣约为 1400 万吨。目前，国内钢渣的主要利用途径是：返回烧结做建筑和道路材料、回填材料等。钢渣的主要回收技术有生产钢渣熔融水泥、回收金属、风碎处理转炉钢渣技术、锌渣制备高纯度氧化锌技术等。利用含金属废渣如铁、锰、铌、钛、铜、锌等金属废渣提炼稀有金属，或以中间渣形式在行业内返回转用，最大限度地提取或利用有色金属是钢铁废渣综合利用的方向。

有色金属废渣也可作为二次资源开发利用。这是由于在有色金属原矿中，除一种主要金属以外，一般还伴生其他金属矿物或有用成分。随着生产技术水平的提高和发展，这些金属矿物或有用成分将被回收作为二次资源开发和利用。

化工废渣多为有毒、有害废物，对环境的压力大，所以化工废渣的无害化处理技术是今后研究的重点方向。同时，化工废渣中有相当一部分是未反应的原料和副产品，回收利用的潜力很大，无害化部分可用来作制砖、水泥的原料。另外在一些化工废渣中还含有金、银、铂等贵重金属，通过分离和提取这些金属，也可创造更高的经济效益。因此，这也是技术开发的一个重要方向。

② 城市垃圾　城市垃圾有着极大的再生利用价值，主要包括废纸、废弃食物、塑料、织物、玻璃等，它们既是垃圾，也是原料和资源，可直接再利用。废纸可为造纸提供原材料。废弃塑料可以用于制取化石燃料，转化率高（达 80％以上），经济效益好。此外涂料的原材料也可以来源于废弃塑料。实现城市垃圾的资源化，提高各类城市垃圾的回收率是关键。

a. 废塑料再生利用　近几年，一次性塑料包装材料广泛应用，抛弃量巨大。塑料由于化学性质稳定，特别是在聚合和缩合制成高分子时，添加的各种添加剂，往往都含有有害成分。所以无论在做填埋或焚烧处理时，都应该考虑到这些问题。另外，由于塑料种类繁多，杂品混合，性质各异，所以处理工艺要求较高，也较为复杂。但是，塑料还有一个性质是低温条件下可以软化成塑，还有在催化剂的作用下，施以适当的压力和一定的温度可以降解，所以，废塑料再生还是可行的。目前，我国用废塑料制取汽油的技术已很成熟并投入生产，塑料转化为汽油的转化率可达 80％；废塑料制涂料工艺技术原材料成本低，不用水，不用燃料，不产生二次污染，设备工艺简单，目前已经有批量生产。

b. 建筑垃圾再生利用　由于城市发展和环境整治的需要，国内不少地方迎来了大规模的城中村改造和旧城改造。拆迁过程中产生了大量的建筑垃圾，而较为原始的拆迁方式和简单粗放的回收处理方法大大降低了城市建筑垃圾"新陈代谢"的效率，使城市面临建筑垃圾

"围城"之困。

但是世上本没有垃圾，只有"放错地方的资源"，建筑垃圾也是其中之一，它也是另一种"城市矿产"。经过移动破碎站的处理，"吃"进去的是混杂着砖头等成分极其复杂的装修垃圾，"吐"出来的分别是可以制砖、铺地基等的各类原料，创造巨大的经济效益和社会效益。

WAF系列轮胎式移动破碎站（见图4-2）采用先进反击式破碎机为主机，并融合了移动式破碎站（移动方便、灵活性强）。整个系列结合人工智能技术，油电两用，灵活切换，产量更高、能耗更低，采用无扬尘系统，从源头控制扬尘污染，不受环境条件限制，实现自由转场作业。在大型建筑垃圾消纳场里广泛使用。

图4-2　WAF系列轮胎式移动破碎站

③ 农业废物　农业废物是在农业生产过程中丢弃的部分有机物质，可以分为植物纤维性废物和畜禽粪便两大类。资源化利用技术目前主要有能源化技术、肥料化技术、饲料化和材料化利用等。

a. 能源化利用　生物质能是仅次于煤炭、石油、天然气的第四大能源，在世界能源消费总量中占14%，而且与前三大能源相比具有可再生的独特优势。我国农业废弃物的生物质能是农村能源的重要组成部分，在解决农村能源短缺和农村环境污染方面有重要的价值。近年来，中国先后对禽畜粪便厌氧消化、农作物秸秆热解气化等技术进行了攻关研究和开发，已经取得了一定成绩。比如利用粪便产生沼气发电，燃烧秸秆产生热能供热，将有机垃圾混合燃烧发电等。

b. 肥料化利用　农业废弃物和乡镇生活垃圾的肥料化在提高土壤肥力，增加土壤有机质，改善土壤结构等方面有其独特的作用。主要肥料化方式有：直接还田，如秸秆和粪肥直接还田等，该技术操作简单、省工省时。有关试验研究表明，秸秆连续还田2~3年后土壤孔隙度增加2.1%~4.1%，有机质增加0.5~1.7g/kg，速效钾增加15.0~18.7mg/kg，碱解氮、速效磷含量也都有所提高，年均增产粮食534kg/hm²；发酵还田，如各种堆肥（耗氧），沤肥（兼性厌氧）、沼气肥（厌氧）等，都是利用微生物进行生物化学反应，将有机废物转化成类似腐殖质的高效有机肥。

　　c. 饲料化利用　农业废弃物的饲料化主要分为植物纤维性废弃物的饲料化和动物性废弃物的饲料化，因为农业废弃物中含有大量的蛋白质和纤维类物质，经过适当的技术处理便可作为畜禽蔬菜粉应用。植物纤维性废弃物主要指秸秆，大多可以直接饲喂，经过一定的加工处理，可以提高其营养利用率和经济效益，加工处理方法包括粉碎等物理方法、酸碱处理等化学方法和微生物发酵等。动物性废弃物主要指畜禽粪便和加工下脚料。如鸡粪的有效能值为 7524kJ/kg，含粗蛋白 27％左右，无氮浸出物 20％以上，还含有丰富的钙、磷和微量元素，通过特定的物理、化学和微生物方法处理后可作为畜禽饲料。

　　d. 材料化利用　利用农业废弃物中的高蛋白质资源和纤维性材料可生产多种生物质材料，比如利用农业废弃物中的高纤维性植物废弃物生产纸板、人造纤维板、轻质建材板，通过固化、炭化技术制成活性炭，生产可降解餐具材料和纤维素薄膜，利用稻壳作为生产白碳黑、碳化硅陶瓷、氮化硅陶瓷的原料，利用秸秆、稻壳经炭化后生产钢铁冶金行业金属液面的新型保温材料，利用含有酚式羟基化学成分的棉秆皮、棉铃壳等制成聚合阳离子交换树脂吸收重金属。

　　废物资源化技术是近三十年来的研究成果，还很不成熟。其技术复杂和投资较大是目前阻碍废物资源化的两大障碍。

　　(2) 液体废物的资源化利用及技术　液体废物是一类特殊的废弃物，不仅来源于工业生产，还存在于我们的生活和商业活动中，一般机械加工行业产生的高浓度液体废物如：机床废乳化液、清洗废水、阳极氧化废液、电镀废槽液，污染物浓度高，处理难度大，处理技术落后，达标排放困难；如交给有资质危废企业处理，处理费用高昂（吨费用 3000 元左右甚至更高），造成企业运行成本大幅升高；现以机械加工行业液体危废处理技术为例，介绍一种液体危废的资源化利用技术——RL-蒸发干燥系统。

　　随着人们不断地生产和使用新的化学物质，一些新的危险废物会不断产生，如机械加工行业产生的各种高浓度废液，现阶段针对高浓度废液的处理，常规处理方法有：高级氧化法、活性淤泥法、膜技术、焚烧等处理方法或以上方法的组合工艺，具有处理工艺复杂，药剂使用量大，出水达标率低，污泥产量大等缺点。RL-蒸发干燥系统可直接将高浓度废水蒸发干燥成含水率降低至百分之几（低于 10％）的干渣，回收 95％以上的水分，特别适用于高浓度、高难度特种工业废水、废液、液体危废处理。

　　① 工业危险废物的性质　由于危险废物产生的严重污染以及潜在的严重影响，所以在工业发达国家危险废物被称为"政治废物"，人民对危险废物问题非常敏感，绝对不允许在自己居住区域设有危险废物的处置场所，并且因为危险废物的处置费用非常高，一些公司极力试图向工业不发达国家和地区转移危险废物。而许多危险废物具有双重性，也就是同一种物质在特定环境下是危险废物，而在另一条件下可能变成资源。

　　② RL-蒸发干燥系统工作原理　众所周知，空气稀薄、海拔较高的高山上能够比较容易地使水煮沸，这是因为气压低导致水的沸点减低。同样道理，将某个容器减压至真空（表压约−0.1MPa）时，水在 50℃左右就会沸腾。将这个普通原理应用至蒸馏、脱水、浓缩或干燥，直至固化的系统，就是 RL-蒸发干燥系统。

　　RL-蒸发干燥系统采用独特结构设计，蒸发腔体为卧式结构，设备紧凑（高度 3.2m），占地面积小，设备体积约为传统蒸发设备的 1/5，设备为人机界面，触屏控制，全自动运行。

　　腔体内独特的搅拌刮片结构，防止物料黏结或结焦，同时实现自动排渣。

　　RL-蒸发干燥系统及工艺（如图 4-3、图 4-4 所示），采用高真空度运行，蒸发温度更低（50℃），能耗更小，对于含有挥发性物质的废水，蒸发液质量更好。

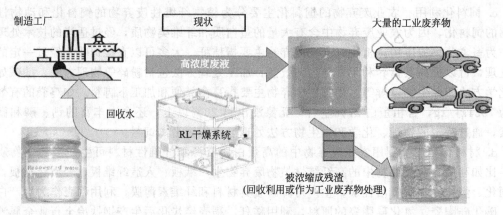

图 4-3　RL-蒸发干燥系统

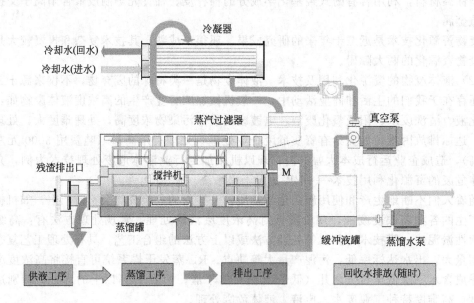

图 4-4　RL-蒸发干燥系统处理工艺

③ RL-蒸发干燥系统的运行过程　第一道供液工序：首先开启真空泵，然后由于负压作用将物料吸入蒸馏罐中，物料注入完成后搅拌机启动并保持顺时针旋转。

第二道蒸馏工序：由于罐体已经处于负压状态，所以物料在加热到 50℃ 左右开始沸腾，蒸发出的水蒸气通过真空泵抽出，并通过冷凝器换热降温后冷凝为液体储存于蒸馏水罐中，过程中搅拌刮片处于旋转状态，防止结焦发生。

第三道排渣工序：连续蒸发一段时间后，水中的污染物或盐分得到浓缩，需进行排渣，通过改变搅拌机的旋转方向来进行排渣作业，这样可以保证渣排比较彻底，防止由于渣未排干净而出现结焦现象。

④ 案例：机床废乳化液　废乳化液主要来自机械加工过程中的防腐、润滑及冷却液循环使用后的排放，特点是有机物浓度高、含油高、色度高、间歇排放、污染强度大、处理难度大，常用处理办法有：絮凝沉淀法，化学破乳法，气浮、生物处理等，处理效果差，系统难以稳定运行。

而且通常的废水处理设备都是昂贵且占地面积大的非常复杂的设备。废液、高浓度废液作为产业废弃物处理的情况比较普遍，另外就算拥有处理设备的公司大半也仅仅是采用脱水机，将淤泥压至泥饼后交给外部进行处理。

压滤机、螺杆压滤机、离心脱水机等，由于采用压力脱水方式在处理效果上毕竟有限，处理后含水率 60% 左右，如果设备变旧效果下降时含水率就会达到 70%～80%，另外由于必须更换滤布导致处理成本也会上升。

RL-蒸发干燥系统与现有的脱水、浓缩方式比较起来，设备更简单，运行成本更低，处理后残渣可以干燥至只有 10% 左右含水率。另外，从原水中蒸发出来的水分用冷凝器使之液化，不会产生有害气体。RL-蒸发干燥与蒸发减量装置比较见表 4-1。

表 4-1　RL-蒸发干燥与蒸发减量装置比较

方式	处理效果	运行成本	安装场地	维护保养	操作运行	设备寿命
传统多效蒸发	处理低 COD、低黏、高含盐液体，需要配备排渣系统	蒸汽消耗相对较大，耗电量相对较低，综合运行成本相对较低	设备占地面积大	罐体内部清理麻烦，维护难度高	可实现连续运行，但对操作员工素质要求较高	大约 3～5 年
MVR	处理低 COD、低黏、高含盐液体，需要配备排渣系统	仅预热时需要少量蒸汽，耗电量相对较大。综合运行成本低	设备占地面积大	罐体内部清理麻烦，维护难度高	可实现连续运行，但一旦停机需要长时间预热。对压缩机性能要求非常高，容易出现故障	大约 3～5 年
RL 干燥系统	处理高 COD、高黏、高含盐废液浓缩含水率 5% 左右，且实现自动排渣	蒸汽消耗量相对较大，电量消耗低。综合运行成本适中	设备占地面积小	特殊构造的搅拌机实现无需清理罐体内部；设备构造简单，极易维护保养	可实现连续运行，设备操作非常简单	可以使用 10～20 年，甚至更久

⑤ 经济性分析　液体危险废物委外处理费用按照每吨 3000 元计算，电费 0.6 元每千瓦·时，蒸汽费用 240 元每吨，冷却水损耗按 1% 计算；年 300 吨废切削液进入 RL-蒸发干燥系统，经处理后 282 吨（94%）的水回收；产生 18 吨（6%）的渣液委外处理；委外处理减量 282 吨，节省费用 84.6 万元，除去 RL-蒸发干燥系统年运行费用 4.434 万，每年净节省费用 80.166 万元，经济和环境效益明显。

液体危险废物处置不仅仅需要进行危险废物处置制度的完善应用，对有严重污染的原料路线、生产方法进行改革，也要采用先进工业技术，运用 RL-蒸发干燥技术，可将高浓度废液中的水和污染物分离，回收 95% 以上的水，污染物浓缩成含水率低于 10% 的干渣；RL-蒸发干燥技术既能处理高浓度废液，回收水资源，变废为宝，又能极大地降低委外处理的费用，有良好的经济效益，处理过程简便可靠，运行费用低。RL-蒸发干燥技术处理机械加工行业高浓度液体，技术先进，工艺简单可靠，处理效果良好，同时又有很高的经济效益，是一种可广泛应用的先进处理技术。

第四节　绿色化学原理

随着全球生态环境污染的日益加剧，绿色化学应运而生，在短短时间内，改变着人们旧有的环保观念，绿色化学与环境保护密切相关。绿色化学又称"环境无害化学""环境友好化学""清洁化学"，绿色化学是近十年才产生和发展起来的，是一个"新化学婴儿"。它涉及有机合成、催化、生物化学、分析化学等学科，内容广泛。绿色化学的最大特点是在始端就采用预防污染的科学手段，因而过程和终端均为零排放或零污染。世界上很多国家已把

"化学的绿色化"作为新世纪化学进展的主要方向之一。

1. 提出背景

化学在为人类创造财富的同时，给人类也带来了危难。而每一门科学的发展史上都充满着探索与进步，由于科学中的不确定性，化学家在研究过程中不可避免地会合成出未知性质的化合物，只有经过长期应用和研究才能熟知其性质，这时新物质可能已经对环境或人类生活造成了影响。

传统的化学工业给环境带来的污染已十分严重，目前全世界每年产生的有害废物达(3～4)亿吨，给环境造成危害，并威胁着人类的生存。严峻的现实使得各国必须寻找一条不破坏环境、不危害人类生存的可持续发展的道路。化学工业能否生产出对环境无害的化学品？甚至开发出不产生废物的工艺？绿色化学的口号最早产生于化学工业非常发达的美国。1990年，美国通过了一个"防止污染行动"的法令。1991年后，"绿色化学"由美国化学会（ACS）提出并成为美国环保署（EPA）的中心口号，并立即得到了全世界的积极响应。

2. 理论意义

化学工业能否生产出对环境无害的化学品？甚至开发出不产生废物的工艺？有识之士提出了绿色化学的号召，并立即得到了全世界的积极响应。绿色化学的核心就是要利用化学原理从源头消除污染。

绿色化学给化学家提出了一项新的挑战，国际上对此很重视。1996年，美国设立了"绿色化学挑战奖"，以表彰那些在绿色化学领域中做出杰出成就的企业和科学家。绿色化学将使化学工业改变面貌，为子孙后代造福。

迄今为止，化学工业的绝大多数工艺都是化学工业发展的早期开发的，当时的加工费用主要包括原材料、能耗和劳动力的费用。近年来，由于化学工业向大气、水和土壤等排放了大量有毒、有害的物质，以1993年为例，美国仅按365种有毒物质排放估算，化学工业的排放量为30亿磅。因此加工费用又增加了废物控制、处理和埋放，环保监测、达标，事故责任赔偿等费用。1992年，美国化学工业用于环保的费用为1150亿美元，清理已污染地区花去7000亿美元。1996年美国Dupont公司的化学品销售总额为180亿美元，环保费用为10亿美元。所以，从环保、经济和社会的要求看。化学工业不能再承担使用和产生有毒有害物质的费用。需要大力研究与开发从源头上减少和消除污染的绿色化学。

1990年美国颁布了污染防止法案。将污染防止确立为美国的国策。所谓污染防止就是使得废物不再产生。不再有废物处理的问题，绿色化学正是实现污染防止的基础和重要工具。1995年4月美国副总统Gore宣布了国家环境技术战略。其目标为：至2020年地球日时。将废弃物减少40%～50%，每套装置消耗原材料减少20%～25%。1996年美国设立了总统绿色化学挑战奖。这些政府行为都极大地促进了绿色化学的蓬勃发展。另外日本也制定了新阳光计划，在环境技术的研究与开发领域，确定了环境无害制造技术、减少环境污染技术和二氧化碳固定与利用技术等绿色化学的内容。总之，绿色化学的研究已成为国外企业、政府和学术界的重要研究与开发方向。这对我国既是严峻的挑战，也是难得的发展机遇。

3. 理论特点

绿色化学又称环境友好化学，它的主要特点是：

① 充分利用资源和能源，采用无毒、无害的原料；

② 在无毒、无害的条件下进行反应，以减少废物向环境排放；

③ 提高原子的利用率，力图使所有作为原料的原子都被产品所消纳，实现"零排放"；

④ 生产出有利于环境保护、社区安全和人体健康的环境友好的产品。

4. 绿色化学的原则

2000 年，Paul T Anastas 概括了绿色化学的 12 条原则，得到国际化学界的共认。绿色化学的 12 条原则是：

① 防止废物产生，而不是在废物产生后再处理；

② 合理地设计化学反应和过程。尽可能提高反应的原子经济性；

③ 尽可能少使用，不生成对人类健康和环境有毒有害的物质；

④ 设计安全的化学品：设计的化学品应在保护原有功效的同时尽量使其无毒或毒性很小；

⑤ 尽可能不使用溶剂和助剂。必须使用时则采用安全的溶剂和助剂；

⑥ 采用低能耗的合成路线；

⑦ 采用可再生的物资作为原材料；

⑧ 尽可能避免不必要的衍生反应（如屏蔽集，保护/脱保护）；

⑨ 采用性能优良的催化剂；

⑩ 使设计可降解为无害物质的化学品；

⑪ 开发在线分析监测和控制有毒有害物质的方法；

⑫ 采用性能安全的化学物质以尽可能减少化学事故的发生。

5. 实施绿色化学的途径

① 开发绿色实验。如实验室用 H_2O_2 分解制 O_2 代替 $KClO_3$ 分解法，实现了原料和反应过程的绿色化。

② 防止实验过程中尾气、废物等污染环境，实验中有危害性气体产生时要加强尾气吸收，对实验产物尽可能再利用等。

③ 在保证实验效果的前提下，尽量减少实验试剂的用量，使实验小型化、微型化。

④ 对于危险或反应条件苛刻，污染严重或仪器、试剂价格昂贵的实验，可采用计算机模拟化学实验或观看实验录像等办法。

⑤ 妥善处置实验产生的废物，防止环境污染。

6. 绿色化学化工技术

（1）开发"原子经济"反应　Trost 在 1991 年首先提出了原子经济性（atom economy）的概念，即原料分子中究竟有百分之几的原子转化成了产物。理想的原子经济反应是原料分子中的原子百分之百地转变成产物，不产生副产物或废物。实现废物的"零排放"（zeroemission）。对于大宗基本有机原料的生产来说，选择原子经济反应十分重要。

近年来，开发新的原子经济反应已成为绿色化学研究的热点之一。例如国内外均在开发钛硅分子筛上催化氧化丙烯制环氧丙烷的原子经济新方法。此外，针对钛硅分子筛催化反应体系，开发降低钛硅分子筛合成成本的技术，开发与反应匹配的工艺和反应器仍是今后努力的方向。

在已有的原子经济反应如烯烃氢甲酰化反应中，虽然反应已经是理想的，但是原用的油溶性均相铑络合催化剂与产品分离比较复杂，或者原用的钴催化剂运转过程中仍有废催化剂产生，因此对这类原子经济反应的催化剂仍有改进的余地。所以近年来开发水溶性均相络合物催化剂已成为一个重要的研究领域。由于水溶性均相络合物催化剂与油相产品分离比较容易。再加以水为溶剂，避免了使用挥发性有机溶剂，所以开发水溶性均相络合催化剂也已成为国际上的研究热点。除水溶性铑-膦络合物已成功用于丙烯氢甲酰化生产外，近年来水溶性铑-膦、钌-膦、钯-膦络合物在加氢二聚、选择性加氢、C—C 键偶联等方面也已获得重大

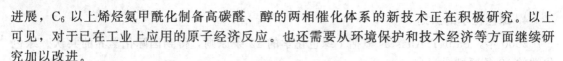

进展，C_6以上烯烃氨甲酰化制备高碳醛、醇的两相催化体系的新技术正在积极研究。以上可见，对于已在工业上应用的原子经济反应。也还需要从环境保护和技术经济等方面继续研究加以改进。

（2）采用无毒、无害的原料　为使制得的中间体具有进一步转化所需的官能团和反应性，在现有化工生产中仍使用剧毒的光气和氢氰酸等作为原料。为了人类健康和社区安全。需要用无毒无害的原料代替它们来生产所需的化工产品。

在代替剧毒的光气作原料生产有机化工原料方面，Riley等报道了工业上已开发成功一种由胺类和二氧化碳生产异氰酸酯的新技术。在特殊的反应体系中采用一氧化碳直接羰化有机胺生产异氰酸酯的工业化技术也由Manzer开发成功。Tundo报道了用二氧化碳代替光气生产碳酸二甲酯的新方法。Komiya研究开发了在固态熔融的状态下采用双酚A和碳酸二甲酯聚合生产聚碳酸酯的新技术，它取代了常规的光气合成路线，并同时实现了两个绿色化学目标：一是不使用有毒有害的原料；二是由于反应在熔融状态下进行，不使用作为溶剂的可疑的致癌物——甲基氯化物。

关于代替剧毒氢氰酸原料，Monsanto公司从无毒无害的二乙醇胺原料出发，经过催化脱氢，开发了安全生产氨基二乙酸钠的工艺，改变了过去的以氨、甲醛和氢氰酸为原料的二步合成路线，并因此获得了1996年美国总统绿色化学挑战奖中的变更合成路线奖。

（3）采用无毒、无害的催化剂　目前烃类的烷基化反应一般使用氢氟酸、硫酸等液体酸作催化剂，这些液体酸催化剂的共同缺点是：对设备腐蚀严重，对人身危害和产生废渣污染环境。为了保护环境，多年来人们从分子筛、杂多酸、超强酸等新催化材料入手，大力开发固体酸作烷基催化剂。其中采用新型分子筛催化剂的乙苯液相烃化技术较为成熟，这种催化剂选择性高，乙苯收率超过99.6%，而且催化剂寿命长。还有一种生产线性烷基苯的固体酸催化剂替代了氢氟酸催化剂，改善了生产环境，已工业化。在固体酸烷基化的研究中，还应进一步提高催化剂的选择性，以降低产品中的杂质含量；提高催化剂的稳定性，以延长运转周期；降低原料中的苯烯比，以提高经济效益。异丁烷与丁烯的烷基化是炼油工业中提供高辛烷值组分的一项重要工艺，近年新配方汽油的出现，限制汽油中芳烃和烯烃含量更增添了该工艺的重要性，目前这种工艺使用氢氟酸或硫酸为催化剂。

（4）采用无毒、无害的溶剂　大量与化学品制造相关的污染问题不仅来源于原料和产品，而且源自在其制造过程中使用的物质。最常见的是在反应介质、分离和配方中所用的溶剂。当前广泛使用的溶剂是挥发性有机化合物（VOC）。其在使用过程中有的会引起地面臭氧的形成，有的会引起水源污染。因此需要限制这类溶剂的使用，采用无毒无害的溶剂代替挥发性有机化合物作溶剂已成为绿色化学的重要研究方向。

在无毒无害溶剂的研究中，最活跃的研究项目是开发超临界流体（SCF），特别是超临界二氧化碳作溶剂。超临界二氧化碳是指温度和压力均在其临界点（31℃、7.4MPa）以上的二氧化碳流体。它通常具有液体的密度，因而有常规液态溶剂的溶解度；在相同条件下，它又具有气体的黏度，因而又具有很高的传质速度。由于具有很大的可压缩性，流体的密度、溶剂溶解度和黏度等性能均可由压力和温度的变化来调节。超临界二氧化碳的最大优点是无毒、不可燃、价廉等。

除采用超临界溶剂外，还有研究水或近临界水作为溶剂以及有机溶剂/水相界面反应。采用水作溶剂虽然能避免有机溶剂，但由于其溶解度有限，限制了它的应用，而且还要注意废水是否会造成污染。在有机溶剂/水相界面反应中。一般采用毒性较小的溶剂（甲苯）代替原有毒性较大的溶剂，如二甲基甲酰胺、二甲基亚砜、醋酸等。采用无溶剂的固相反应也是避免使用挥发性溶剂的一个研究方向，如用微波来促进固-固相有机反应。

（5）利用可再生的资源合成化学品 利用生物质（生物原料）（biomass）代替当前广泛使用的石油，是保护环境的一个长远的发展方向。1996年美国总统绿色化学挑战奖中的学术奖授予TaxaA大学M. Holtzapp教授，就是在于其开发了一系列技术，把废生物质转化成动物饲料、工业化学品和燃料。

生物质主要由淀粉及纤维素等组成。前者易于转化为葡萄糖，而后者则由于结晶及与木质素共生等原因，通过纤维素酶等转变为葡萄糖难度较大。Frost报道以葡萄糖为原料，通过酶反应可制得己二酸、邻苯二酚和对苯二酚等，尤其是不需要从传统的苯开始制造尼龙原料的己二酸取得了显著进展。由于苯是已知的致癌物质，以经济和技术上可行的方式，从合成大量的有机原料中去除苯是具有竞争力的绿色化学目标。

另外，Gross首创了利用生物或农业废物如多糖类制造新型聚合物的工作。由于其同时解决了多个环保问题，因此引起人们的特别兴趣。其优越性在于聚合物原料单体实现了无害化，生物催化转化方法优于常规的聚合方法，Gross制造的聚合物还具有生物降解功能。

（6）环境友好产品 在环境友好产品方面，从1996年美国总统绿色化学挑战奖看，设计更安全化学品奖授予RohmHaas公司。由于其开发成功一种环境友好的海洋生物防垢剂。小企业奖授予Donlar公司，因其开发了两个高效工艺以生产热聚天冬氨酸，它是一种代替丙烯酸的可生物降解产品。

在环境友好机动车燃料方面，随着环境保护要求的日益严格，1990年美国清洁空气法（修正案）规定，逐步推广使用新配方汽油，减小由汽车尾气中的一氧化碳以及烃类引发的臭氧和光化学烟雾等对空气的污染。新配方汽油要求限制汽油的蒸气压、苯含量，还将逐步限制芳烃和烯烃含量，还要求在汽油中加入含氧化合物，比如甲基叔丁基醚、甲基叔戊基醚。这种新配方汽油的质量要求已推动了汽油的有关炼油技术的发展。

柴油是另一类重要的石油炼制产品。对环境友好柴油，美国要求硫含量不大于0.05%，芳烃含量不大于20%，同时十六烷值不低于40；瑞典对一些柴油要求更严。为达到上述目的，一是要有性能优异的深度加氢脱硫催化剂；二是要开发低压的深度脱硫/芳烃饱和工艺。国外在这方面的研究已有进展。

此外，保护大气臭氧层的氟氯烃代用品已开始使用。防止"白色污染"的生物降解塑料也在使用。

第五节 绿色化学化工技术

化学在人类发展过程中起着十分重要的地位，为人类的生存与发展提供了重要的物质保障。与此同时，化学工业生产带来的各种污染问题同样也给人类的生存与生活产生了严重影响，如何发展对人类健康和环境危害较小的生产工艺，成为化学家面临的新问题，绿色化学化工技术由此得到发展。绿色化学与工艺是指利用化学技术和化学方法，减少或者消除对人类及环境有害物质的使用和产生，使化工生产与环境友好共存。

绿色化工是指将综合预防的环境策略持续地应用于生产过程和产品中，以便减少对人类和环境的风险性。

对生产过程而言，绿色化工包括节约原材料和能源，淘汰有毒原材料并在全部排放物和废物离开生产过程以前减少它的数量和毒性，如图4-5所示。

对产品而言，绿色化工策略旨在减少产品在整个生产周期过程（包括从原料提炼到产品的最终处置）中对人类和环境的影响。如图4-6所示。

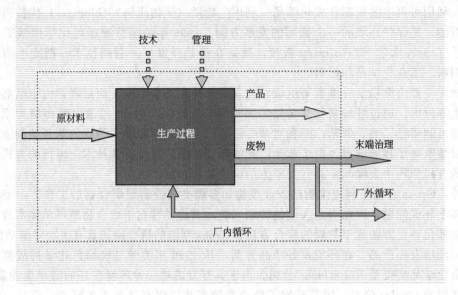

图 4-5　绿色化工生产过程

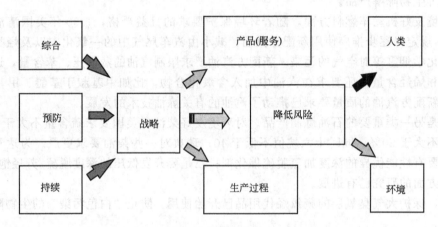

图 4-6　绿色化工策略

本文介绍部分已开发的绿色化学化工技术，供读者了解并在工作中借鉴。

1. 生物技术

生物技术是应用生物学、化学和工程学的基本原理，依靠生物催化剂的作用将物料进行加工，以生产有用物质或为社会服务的一门多学科综合性的科学技术。

生物技术的最大特点：能充分利用各种自然资源，节省能源，减少污染，易于实现清洁生产，而且可以实现一般化工技术难以制备的产品。

生物技术的分类：基因工程——主导，细胞工程——基础，酶工程——条件，微生物发酵工程——关键。

经过各国科学家多年的不断研发，已有一批生物技术成功地应用于绿色化工之中。

① 2013 年 4 月，我国自主研发的 1 号生物航空煤油首次试用成功。相较于传统航空煤油，生物航空煤油可实现减排 CO_2 50% 以上，无需对发动机进行改装，环保优势明显。国内外一些研究者提出了基于催化加氢过程的生物柴油合成技术路线，动植物油脂通过加氢脱氧、异构化等反应得到类似柴油组分的直链烷烃，形成了第二代生物柴油制备技术。亓荣彬

等提出并开发了以生物油脂与石油馏分油为原料、集成加氢精制或加氢裂化过程制备生物柴油的工艺；姚志龙开展了生物柴油脂肪酸甲酯的加氢技术研究工作，发明了一种超临界溶剂，大大降低反应压力和氢气对脂肪酸甲酯的进料比，转化率和选择性均超过 99%；ZHOU 开发了植物油加氢脱氧制备生物柴油的工艺。

② 生物资源制乙烯是以大宗生物质为原料，通过微生物发酵得到乙醇，再在催化剂作用下脱水生成乙烯。2004 年底，我国年产 1.7 万吨的生物乙烯装置在安徽丰原集团成功投产，2006 年四川维尼纶厂新建了 6000 吨/年生产装置，2008 年山西维尼纶厂应用中国石化的成套工艺也建成了 6000 吨/年的乙醇制乙烯产业化装置。

③ 以粮、糖、油类农作物为原料制取生物乙醇或生物柴油等已进入商业化早期阶段，相对于传统的石油生产汽油和柴油，生物质原料生产生物乙醇或生物柴油的生产过程更为节能、绿色，生产同样热值（1MJ）的生物乙醇所需要的石油能量输入量仅为汽油的 5%～20%。不同生物质原料生产乙醇的温室气体排放量也有很大差别，纤维素乙醇的总温室气体排放量比谷物乙醇的排放量低得多（相对值分别为 11 和 81，而产生同样热值的汽油其相对温室气体排放为 94）。因此，从长远看应发展能耗更低、CO_2 排放更少的纤维素乙醇技术。

④ 纤维素转化是生物质利用的重要方向，主要包括：气化制合成气；液化或热裂解制燃料和裂解油；水解为葡萄糖或木质素后再转化制乙醇或芳烃等。纤维素大分子中具有 C—O、C—C、C—H、O—H 等多种化学键，其选择性断键生成特定化学品是生物质催化领域的挑战。Anellotech 公司开发了生物质热解生产芳烃技术；Virent 公司开发了以生物质"液相重整"制二甲苯为核心的生产技术。张涛等研究开发了 Ni-W2C/AC 双功能催化剂，可一步转化纤维素为乙二醇，且收率可达 50%～74%。刘海超等发明了选择氢解、近临界水条件下水解耦合加氢等纤维素绿色解聚转化为多元醇的新方法，发展了从纤维素直接选择性合成丙二醇、甘油催化氧化合成乳酸等生物质化学品合成的新途径，其催化剂 WO3-Ru/C 能实现糖分子中的 C—C 键的选择性断裂。王野等发现 Pb(Ⅱ) 可高效催化纤维素直接转化制乳酸，使用微晶纤维素时乳酸收率达 60% 以上，该催化体系还可将未经纯化的甘蔗渣、茅草和麸皮等直接转化为乳酸。

⑤ 木质素是仅次于纤维素的第二大可再生资源，在制浆造纸过程被溶解出来的木质素，是造纸黑液的主要成分。一直以来，对碱木质素进行改性并实现造纸黑液的资源化高效利用是一个世界级的难题。针对这个难题，邱学青等发明并优化了"黑液全组分利用"工艺，在国内外首次直接以"黑液"为原料，成功制备了高性能工业表面活性剂系列产品；采用接枝磺化新技术，制备了同时具有高磺化度及高分子量的木质素两亲聚合物；建立了直接以造纸黑液为原料制备三类木质素高效分散剂的新技术路线，并成功用作混凝土高效减水剂、水煤浆分散剂和农药分散剂等，开辟了一条将造纸废液作为化工原料制备精细化学品的资源化高效利用的新途径。

⑥ 生物质催化转化制备液态烷烃通常经过多步骤，并且在高温、高压下进行，这既会导致 C—C 键断裂，产生甲烷和 CO_2，使液态烷烃的收率降低，又会导致催化剂失活。最近，XIA 等发明了具有选择性断裂 C—O 键功能的 $Pd/NbOPO_4$ 催化剂，使得呋喃类化合物的衍生物在温和的条件下直接催化转化为液态烷烃，液态烷烃收率高达 90%，催化剂寿命达 250h，其中 NbO_x 起到了选择性断裂 C—O 键的作用。

2. 催化技术

催化剂是化学工艺的基础，是使许多化学反应实现工业应用的关键，目前大多数化工产品的生产均采用了催化反应技术。

绿色化学中的催化技术有以下数种。

① 采用安全的固体催化剂如分子筛、杂多酸等，替代有害的液体催化剂（如 HF、HNO_3、H_2SO_4），简化工艺过程，减少三废的排放量。

② 合成化学中采用择型的大孔分子筛作催化剂。

③ 在精细化工生产中，采用不对称催化合成技术，得到纯光学手性产品，减少有害原料和有毒产物。

④ 采用茂金属催化剂合成具有设计者所要求的物理特性的高分子烯烃聚合物。

⑤ 药物合成中采用超分子催化剂，并进行分子记忆和模式识别。

⑥ 用生物催化法除去石油馏分中的硫、氮和金属盐类。

⑦ 有机合成中采用生物催化法，减少三废的产生。

⑧ 在合成化学中，更多采用环境相容性的电催化过程。

⑨ 在固定和移动能源中采用催化燃烧法，作为无污染动力。

⑩ 合成酶应用与燃料和化工过程。

⑪ 在同一体系中，采用酶、无机和金属有机催化剂，进行增效的多功能催化反应。

⑫ 在环境-经济更密切结合的反应和产品的分离中，广泛应用膜技术与多功能催化反应器。

3. 膜技术

膜技术通常包括膜分离技术和膜催化技术。

膜的分类，按化学组成可分为：无机膜和有机高分子膜；按结构可分为对称膜（单层膜）和不对称膜（多层复合膜）；按用途可分为分离膜和膜反应器。

膜分离技术优点：成本低、能耗少、效率高、无污染、可回收有用物质等。

膜催化反应优点：可以"超平衡"地进行，提高反应的选择性和原料的转化率，节省资源，减少污染。

膜分离技术包含：微滤（MF）、超滤（UF）、渗析（D）、电渗析（ED）、纳滤（NF）和反渗透（RO）、渗透蒸发（PV）、液膜（LM）等。

膜分离过程的主要型式有：渗析式膜分离、过滤式膜分离、液膜分离。

膜分离技术的主要特点：膜分离工艺都是纯物理的分离，即被分离的组分不会有化学性和生物性的变化。膜分离工艺是以组件形式构成的，因此不同的组件可以适应不同的生产能力的需要。

膜分离技术在食品中的应用

① 植物提取（茶叶、菊粉、绞股蓝、板蓝根、罗汉果等中药深加工）。

② 生物发酵液的分离、纯化、浓缩（L-乳酸、1,3-丙二醇、赖氨酸、谷氨酸、苯丙氨酸、异亮氨酸、抗生素等）。

③ 牛奶深加工（乳清蛋白分离、脱盐、纯化、浓缩，乳蛋白肽分离、纯化，乳制品的除菌等）。

④ 大豆深加工（大豆低聚糖、大豆多肽的分离、脱盐、纯化、浓缩，大豆乳的除菌、除杂等）。

⑤ 果汁的分离、浓缩（苹果汁、梨汁、大枣汁、山楂汁、芦荟、仙人掌等）。

⑥ 酶解低聚糖的分离、脱盐、浓缩（如高级低聚果糖、低聚木糖、低聚异麦芽糖的纯化）。

⑦ 乳化油废水、机械加工行业废水。

⑧ 反渗透水处理、工艺纯水设备等。

⑨ 化工行业（化工染料的脱盐和浓缩，液体荧光增白剂的澄清过滤、脱盐和浓缩等）。

4. 高级氧化技术（AOPs）

AOPs 主要包括 O_3/UV（紫外线）法、UV 固相催化剂法、H_2O_2/Fe^{2+} 法、O_3/H_2O_2 法等。其原理是反应中产生氧化能力极强的 $\cdot OH$，$\cdot OH$ 能够无选择性地氧化水中的有机污染物，使之完全氧化为 CO_2 和 H_2O。

优点：

① 通过反应产生羟基自由基（$\cdot OH$），该自由基具有极强的氧化性，能够将有机污染物有效地分解，甚至彻底地转化为无害的小分子无机物，如 CO_2、N_2、O_2 和 H_2O 等；

② 反应时间短、反应过程可以控制、对多种有机污染物能全部降解等。

缺点：主要是处理过程有的过于复杂、处理费用普遍偏高、氧化剂消耗大，一般难以广泛推广，仅适应于高浓度、小流量的废水处理。

根据所用氧化剂及催化条件，可分为六大类：

（1）化学氧化法　利用化学氧化剂的强氧化性，将废水中的无机物和有机物彻底氧化成无毒的小分子物质或气体，从而达到处理的目的。

（2）化学催化氧化法　在传统的湿式氧化处理工艺中，加入适宜的催化剂以降低反应所需的温度与压力，提高氧化分解能力，缩短反应时间，防止设备腐蚀和降低成本。

（3）湿式氧化法　在高温高压的条件下，以空气中的 O_2 为氧化剂，在液相中将有机污染物氧化为 CO_2 和 H_2O 等无机小分子或有机小分子的化学过程。

（4）超临界水氧化法　利用超临界水作为介质来氧化分解有机物。

（5）光化学氧化法和光化学催化氧化法（光降解法）　有机物在光作用下，逐步氧化成小分子中间产物，最终形成 CO_2、H_2O 及其他离子如 NO^{3-}、PO_4^{3-}、X^- 等。

（6）电化学氧化法　使污染物在电极上发生直接的电化学反应，或者利用电极表面产生的强氧化性活性物种使污染物发生氧化还原反应，生成无害物的过程。前者叫直接电化学反应，后者叫间接电化学反应。

5. 微波技术

微波是指频率为 300MHz～300GHz 的电磁波，即波长在 1m～1mm 之间的电磁波，是分米波、厘米波、毫米波的统称。微波具有以下性质。

① 穿透性　微波比其他用于辐射加热的电磁波，如红外线、远红外线等波长更长，因此具有更好的穿透性。微波透入介质时，由于介质损耗引起的介质温度的升高，使介质材料内部、外部几乎同时加热升温，形成体热源状态，大大缩短了常规加热中的热传导时间，且在条件为介质损耗因数与介质温度呈负相关关系时，物料内外加热均匀一致。

② 选择性加热　物质吸收微波的能力，主要由其介质损耗因数来决定。介质损耗因数大的物质对微波的吸收能力就强，相反，介质损耗因数小的物质吸收微波的能力也弱。由于各物质的损耗因数存在差异，微波加热就表现出选择性加热的特点。物质不同，产生的热效果也不同。水分子属极性分子，介电常数较大，其介质损耗因数也很大，对微波具有强吸收能力。而蛋白质、碳水化合物等的介电常数相对较小，其对微波的吸收能力比水小得多。因此，对于食品来说，含水量的多少对微波加热效果影响很大。

③ 热惯性小　微波对介质材料是瞬时加热升温，能耗也很低。另一方面，微波的输出功率随时可调，介质温升可无惰性地随之改变，不存在"余热"现象，极有利于自动控制和连续化生产的需要。

所以微波是一种内加热，而且加热速度快，只需一般加热的 $1/10～1/100$ 的时间即可完成。另外受热体系温度均匀、无滞后效应，热效率高。

因此当微波用于反应中的加热，就不会对反应体系产生污染，属于清洁技术。以下介绍微波在无机合成和有机合成中的应用。

(1) 微波在无机合成中的应用　微波主要用于烧结合成和水热合成。微波烧结合成是指用微波辐照替代传统的热源，均匀混合的物料或预先压制成型的料坯吸收微波能而迅速升温，达到一定温度后，引发燃烧合成反应或完成烧结过程。微波烧结合成主要用与合成陶瓷。因为微波烧结合成具有加热均匀、升温速度快、燃烧传播可以控制，并有利于陶瓷的焊接和加工。微波水热合成可用于制备金属氧化物、超细粉体材料、磁性材料、沸石分子筛材料。

(2) 微波在有机合成中的应用　微波由于能大大加快化学反应速率，缩短反应时间，特别是无机固体物为载体的无溶剂的微波有机合成反应，操作简便，溶剂用量少，产物易于分离纯化，产率高。

6. 超声波技术

研究在超声作用下引起的化学反应或化学反应过程的改变的化学分支学科，又称超声化学。

超声化学效应的实质是气穴作用，包括气核的出现、微泡的长大和微泡的爆裂3步。在超声作用下，流体产生急剧的运动，由于声压的变化，使溶剂受到压缩和稀疏作用，在声波的稀疏相区，气穴膨胀长大，并为周围的液体蒸气或气体充满。在压缩相区，气穴很快塌陷、破裂，产生大量微泡，它们又可以作为新的气核。

超声对化学反应的影响，其主要原因就是这些微泡在长大以致突然破裂时能产生很强的冲击波。据估算，在微泡爆裂时，可以在局部空间内产生的压力可以兆计算，中心温度可达 $3000 \sim 5000K$。

用于化学反应的超声频率通常为 $20 \sim 50$ 千赫。其特点是反应速率快、产率高、反应温度低。

超声化学反应可按介质划分为两大类：①水相中的超声化学，在超声作用下，水分解为氢氧自由基和氢原子，由此可诱发出一系列化学反应；②水液相中的超声化学。

目前超声化学反应研究主要集中在以下几个方面：
① 均相合成反应；
② 金属表面上的有机反应；
③ 相转移反应；
④ 固液两相界面反应；
⑤ 聚合及高分子解聚反应。

超声波降解有机污染物原理，当声能足够强时，在疏松的半周期内，液相分子间的吸引力被打破，形成空化核。空化核的寿命为 $0.1\mu s$，它在爆炸的瞬间可产生约 $4000K$ 和 $100MPa$ 的局部高温和高压环境，并产生速度约为 $110m/s$ 的具有强烈冲击力的射流。该条件足以使所有的有机物在空化气泡内发生化学键断裂、高温分解或自由基反应而使废水中的有机污染物降解。

7. 等离子体技术

等离子体是物质的第四态，即电离了的"气体"，它呈现出高度激发的不稳定态，其中包括离子（具有不同符号和电荷）、电子、原子和分子。

在化工生产中能实际应用的等离子体，主要是指低温等离子体。所谓低温等离子体就是等离子气氛的总体温度较低，一般只有几百度，甚至于只有几十度，但是其中的电子温度却高达 $10^3 \sim 10^4$ K。

（1）等离子体的特点

① 它处于非平衡态，适用非平衡态热力学，是研究处于激发态下的高能，高活性，高速离子、电子、原子、分子、中性粒子等组成的部分电离的气体直接或间接，部分或全部参加的化学反应的过程。

② 等离子体由最清洁的高能粒子组成，不会造成环境污染，对生态系统无不良影响。

③ 等离子体反应迅速，反应完全，使原料的转化率大大提高，有可能实现原子经济反应，副反应很少，可实现零排放，做到清洁生产。

④ 由于等离子体的高能量输入，使在常规条件下不能反应或反应速率极慢的体系也可以发生化学反应。

（2）等离子体技术的应用　等离子体技术在机械加工、化工、冶金、表面处理和气动热模拟等方面已有了较成熟的应用。等离子体化工利用等离子体的高温或其中的活性粒子和辐射来促成某些化学反应，以获取新的物质。

8. 高能辐射加工技术

辐射主要是指电子束、离子束、γ-射线、中子流及紫外线，这些射线或粒子流均是高能量的物质，当它们与被加工的物质碰撞时，就将这些能量释放，从而引发一系列复杂的化学反应，使物质发生化学变化。

辐射加工的最大特点是在常温下就能引发一些必须在高温高压条件下才能进行的化学反应，而且这些射线最终是以能量形式参加反应，是目前世界上最清洁的反应物。

主要研究方向如下。

（1）辐射聚合　辐射聚合法是依靠电离辐射对单体作用而引发聚合，其工艺的主要特点是无需化学引发剂。

（2）辐射交联和降解　辐射交联，就是在辐射线的作用下，分子与分子的链间发生交合，进而使分子量增大的现象；辐射降解，就是指聚合物在辐射线的作用下，主链发生断裂，进而使分子量下降的现象。

（3）辐射接枝　辐射接枝就是采用辐射线的能量，将一些具有特殊作用的分子基团与高分子材料反应，进而使高分子材料与这些基团结合，改善高分子材料的性质。

采用辐射接枝可以改善高分子材料的亲水性、染色性、生物相容性、导电性、离子交换性及赋予某些特殊的功能，是一种非常有效的绿色化技术。一般分共辐射接枝和预辐射接枝两种方法。

共辐射接枝是将聚合物基材 A 和单体 B 置于同一体系，在充分混合的条件下进行辐射聚合。单体可以是气体、液体或溶液，在与基材充分接触下，辐射产生的自由基可直接引发邻近单体聚合，生成接枝或嵌段共聚物，同时也有均聚物生成，预辐射接枝一般在有氧或无氧的条件下，对聚合物基材进行预辐射，然后将其与除氧的单体接触，在一定的温度下进行反应。此法的特点是单体不受到辐射，因此单体的均聚反应很少。工业生产中一般使用有氧预辐射，它可以在空气中进行。

（4）辐射固化　辐射固化一般是指电子束（EB）和紫外线（UV）固化。辐射固化体系大多采用流动性较好的丙烯酸系列或丙烯基醚系列活性成分为主要原料，涂布时无需添加溶剂而固化时又不必加热，既能大大减少对环境的污染，又能提高能量的利用率。

电子束固化一般采用低能大功率加速器为辐射源，紫外线固化一般采用紫外灯为辐射源。

（5）辐射制备复合材料　采用辐射技术，可以将有机原料和无机原料进行复合反应，生成特殊的复合材料，如"塑木合金"就是将木材先预处理，再用甲基丙烯酸甲酯和（或）苯乙烯浸渍后经辐射处理而成的新型复合材料。这种材料坚硬，不易变形，机械性能好，适合于各种特殊用途。又如将玻璃纤维、碳纤维与活性树脂在辐射线作用下复合，生产特种玻璃钢。采用辐射技术制成的"混凝土-塑料"复合材料，具有良好的耐酸碱特性，同时在耐水性、耐候性及机械性能等方面较之普通混凝土大为改观，是理想的高档建筑材料。辐射技术还可以用于制备"无机粉末-塑料"复合材料、"金属粉末-塑料"复合材料等新型材料。

9. 超临界流体技术

超临界流体（supercritical fluid）是温度、压力高于其临界状态的流体。超临界流体具有许多独特的性质，如黏度、密度、扩散系数、溶剂化能力等性质随温度和压力变化十分敏感，黏度和扩散系数接近气体，而密度和溶剂化能力接近液体。

（1）超临界流体优点　超临界流体是处于临界温度和临界压力以上，介于气体和液体之间的流体，兼有气体液体的双重性质。

① 溶解性强　密度接近液体，且比气体大数百倍，由于物质的溶解度与溶剂的密度成正相关，因此超临界流体具有与液体溶剂相近的溶解能力。

② 扩散性能好　因黏度接近于气体，较液体小 2 个数量级。扩散系数介于气体和液体之间，为液体的 $10 \sim 100$ 倍。具有气体易于扩散和运动的特性，传质速率远远高于液体。

③ 易于控制　在临界点附近，压力和温度的微小变化，都可以引起流体密度很大的变化，从而使溶解度发生较大的改变（对萃取和反萃取至关重要）。

（2）超临界流体技术在化工中应用　鉴于超临界流体的各种优点，科学家们经过研究，已把它部分地应用于化工过程中。如超临界流体萃取（supercritical fluid extraction，SFE）、超临界水氧化技术、超临界流体干燥、超临界流体染色、超临界流体制备超细微粒、超临界流体色谱（supercritical fluid chromat ography）和超临界流体中的化学反应等，但以超临界流体萃取应用得最为广泛。

① 超临界流体萃取原理　物质在超临界流体中的溶解度，受压力和温度的影响很大，可以利用升温、降压手段（或两者兼用）将超临界流体中所溶解的物质分离析出，达到分离提纯的目的（它兼有精馏和萃取两种作用）。例如在高压条件下，使超临界流体与物料接触，物料中的高效成分（即溶质）溶于超临界流体中（即萃取）。分离后降低溶有溶质的超临界流体的压力，使溶质析出。如果有效成分（溶质）不止一种，则采取逐级降压，可使多种溶质分步析出。在分离过程中没有相变，能耗低。工艺流程示意如图 4-7 所示。

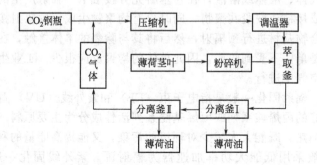

图 4-7　薄荷油超临界 CO_2 流体萃取工艺流程示意图

② 超临界二氧化碳代替有毒、有害溶剂　挥发性有机溶剂有着广泛用途。如：涂料中的溶剂、泡沫塑料的发泡剂、微电子器件等的精密清洗剂、服装干洗的清洗剂和用于化工生产过程中的溶剂等。但挥发性有机溶剂对环境会产生危害，如形成光化学烟雾，引起和加剧多种呼吸系统疾病，增加癌症发病率，导致谷物减产、橡胶硬化等，造成大量经济损失。而超临界二氧化碳作为溶剂具有如下优点：

a. 二氧化碳在常温下是气体，无色、无味、不燃烧、化学性质稳定；

b. 不会形成光化学烟雾，也不会破坏臭氧层；

c. 来源丰富，价格低廉；

d. 超临界二氧化碳可很好地溶解一般有机化合物。

目前，超临界二氧化碳已在以下领域代替挥发性有机溶剂：

a. 替代机械、电子、医药和干洗等行业中普遍采用的挥发性有机清洗剂；

b. 代替氟氯烃作泡沫塑料的发泡剂；

c. 超临界 CO_2 为溶剂，生产氟化物单体和聚合物。

将来我国计划利用合成氨厂、炼油厂中制氢装置大量排放的 CO_2，开发（或引进）超临界 CO_2 技术，在房屋装修、泡沫塑料生产、服装干洗等行业中推广应用，以形成一个新兴的绿色产业。

10. 绿色化学化工的发展趋势

在全球经济飞速发展的今天，生态环境的恶化也越来越严重，为了保护人类赖以生存的家园，世界各国都将开发新能源和可持续发展作为发展的重点。绿色化学化工的出现缓解了化工对环境污染的问题，但是由于绿色化学化工的发展历史还很短，发展的速度又非常快，所涉及的范围也很广泛，因此，各国科学家都在不断地研究各种绿色化学化工技术以应对可持续发展和清洁生产的需求。目前绿色化学化工呈如下七方面发展趋势。

（1）绿色化工产品设计　提高绿色化工设计的积极性，在绿色化工产品设计过程中，应遵循以下设计原则，即：全生命周期设计、降低原料和能量消耗设计、再循环和再使用设计、利用计算机技术设计等。

（2）绿色化原料及新型原料平台　基于绿色化原材料选择的原则，一些新型的原料平台在化工生产中越来越受到瞩目，如以石油化学工业中的低碳烷烃、甲醇和合成气、废旧塑料以及生物质等作为原料平台。此外，对于传统原料合成中有毒、有害、有刺激的原料的绿色化工艺也得到了广泛的研究。

（3）新型反应技术开发　传统有机合成反应中有毒试剂和溶剂的绿色替代物成为新型技术的发展方向。另外，反应与相关技术（如生物技术、分离技术、纳米技术等）的结合为开发新型反应路径提供了发展空间。

（4）催化剂制备的绿色化　新型催化技术目前的研究大多关注使用新型的催化剂改变原有的化学反应过程，而对催化剂制备时的绿色化问题很少关注。因此，对可回收并能反复使用的固体催化剂的研究，即如何在分子水平上构筑活性和选择性均能达到高水平的固体催化剂的研究成为今后发展的重要课题。此外，酶催化剂和仿生催化剂等的研究也成为未来的发展方向。

（5）溶剂的绿色化及绿色溶剂　利用无毒无害的溶剂来代替挥发性的有机化合物溶剂是目前绿色化学的重要研究方向。此外，目前的研究还关注溶剂的闭环循环、以水做溶剂或无溶剂系统的开发等方面。

（6）新型分离技术　对于新型的分离技术普遍关注超临界流体萃取、分子蒸馏、生物分子和大分子的分离等方面，如何采用新型的分离技术同时又降低成本也将是未来的发展方向。

（7）计算化学与绿色化学化工相结合　为了减少实验次数及原料消耗，同时又能精准地选择底物分子、催化剂、溶剂和反应途径等，可以借助量子化学计算来实现，从而达到绿色化工工艺和技术的目标。此外，还可借助计算机技术，模拟研究原料、反应器设计、经济和商业模型等，以降低生产成本。

参 考 文 献

[1]　张雷. 固体废物处理及资源化应用. 北京：化学工业出版社，2014.

[2]　沈伯雄. 固体废物处理与处置. 北京：化学工业出版社，2010.

[3]　黄岳元. 化工环境保护与安全技术概论. 北京：高等教育出版社，2014.

[4]　杨永杰，邱泽勤. 化工环境保护概论. 北京：化学工业出版社，2009.

[5]　李振花，王虹，许文. 化工安全概论. 北京：化学工业出版社，2018.

[6]　刘景良. 化工安全技术. 北京：化学工业出版社，2014.

[7]　金文. 大气污染控制与设备运行. 北京：高等教育出版社，2007.

[8]　刘景良. 大气污染控制工程. 北京：中国轻工业出版社，2002.

[9]　羌宁. 气态污染物的生物净化技术及应用. 环境科学，1996.

[10]　孙珮石，王洁，吴献花等. 生物法净化几种气态污染物的研究. 中国工程科学，2007.

[11]　王关义，刘益，刘彤，李治堂. 现代企业管理. 北京：清华大学出版社，2019.

[12]　曹扬，王志坚，王方华. 现代企业管理　理念方法技术. 北京：清华大学出版社，2014.

[13]　[日] 难波桂芳. 化工厂安全工程. 李崇理，等译. 北京：化学工业出版社，1986.

[14]　盛宝忠，岑咏霆. 质量管理教程. 上海：复旦大学出版社，2010.

[15]　朱兰，德费欧. 朱兰质量手册. 北京：中国人民大学出版社，2014.

[16]　赵薇，周国保. HSEQ 与清洁生产. 北京：化学工业出版社，2015.

[17]　马秀兰，冶发明. HSEQ 及清洁生产. 北京：化学工业出版社，2015.

[18]　于宏兵. 清洁生产教程. 北京：化学工业出版社，2012.

[19]　樊晶光，王海椒，刘丽华. 化工企业职业卫生管理. 北京：化学工业出版社，2012.

[20]　[澳] 杰夫·泰勒，凯丽·伊斯特，罗伊·亨格尼. 职业安全与健康. 北京：化学工业出版社，2008.

[21]　孟赤兵，芶在坪. 循环经济要览. 北京：航空工业出版社，2005.

[22]　钱汉卿，徐怡珊. 化学工业固体废物资源化技术与应用. 北京：中国石化出版社，2007.

[23]　朱宪. 绿色化工工艺导论. 北京：中国石化出版社，2009.

[24]　赵德明. 绿色化工与清洁生产导论. 杭州：浙江大学出版社，2013.

[25]　王纯，张殿印，王海涛. 废气处理工程技术手册. 北京：化学工业出版社，2013.

[26]　潘涛，李安峰，杜兵. 废水污染控制技术手册. 北京：化学工业出版社，2013.

[27]　聂永丰. 固体废物处理工程技术手册. 北京：化学工业出版社，2013.

[28]　刘建伟. 污水生物处理新技术. 北京：中国建材工业出版社，2016.

[29]　陈坚. 环境生物技术. 北京：中国轻工业出版社，2017.